U0178654

无机化学基础反应及元素应用研究

白艳红　武转玲 / 著

东北林業大学出版社

Northeast Forestry University Press

·哈尔滨·

图书在版编目（CIP）数据

无机化学基础反应及元素应用研究 / 白艳红, 武转玲著. — 哈尔滨：东北林业大学出版社, 2022.3

ISBN 978-7-5674-2733-4

Ⅰ.①无… Ⅱ.①白… ②武…Ⅲ.①无机化学—研究 Ⅳ.①O61

中国版本图书馆CIP数据核字（2022）第046446号

责任编辑：刘天杰
封面设计：马静静
出版发行：东北林业大学出版社
　　　　　　（哈尔滨市香坊区哈平六道街6号　邮编：150040）
印　　装：三河市德贤弘印务有限公司
规　　格：170 mm×240 mm　16开
印　　张：17.75
字　　数：281千字
版　　次：2022年6月第1版
印　　次：2022年6月第1次印刷
定　　价：70.00元

前　言

化学作为一门中心学科，对整个社会的进步和科学的发展起到了举足轻重的作用。当前社会中的一切文明无不与化学科学之间存在着千丝万缕的联系。目前，化学的研究范围在不断扩大，也派生出了许多新的交叉学科，由此可以说，化学不仅是一门基础学科，也是一门生机勃勃的发展着的学科。而无机化学作为化学学科的重要分支之一，目前也正处在蓬勃发展的新时期。进入21世纪，无机化学在许多前沿与交叉的研究领域大显其魅力，不仅在原有原子、分子层次上沟通了物质的宏观与微观，展示了化学反应和化合物形成的本质与规律，而且构筑了分子与固体之间的多层次桥梁通道，打通了微观、介观、宏观的界限，建立起一个崭新的物质世界的理论体系与技术基础。

作为化学学科的基础，近代无机化学的建立就是近代化学的创建。它完整和充分体现了化学学科的基本科学方法，即搜集事实、建立定律和创立学说，同时在搜集事实的过程中体现了高超的实验方法和技巧。其思维方式的培养和实验技能的训练对于从事化学、化工、材料、冶金、地质和环境等相关专业的科技人员尤为重要。

随着现代科学技术的不断出现、创新和发展，无机化学无论是在实践还是在理论方面都有了新的突破，进入了一个全新的发展时期，尤其是与其他领域的相互渗透，相应产生的生物无机化学、环境化学、新能源化学、团簇化学、超分子化学、材料化学等也已经成为当前无机化学中最活跃的一些研究领域。同时，化学中的各种元素，特别是金属元素在生命活动中所起到的重要作用，也使得人们将目光聚焦于无机化学反应与元素理论研究中来。基于此，特撰写了本书。

本书内容分为7章。第1章概述，主要阐述了无机化学的发展史、无机化学的研究内容、无机化学与人类健康以及无机化学的发展趋势；第2章至第5章重点对无机化学基础理论、化学反应速率与化学平衡、酸碱反应与沉淀–溶解反应、氧化还原反应及电化学进行分析研究，第6章至第7章分别探讨了非金属元素、金属元素及其化合物的应用。本书在内容上较全面地涵盖了无机化学的科学理论和性能，由浅入深，深广度适中，重点突出，普适性强。

本书由白艳红、武转玲共同撰写，具体分工如下：

白艳红（内蒙古化工职业学院）：第1章~第4章，约13.662万字；

武转玲（大同师范高等专科学校）：第5章~第7章，约13.662万字。

由于无机化学是一门迅速发展的学科，新知识、新方法、新技术不断涌现，许多理论方法和技术问题仍需进一步研究与完善。本书在撰写过程中参考了大量的资料，同时也得到了各位同行的鼎力相助，在此向你们表示诚挚的谢意。虽然本书经过多次的检查与修改，但书中疏漏之处在所难免，希望各位读者和专家能够提出宝贵意见。

作者

2021年11月

目　录

第1章　概　　　述

　　化学在人类的生存和社会的发展中起着重要的作用，化学的发展历经了不同的时期。从古老的制陶、金属的冶炼、造纸的发明、火药的使用，到现代人类的衣食住行、环境的保护与改善、药品的开发与应用、食品的生产与加工、新型材料的研究与使用，以及工农业生产、国防建设等，无不与化学工业的发展密切相关。20世纪40年代以来，无机化学得到很快的发展。到20世纪50年代无机化学开始"复兴"。无机化学是研究无机物的组成、结构、性质及应用的一门学科。[1]当前，无机化学是一个非常活跃的研究领域，科学研究的新兴领域及交叉学科如材料、生命科学等几乎都涉及无机化学，无机化学开始向新的边缘学科开拓和发展，一个比较完整的、理论化的、定量化的和微观化的现代无机化学新体系正在迅速地建立起来。

---

① 龚孟濂.无机化学[M].北京：科学出版社，2010.

1.1 无机化学的发展史

从古至今，化学伴随着人类社会的进步，其发展经历了哪些时期呢？

1.1.1 古代及中古化学时期

化学的历史渊源古老。古代及中古化学时期（远古至17世纪），经历了实用化学时期和炼丹术、医药化学时期。早期化学知识来源于人类的生产和实践活动。

古代时期（4世纪以前），约公元前50万年原始人开始使用火，人类在最基本的生产活动和生活实践中逐步学会了制陶、冶金、酿酒、染色等工艺，积累了不少零星的化学知识，这是化学的萌芽时期。这一时期化学知识还没有系统形成。这一时期，青铜器的制造、火药的制造、造纸术、制瓷术是我国古代化学工艺的四大发明。

中古时期（4～17世纪），人们最早在炼丹炉中用化学方法提炼金银及合成"长生不老"之药。但由于追求虚幻目的，使这段时期的化学走入了歧途。

转而人们开始研究用化学方法提纯制造药剂，许多医生除用草木药治病外，还用药剂成功地医治了一系列疾病，推动了化学的发展。我国本草学在这个时期进入了一个新的发展阶段。1596年，我国明代医药学家李时珍著成《本草纲目》，其中列有中药材（包括矿物药）1 892种，附方11 000多首，是一部药物学巨著。许多医生除用天然草木药治病外，还用药剂成功地医治了许多疾病，推动了化学的发展。

1.1.2　近代化学时期

近代化学时期（17世纪后半叶至19世纪末），经历了燃素化学时期（17世纪后半叶至18世纪末）和定量化学时期（19 世纪）。从17世纪中叶到19世纪末这两百多年是化学作为独立学科的形成和发展时期。近代化学是在同传统的炼金思想、谬误的燃素说观点做斗争中建立起来的。在此阶段，逐步形成了酸、碱、盐、元素、化合物和化学试剂等概念，发现了硫酸、盐酸、氨和矾等化合物，提出了元素的科学概念，首次将化学定义为一门科学，为化学作为一门科学的建立和发展奠定了坚实的基础。

1661年，英国化学家波意耳（Boyle）发表了他的论著《怀疑派化学家》，建立了化学元素的科学概念，将化学不再看成是以实用为目的的技艺而是一门科学，成为化学发展中的一个转折点。更为重要的是，波意耳认为科学都应以实验作为基础，对科学实验采取严格的态度，所有理论必须经过实验才能被证明是正确的。他被誉为把化学确立为科学的第一人，也是现代科学实验方法的先驱者。

1777年，法国化学家拉瓦锡（Lavoisier）在《燃烧概论》中提出用定量化学实验阐述燃烧的氧化学说，彻底否定了所谓物质燃烧过程中的"燃素"论，标志着定量化学时期的到来。1789 年，他建立了质量守恒定律，使化学得以正确的发展。可以说，近代化学学科真正繁荣是在拉瓦锡之后。拉瓦锡被认为是人类历史上最伟大的化学家，称为"近代化学之父"。

1803年，英国化学家道尔顿（Dalton）编著了《化学哲学的新体系》，提出了著名的原子论，认为一切物质都是由不可再分割的原子组成，每种元素都代表着一种原子，不同原子具有不同的性质和质量。道尔顿通过测量反应物的质量比来推测组成化合物的元素之比，他推断元素按一定的整数比组成物质，这就是他所提出的倍比定律。倍比定律和定比定律是化学计量学的基本定律。道尔顿的原子论是继拉瓦锡的氧化学说之后化学理论的又一次重大进步。他揭示了一切化学现象都是原子运动，明确了化学的研究对象，对化学真正成为一门学科具有重要意义，奠定了化学的理论基础。这标志着近代化学发展时期的开始。

1811年，意大利物理学家阿佛加德罗（Avogadro）建立了阿佛加德罗定律和分子学说，为现代化学的发展和物质结构的研究奠定了坚实的基础。

1869年，俄国化学家门捷列夫（Mendeleev）在前人工作的基础上发表了第一张化学元素周期表，确定了元素周期律，以此为基础修正了某些原子的原子量，并预言了15种新元素，这些均被陆续证实。元素周期律的建立是化学近代发展时期在理论上取得的最大成果。元素周期律的发现，将自然界形形色色的化学元素结合为有内在联系的统一整体，奠定了现代无机化学的基础。目前，通过元素周期律来发现和合成新化合物仍是化学科学的重要工作。

1.1.3　现代化学时期

现代化学时期（20世纪初至今）。20世纪初，量子论的发展使化学和物理学有了共同的语言，解决了化学上许多悬而未决的问题。

1911年，英国物理学家卢瑟福（Rutherford）根据实验提出了原子的"天体行星模型"。

1913年，丹麦物理学家玻尔（Bohr）在经典力学的基础上，建立了玻尔原子。这是原子结构理论发展中的一次最大进展。

1926年，奥地利物理学家薛定谔（Schrodinger）与爱因斯坦、玻尔、玻恩、海森堡等一起发展了量子力学，建立了描述微观粒子运动的波动方程——薛定谔方程。

1931年，美国化学家鲍林（Pauling）提出了原子轨道的杂化理论，成功地解释了许多分子的成键和几何构型。

1942年，中国杰出的制碱专家侯德榜发明了举世闻名的联合制碱法，并被世界一致公认并称为"侯氏制碱法"。

最近20多年来，化学有了突飞猛进的发展。尤其是化学与其他学科的交叉渗透所产生的一系列边缘学科，更加拓宽了化学的研究领域。

21世纪是科学相互渗透时期。近几十年来，由于研究对象、内容的变化以及方法、手段的改进，化学将在与多学科的相互交叉、相互渗透、相互促进中共同发展。现代化学的发展特点是既高度分化又高度综合。一方面，化学和其他自然学科互相交叉渗透，产生了一系列的边缘学科，如化学和数学的交叉形成了计算机化学；化学和生物之间的渗透形成了生物化学、化学仿生学；化学与地理、地质学的交叉产生了地球化学、海洋化学；化学与物理的结合形成了激光化学和核化学等。另一方面，由于有机化学、物理化学和电化学等学科对无机化学的渗透和影响，开拓了无机化学的研究领域，产生了许多新的分支学科，如金属有机化学、无机固体化学、生物无机化学等。[1]

展望新世纪现代科学技术的发展，化学一定会在材料、能源、环保、医药卫生等领域中大有作为。在继承遗产，发现创造更安全高效药物的艰巨工作中，化学担负着极为重要的任务，运用化学的原理和方法分析研究中草药，将揭示其有效成分和多组分药物的协同作用机理，从而加速中药走向世界。

纵观化学科学形成和发展的全过程可知，化学在人类历史进程中有着十分重要的作用和地位。它影响着我们生活的世界，带给人类巨大效益。可以说，化学不仅是社会迫切需要的科学，也是一门中心性的、实用性的和创造性的科学。

1.2　无机化学的研究内容

无机化学是化学领域中发展最早的分支学科，对整个化学的发展起着非常重要的作用。在发展进程中，鉴于人们对无机化学理论、实验科学体系

---

[1] 冯务群.无机化学[M].北京：人民卫生出版社，2005.

的研究和生产需求，促进了无机化学基础理论的形成并用理论来指导生产实践，拓宽了现代无机化学的领域，推动无机化学研究进入了一个崭新的时代。

无机化学的研究内容极其广泛，现代无机化学是对所有元素及其化合物（碳的大部分化合物除外）的组成、结构、性质、制备和反应的实验测试与理论阐明。在研究中，采用现代物理检测技术（光谱、电子能谱、核磁共振、X射线衍射等），对各类新型化合物的键型、立体化学结构、对称性等进行表征，对化学性质、热力学、动力学等参数进行测定。测定的结果用理论加以分析、阐明，而由实验测定所得的大量数据资料，又为理论提供了实验基础，促使理论的建立与发展。

例如，元素无机化学中由于稀土元素的特殊电子构型，具有许多独特的电、光、磁性质，使新型稀土永磁材料、稀土高温超导材料、稀土激光晶体等不断问世。无机化学是随着元素的发现而逐步发展起来的，已形成了许多分支学科，如无机高分子化学、元素无机化学、稀土元素化学、无机合成化学、配位化学等。无机化学一方面继续发展本身的学科，另一方面正在同其他学科进行渗透交叉，如药物无机化学、环境化学、地球化学、海洋化学等，这些学科都为无机化学的研究和发展开辟了新的途径。

尤其是近年来，人们对新理论、新方法、新领域、新材料、高产出和低污染等不断的追求，促进了对无机化学的深入研究。因此，无机化学的任务除了传统的研究无机物质的组成、结构、性质和反应外，还要不断运用新的理论和技术，研究新型无机化合物的开发和应用，以及新研究领域的开辟和建立。随着生产实践与科学技术的发展，化学这门科学现在已经深入人类生活的各个领域，并在国民经济中起着越来越重要的作用。如功能材料的研制、新能源的开发利用、环境保护、生命奥秘的探索等都与化学的发展密切相关。所以，化学面临着前所未有的世界性挑战，在未来，化学的贡献也将是前所未有的。

1.3　无机化学与人类健康

随着时代的进步及人类生活水平的提高，加强研究无机化学与人类健康的相互关系，对人类高质量的健康生活具有重要意义。现在，人们希望在充分享受化学带来便利的同时，尽可能地减少其对人体健康的伤害，科技及社会的发展使人们已认识到了无机化学对整个人类的健康与发展的重要作用。

1.3.1　化学与人类生存环境

现代工业生产给人类创造了巨大的物质财富，与此同时，工业废气、废液、废渣的排放，燃烧矿物燃料的废气、废渣以及使用工业制品后的废弃物却造成了日益严重的环境污染。应当指出，环境污染并不是现代工业的一种"新发明"。有史以来，就存在人类干扰自然环境的记载，城市的出现加剧了环境污染（例如，下水道污水问题，燃料燃烧废渣、废气问题等）。与化学工业有关的环境污染是由下列原因之一（或多个原因）引起的。

（1）缺乏对化学及其工艺知识的全面了解，未能选择污染最小的工艺生产流程和设备，处理工业"三废"不力。

（2）缺乏环境保护意识，使用工业制品后随意废弃。

（3）环境保护法规不够完善，有关职能部门监管力度不够。

显而易见，环境保护是一项综合工程。在这项综合工程中，化学再次处于中心学科的地位，因为，在保护和治理环境之前，我们必须了解：

（1）环境中存在哪些潜在的有害物质？

（2）这些潜在的有害物质来自何方？

（3）有何减少或消除这些有害物质的方案？

（4）某物质的危害性与接触它的程度有何依赖关系？

（5）对问题（3）提出的多种方案，如何做出选择？

显然，在解决前3个问题时，化学家将起核心作用。第4个问题应该由医学家来回答。最终的环境保护和治理方案，必须由有关企业和职能管理部门做出选择。

化学在环境保护中发挥中心学科的作用，包括保护臭氧层，减少酸雨，限制温室效应，处理工业废气、废水、废渣等。

1.3.2　无机化学与无机药物

生命活动是最复杂的变化过程。化学与生物学相结合来研究人体生命活动的化学机制，促进了医药学的发展，使我们得以根据药物对生物体作用的化学机制，以合乎逻辑的方式去寻找或合成新的药物，以替代传统的实验和不当的筛选方法。现代化学家与生理学家、医药学家的合作已为人类提供了治疗各种疾病的药物，包括酶抑制剂、抗生素（抗细菌剂和抗病毒剂）、激素、维生素、不会上瘾的新镇痛药以及抗癌药等。可以预计，化学科学的进步，将帮助我们进一步从分子水平上了解生命过程以及药物对生物体的作用机制，合理地设计和合成药物，更好地保障人类的健康。

近现代以来，无论是合成药物的研发、天然药物的提取，还是药物剂型、药理及生物解毒的研究，都要依靠化学知识。因此，化学已经渗透到许多与生命科学有关的研究领域和工业生产过程中。例如，用无机化学和有机化学的理论和方法合成具有特定功能的药物；用物理化学的方法研究药物的稳定性、生物利用度和药物代谢动力学；用化学的概念和理论解释病理、药理和毒理的过程，提出解决问题的办法。

1.3.2.1　早期无机药物的研究

在远古时代，原始人认识并学会利用火加热食物，这是人类进行的第一个化学反应，由此人类生活由野蛮进入文明。使用火以后，人类开始吃熟食，学会制陶、冶炼、酿造、染色等。尽管早期炼丹术士追求"长生不老"之药和"点石成金"的企图失败，但人类学会了化学实验，学会观察化学实验现象，学会了理性分析和思考，推动了化学的发展，开创了医药化学和冶金化学的时代。瑞士医学家、化学家帕拉塞尔斯（Paracelsus，1493—1541）16世纪中写道："化学的目的并不是为了制造金子和银子，而是为了制造药剂。"他还认为人体的生活功能是一个化学过程，提倡在治疗疾病中应用化学物质。当时用化学方法制成的许多药剂（主要无机物），成功地医治了许多疾病。我国明朝医药学家李时珍（1518—1593）用毕生之精力编撰药物学巨著《本草纲目》，并附有制备方法和性质等，至今仍对世界医药学、化学的发展产生深远影响。当时与化学联系最密切的除了药物外还有燃烧反应，实验证实燃烧并不放出当时所谓的"燃素"，恰好相反，是燃烧物质和空气中氧的化合反应。

近代化学的发展，推动了近代药学发展，大量生物碱从植物药中被提取出来，研究它们与生物体的相互作用，推动了药理学的发展。1860年德国化学家科尔贝（Koble，1818—1884）首次合成水杨酸，1875年水杨酸钠作为解热镇痛和抗风湿病药应用于临床。1898年德国29岁化学家霍夫曼（Hofmann）合成了阿司匹林，标志着化学与药物学的交叉学科药物化学开始形成。1928年英国细菌学家弗莱明（Fleming，1881—1955）在简陋实验室里偶然发现神奇抗菌药物青霉素，以及后来人工合成其他抗生素且批量生产，拯救了无数垂危的生命，使无数家庭免于破碎。

在20世纪40年代，科学研究有了一系列新的发现，如电子、原子核、X射线、放射性等，同时量子力学的建立，使人们大大加深了对物质结构本质的认识，这也标志着现代化学的建立。现代化学的发展和化学治疗法的建立，为化学药物的合成奠定基础。随着磺胺类药物的发现和合成，β-内酰胺类抗生素结构和疗效的确定，抗代谢学说的建立，人们基本弄清了许多药物化学结构与生理活性的关系（即构效关系），创制了许多化学治疗新药，如抗肿瘤药、利尿药和抗疟药等。20世纪60年代以来构效关系研究发展迅速，由定性转向定量。定量构效关系（QSAR）将化合物的结构信息、理化参数与生理活性进行分析计算，建立合理的数学模型，研究构效之间的量变规律，为定量药物设计、先导化合物结构改造提供依据。目前以计算机为辅助工具的多维定量构效关系，成为构效关系研究的主要方向，成为合理药物设计的重要方法之一。

1.3.2.2 开发无机药物是现代医药学发展的需要

目前在药物的开发中，以无机物为主的制剂大量出现，许多无机药物对人体某些疾病的治疗具有显著的效果。药物设计、血液代用品的研究、抗癌药物的开发、人体器官材料的利用等都需要无机化学的知识。

（1）抗癌药物的研究。最近的研究表明，在抗癌化合物的筛选中，从无机化合物中发现活性物质的概率要比在有机化合物中大20多倍。例如，1967年人们发现顺铂具有抗肿瘤活性，目前已经研制和开发出第二及第三代铂类抗癌药物，如卡铂；合成的非铂系配合物的抗癌药物是临床上治疗生殖泌尿系统、头颈部、食道、结肠等癌症有效的抗癌药物，如有机锗、有机锡等。

（2）金属配合物解毒剂。依地酸二钠钙是临床上治疗铅中毒及某些放射性元素中毒的高效解毒剂。二巯丁二酸是我国研制的解毒剂，是用于锑、汞、铅、砷和镉等中毒的特效解毒剂。

（3）纳米中药。20世纪90年代纳米中药的问世，又为应用无机化学开辟了一个新领域。人们将矿物药制成纳米微囊、颗粒、贴剂等多种剂型，提高了临床疗效。

1.3.2.3 矿物药是重要的无机药物

我国地域辽阔，矿物药种类繁多，应用矿物药治病历史悠久，早在春秋战国时期就有矿物药的有关文字记载，《全国中草药汇编》《中药大辞典》等专著也有矿物药记载。明代李时珍的《本草纲目》收录矿物药266种，《中华人民共和国药典》收录了常用矿物药几十种。如有些无机物质作为矿物药（见表1-1），是中药的重要组成部分。

表1-1 常见的几种矿物药

名称	主要成分	功效	常用中成药
雄黄	As_4S_4	解毒、杀虫	牛黄解毒丸
石膏	$CaSO_4 \cdot 2H_2O$	清热、泻火	明目上清丸
胆矾	$CuSO_4 \cdot 5H_2O$	催吐、化痰、清淤	光明眼药水
朱砂	HgS	镇惊、安神、解毒	朱砂安神丸
无名异	MnO_2	祛痰止痛、消肿生肌	跌打万花油

1.3.3 化学与人体生命元素

1.3.3.1 人体必需元素与疾病防治

人类是大自然的产物，是由多种元素组成的生命体。人体内共有90多种元素，人们一般把占人体总重0.01%以上的元素称为宏量元素，它们是氧、碳、氢、氮、钙、磷、钾、硫、钠、氯和镁共计11种，人体99%以上由宏量元素组成。占人体总重0.01%以下的元素称为微量元素，这类元素的总和仅占人体总重的0.05%左右。目前世界卫生组织（WHO）确认的14种必需微量元素为铁、锌、铜、钴、钼、锰、钒、锡、氟、碘、硅、硒、镍、锶等，非必需微量元素为钡、硼、铬、银等，有害微量元素为铝、汞、铅、砷等。

微量元素在人体内的含量不仅需要维持在适宜的浓度范围内，还需要保持各种微量元素浓度之间的相对平衡，这样才能维持人体正常的生理功能。

在人的整个生命周期过程中，身体的健康、疾病以及生命的长短都会受到微量元素的种类和含量的影响。这里简单列举几种微量元素对人体的影响。

（1）铁。铁是最早发现的必需微量元素，也是人体组织中含量最多的微量元素，一个健康成年男子全身组织中含铁量4~5 g。人体内的铁主要以血红蛋白、肌红蛋白的形式存在。血红蛋白的功能是将氧气由肺部运送到肌肉，由肌红蛋白储存起来，并将二氧化碳由血液运送至肺部呼出。肌红蛋白的作用是贮存氧气，当肌肉运动时提供或补充氧。铁在人体内参与造血，并形成血红蛋白、肌红蛋白，参与氧的携带和运输。此外，铁还是多种酶活性中心，过氧化物酶和过氧化氢酶的主要作用是催化代谢过程中产生的有害物质过氧化氢发生歧化或还原反应。人体中铁总量的65%存在于红细胞的血红蛋白内，25%存在于骨髓、肝、脾中，组成贮存形式的铁蛋白或含铁血红黄素，4%存在于肌红蛋白中，约有0.1%用于构成过氧化氢酶，约有0.1%用于构成细胞色素。

铁的来源是食物，如富含铁的动物肝脏、肉类、蛋黄、豆类等。膳食中铁长期不足或机体吸收利用不良及失铁过多（出血过多）将造成人体不能生成足够数量的血红蛋白和红细胞，从而引起缺铁性贫血，尤其对孩子的伤害很大，影响孩子的智力。适当补充二价铁盐，同时服用维生素C以使食物中的三价铁转化为二价铁，有利于吸收，可取得较好疗效。但是要注意补铁过量的话，就有可能诱发肿瘤的发生和发展，因为铁可能是肿瘤细胞生长和复制的限制性营养素。体内铁水平高可刺激某种肿瘤细胞的生存和生长，成为临床上可检测到的肿瘤。

（2）锌。锌是哺乳动物正常生长和发育所必需的元素，正常人体内含锌总量2.0~2.5 g。锌主要以结合状态（大分子配合物）存在于多种含锌酶中，分布于人体各组织，特别是视网膜、脉络膜、前列腺中的含量最高。肝、肾、骨等组织中含量也较高。锌是多功能元素，其生理功能主要有：作为酶的成分，并与合成DNA和RNA有关；促进性器官发育；促进食欲；促进细胞正常分化和发育；参与维生素A和视黄醇结合蛋白的合成，保护视力；在核酸合成中起重要作用，参与机体免疫功能。

由于锌在体内储存很少，所以一旦食物中供应不足，很快就会产生缺乏症。缺锌时酶的活性下降会引起相关的代谢体系紊乱，使人体发育和生长受阻，引发侏儒症、动脉硬化、冠心病、贫血、糖尿病等，尤其对儿童的影响最大，导致儿童生长发育迟缓、免疫功能降低、食欲差等症状。正常成人每日锌需要量为15 mg，妊娠期20 mg、哺乳期30 mg。富含锌的食物主要有乳品、动物肉食、肝脏、海产品、菠菜、黄豆、小麦等。补锌药物目前常用的有甘草酸锌和葡萄糖酸锌。不过要注意，如果锌含量过多，会导致红细胞增多症、甲亢、高血压、多发性神经炎等。

（3）铜。铜是多种酶的活动中心，参与体内氧化还原过程，尤其是将氧分子还原为水，许多含铜的酶已在人体中被证实，有着重要的生理功能。

人体内缺铜时易患白癜风、关节炎等病，而人体内铜过多时易患肝硬化、低蛋白血症、骨癌等病，根据研究发现，癌症病人血清中Zn/Cu值明显低于正常人。

（4）钴。人体内的钴主要由消化道和呼吸道吸收，主要通过尿和粪便排泄。钴有刺激造血的功能，主要通过维生素B_2的形式参与核糖核酸及造血过程中有关物质的代谢，作用于造血过程。

人体若缺铬及维生素B_2，红细胞的生长发育将受到干扰，出现巨细胞性贫血。维生素B_2还能参与蛋白质的合成、叶酸的储存、硫酸酶的活化及磷脂的形成。此外，钴与锌、铜、锰还有协同作用，比如锌是氨基酸、蛋白质代谢中不可缺少的元素，而钴能促进锌的吸收并改善锌的生物活性，钴和锌还有相互促进抗衰老，延长寿命的作用。

（5）钼。钼是人体内某些酶的组分之一，可能有抗动脉粥样硬化的作用。钼不足会引发癌症、克山病、动脉硬化及冠心病等，而过量会导致佝偻病、贫血、痛风等。

（6）锰。锰是构成正常骨骼时所必要的物质，影响骨骼的正常生长和发育。锰在脑下垂体中含量丰富，对于维持正常脑功能也起到必不可缺的作用。锰也是人体内多种酶的成分之一，如人体内的超氧化物歧化酶（SOD）具有抗衰老作用，因此有人将锰称为"益寿元素"。

成人体内缺锰时会引起高血压、肝炎、肝癌、衰老等症状，吸入过量的锰会引起锰中毒，情况严重时会出现精神病的症状，如暴躁、出现幻觉，医学术语叫锰狂症，当人体吸入5~10 g锰时可致死。

（7）钒。钒不足会引发动脉硬化、冠心病及贫血，过量会损害呼吸、消化、心血管和神经系统。

（8）铬。它是胰岛素不可缺少的辅助成分，参与糖代谢过程，促进脂肪和蛋白质的合成，对于人体的生长和发育起着促进作用。

研究证明，糖尿病病人的头发和血液中的含铬量比正常人低，心血管疾病、近视眼都与人体缺铬有关。当人体缺铬时，由于胰岛素的作用降低，糖的利用发生障碍，使血内脂肪和类脂，特别是胆固醇的含量增加，于是出现动脉硬化、糖尿病。一旦出现高血糖、糖尿、血管硬化现象，就波及眼睛而影响视力。

必须注意，虽然在铬的化合物中三价铬几乎是无毒的，可是六价铬具有很强的毒性，特别是铬酸盐及重铬酸盐的毒性最为突出。如果人吸入含重铬酸盐微粒的空气，就会引起鼻中隔穿孔、眼结膜炎及咽喉溃疡。如果口服，会引起呕吐、腹泻、肾炎、尿毒症，甚至死亡。长期吸入含六价铬的粉尘或烟雾会引起肺癌。

（9）氟。正常成人体内含氟约2.6 g，人体几乎所有的器官中都有氟，但其主要分布在硬组织骨骼和牙齿中，两者约占人体总氟量的90%。氟能在生物体内富集而不被降解，故骨骼中的含氟量有随年龄增长而增加的趋势。

氟有利于钙和磷的利用及其在骨骼中沉积，增加骨骼的硬度，并降低硫化物的溶解度。但是过量的氟与钙结合形成氟化钙，沉积于骨组织中会使之硬化，从而使甲状腺分泌增加而使骨钙入血，最终使骨基质溶解，引起骨质疏松和软化，表现为广泛性骨硬化或骨质疏松软化，即氟骨症。

氟还有保护牙齿的作用，当体内存在足量的氟时，可形成氟磷灰石作为牙釉质的基本成分，氟磷灰石的特点是坚硬光滑，耐酸耐磨，故具有良好的防龋作用。但过量的氟会使牙釉质受到损害，出现牙根发黑，牙面发黄、粗糙，失去光泽，牙齿发脆。氟主要通过呼吸道和消化道进入人体，成人每天摄入量应为1.5~4.0 mg，主要来源于饮水。氟在人体内含量过高还会造成许多器官如心血管系统、中枢神经系统、呼吸道、消化道及肝、肾、血液、视网膜、皮肤、甲状腺受损。

（10）碘。150多年前，人们就发现碘是人体必需微量元素，正常人体中含碘25~26 mg。甲状腺是含碘量最高的组织，占全身总含碘量的1/5~1/3。碘是构成甲状腺激素的核心成分，甲状腺素是甲状腺分泌的激素，甲状腺素分子中含有碘元素，缺乏碘，甲状腺素分子将不能合成。甲状腺激素是促进蛋白质合成、人体生长发育和新陈代谢的重要激素，特别是对中枢神经系统、造血系统和循环系统都有着显著的作用。另外，碘还能调节人体内钙和磷等元素的代谢。

　　甲状腺素能调节整个机体能量代谢，促进小肠对糖的吸收，提高血糖浓度，还能促进骨骼和智力发育。适量的甲状腺素是维持动物生长和发育所必需的。

　　碘缺乏时，成人会出现甲状腺肿大的症状，若孕妇缺碘，会导致婴儿的骨骼生长和大脑发育受到严重影响，患上呆小症，其主要表现为生长迟缓、身材矮小、行动迟缓、智力低下。成人对碘的日需要量为50~300 pg，儿童约为1 μg/kg体重。主要从食物中摄入，食物中的碘可全部吸收。含碘丰富的食物主要是海产品，如海带、紫菜、蛤蜊等。另外食用加碘盐是最简单的补碘方法。不过要注意，当人体内长期出现碘过量的情况，则会阻止甲状腺激素的合成。一次性摄入过量的碘会引起咳嗽、眩晕、头疼、呕吐等症状，严重时会导致死亡。

　　（11）硒。人体内共含硒14~21 mg，以肝、胰、肾、视网膜、虹膜、晶状体中含硒最丰富。它是构成谷胱甘肽过氧化酶的重要成分，谷胱甘肽过氧化酶可将有毒的过氧化物还原为无害的羟基化合物，从而保护细胞膜的结构不受过氧化物的损害。人体缺硒将会导致因脂质过氧化物堆积而引起心肌细胞损伤。

　　克山病是一种以心肌纤维病变和坏死为特征的心肌病，大骨节病患者主要症状为骨关节粗大、身材矮小、劳动力丧失。这两种病流行地区的土壤、水、农作物中硒的含量均较低。患者血液和头发里的硒含量明显低于正常人。服用亚硒酸钠制剂预防这两类病已取得成功。

　　另有调查显示，高硒地区人群中冠心病患病率明显低于低硒地区，脑血栓、风湿性心脏病、心内膜炎、动脉粥样硬化症的死亡率也明显低于低硒地区。癌症病人的血硒水平比正常人低，癌症的死亡率也与血硒水平呈负相关。可见硒对心血管病的防治和降低癌症发病率均有一定作用。

　　体内硒水平过高，对健康也是有害的，可导致叶酸代谢紊乱，铁代谢失常。贫血，也可抑制一些酶的活性，发生心、肝、肾的病变。我国湖北恩施县曾发现原因不明的脱发脱甲症，还伴有皮肤充血、溃烂及四肢麻痹，主要是因为当地含硒较高从而引起农作物高硒。1857年也曾出现过美国军马吃了高硒牧草而中毒死亡的事件。防治方法是脱离接触，并增加蛋白质、蛋氨酸及维生素E的摄入。

硒主要由呼吸道和消化道吸收，皮肤不吸收。中国营养学会1988年正式制定了我国硒的供应标准，成人每日50 μg，1岁以内儿童每日15 μg，1~3岁儿童每日20 μg。

1.3.3.2　微量元素与人体健康

生物体内必需元素的生理功能主要有：

（1）组成人体组织。O、C、H、N、P、S六种元素组成了蛋白质、脂肪、糖和核酸，Ca、P、Mg、F是骨骼、牙齿的重要成分。

（2）运载作用。金属离子或它们所形成的一些配合物在物质的吸收、运输以及在体内的传递过程中担负着重要载体作用。如铁与血卟啉、珠蛋白结合成的血红蛋白对氧气和二氧化碳有运输功能。

（3）组成金属酶或作为酶的激活剂。人体内有1/4的酶其活性与金属有关，有的金属参与酶的固定组成并成为酶的活性中心，这样的酶称为金属酶，如胰羧肽酶、碳酸肝酶均含有锌；还有一些酶虽然在组成上不含金属，但只有在金属离子存在时才能被激活，发挥其功能，这些酶称为金属激活酶，K^+、Na^+、Mg^{2+}、Zn^+、Mn^{2+}、Cu^+等金属离子常作为酶的激活剂。如Mg^{2+}对参与能量代谢的许多酶有激活作用，Mn^{2+}对脱发酶都有激活作用。H^+、Cr等也可作为某些酶的激活剂。

（4）"信使"作用。生物体需要不断地协调机体内各种生化过程，这就要求有各种传递信息的系统。通过化学信号传递信息就是其中一种，人体最常用的化学信使就是Ca。

（5）影响核酸的理化性质。金属离子可通过酶的作用而影响核酸的复制、转移和翻录过程，同时金属离子对于维持核酸的双螺旋结构起着重要作用。

（6）调节体液的理化特性。K^+、Na^+、Cr等离子可起到保持体液酸碱平衡和维持渗透压的作用。

（7）参与激素的组成或影响激素功能。碘是甲状腺激素的必要成分，锌是构成胰岛素的成分，钾、钠、钙能促进或刺激胰岛素的分泌，镁可阻断钙的作用而减弱胰岛素的分泌，铬为胰岛素发挥作用所必需的微量元素。

1.3.3.3　微量元素与中医药

中国是利用自然界的矿物和岩石直接入药治疗疾病最早的国家。目前对中药中微量元素的研究主要有以下几方面。

（1）中药中微量元素的分析测定方法研究。中药材包括植物药、动物药和矿物药，它们的化学元素组成复杂，元素种类多。各元素在中药中的含量差异很大，有的元素含量甚微，因此用于中药样品中微量元素分析的方法应灵敏度高，选择性好，同时要分析速度快，简单，成本低，测定范围广，能够同时测定多种元素。近年来对微量元素的分析方法有：①原子吸收光谱分析法（AAS），包括火焰、无火焰、氧化物生成及冷蒸气原子吸收法：②原子发射光谱法（AES），包括火焰发射光谱法、电感耦合等离子体发射光谱法（ICP/RAS）和直流等离子体发射光谱法：③X射线荧光光谱法（XRF），包括带电粒子激发X射线荧光光谱法和同位素激发能量色散荧光法（DEXRF）；④中子活化分析法（NAA），包括热中子和快中子活化分析：⑤火花原质谱法（SSMS）；⑥电化学法：⑦分光光度法（SP）；⑧荧光分光光度法（FS）等。以上各种微量元素的测定分析方法都各有其本身的优缺点，没有一种方法是完美无缺的，所以很难用一种测定方法获得全部信息，需根据实际情况采用几种方法交叉使用互相补充，以便得到准确的、尽量多的微量元素分析数据。

（2）中药中微量元素的研究。人们对中药中微量元素的研究进行了很多年，也取得了不少成果，主要集中在以下几个方面。

第一，单味药微量元素的含量测定研究。进行微量元素研究的单味药已有数百种，但测定的元素不够多，测定较多的元素是铁、锌、锰、铜等。从测定结果看，大多数中药中均含有较丰富的人体必需的微量元素和宏量元素。某些微量元素在不同中药中的含量差别不大，而有些元素含量差别甚大。

第二，异地同种及不同品种中药微量元素的研究。对不同品种和异地同种中药中的微量元素进行研究，可对中药的产地和品质有正确的了解和应用。如用原子吸收光谱法对11种不同品种及不同产地党参中铁、铜、锰、锌、镍等12种微量元素测定，发现不同产地不同品种的党参含量差别很大。

上述微量元素含量均不相同，但不论何地所产其铁、锰含量均较高。通过原子吸收光谱法测定了4种不同产地的绞股蓝所含微量元素，尽管因产地不同其含量不同，但均含有23种以上元素，包括13种人体必需微量元素。说明绞股蓝有多种生理活性，除与其含有绞股蓝总苷有关外，也与含多种微量元素有关，特别是微量元素的生理功能和药理作用是不可忽视的。

第三，矿物类和动物类中药微量元素的研究。经对矿物类中药中微量元素的分析，发现普遍存在的微量元素有30余种，除检出人体必需微量元素外，同时也检出了对人体有害的砷、铅、汞等有害元素。如麦饭石除含主要成分碳酸钙以外，也含有30多种微量元素。麦饭石是《本草纲目》中记载甘温无毒的一种矿物药，近年来已开发成多种具有健身及延年益寿的保健品，经分析含有锌、锰、镁、硅等多种元素。

第四，微量元素在中药鉴定方面的研究。在中药鉴定方面，许多学者做了大量研究工作，运用中药中微量元素含量判断药材的质量和品种，发现各种不同药材及不同产地的同种药材都有自己独特的微量元素图形，从而建立了一些微量元素图谱（TE图），可用它鉴定、鉴别药材的真伪、优劣和产地。同种药材加工炮制方法不同，其微量元素含量有较大差异。如对商品人参的分析结果表明，鲜人参中锌、铜、镍、硼等元素含量高，而生晒参中钙、锰、硅含量高，红参中则钠、铝、铁高。传统炮制过程中，为提高补益药的药效，常加入蜂蜜等辅料，这些辅料中含有各种丰富的微量元素，可与补益药起协同作用。一些止血中药，多制成炭，在高温炒炙或烧炭作用下，有机成分均发生质与量的变化，而无机元素不但未被破坏，反而浓度提高。

上述研究结果说明，我国在微量元素测定技术及在中医药应用研究方面，已进行了大量工作，人们期待着加强多学科协作，加强横向联系，使中药微量元素研究结出丰硕之果。

1.3.4　化学与食品安全

在人体生长发育和生存活动中，大致需要50多种营养物质，可归纳为碳水化合物、蛋白质、脂肪、维生素和无机物质等五大类，这些营养物质从本质上说都是化学物质。各种食物都含有人体所需要的营养物质，但其种类、数量和质量有很大差别，因此人们要根据自身需要科学饮食，主动控制和调节膳食，达到各种营养物质平衡，保持健康，延年益寿。

民以食为天，食以安为先。食品安全与化学有着千丝万缕的联系。随着现代工业的发展，许多有毒有害化学物质随着工业废料排放到自然环境中，这些污染物不仅污染环境，同时随着各种被污染物的摄入进入食物链，然后进一步富集，造成一些农产品、海产品中有害化学物质严重超标，导致食品安全问题。随着科技的进步，在农牧业生产中越来越多使用化学物质，如各种化肥、农药、催红素、抗生素和激素等，这些化学物质的使用，虽然增加了农牧产品的产量，改善了农牧产品的质量，但由于人们的不恰当使用，也给人们带来严重的食品安全问题。食品添加剂是为了改善食品色、香、味等品质，延长食品保质期，方便食品加工和增加食品营养成分而加入食品中的人工合成或天然的化学物质。食品添加剂种类繁多，目前世界上使用的有4 000多种，我国目前使用的有23类2 000多个品种，包括酸度调节剂、抗结剂、消泡剂、抗氧化剂、漂白剂、疏松剂、着色剂、护色剂、酶制剂、增味剂、营养强化剂、防腐剂、甜味剂、增稠剂、香料等。食品添加剂的使用大大促进食品工业的发展，其主要作用是改善感官、防止变质、保持营养、方便供应和加工等。但是有些食品厂商为了自身利益，在食品中非法添加某些有害有毒的化学物质代替安全的食品添加剂，如苏丹红Ⅳ、三聚氰胺、瘦肉精、孔雀绿、甲醛、双氧水等，或者超标使用食品添加剂，给消费者身体健康造成严重伤害。

化学物质对食品污染造成的食品安全问题除了药物残留和非法添加以外，还有食品包装容器和工业污染物污染，重金属、氰化物、有机磷、有机氯、亚硝酸盐和亚硝胺及其他有机物和无机物的污染。

食品安全是关系到人民群众身体健康、生命安全和社会和谐稳定的头等大事，必须重视化学与食品安全问题，有效地控制食品的化学污染已成为人们需要认真思考和解决的问题。

1.4　无机化学的发展趋势

自19世纪40年代末起，随着原子能工业和电子工业的兴起，对具有特殊电、磁、光、声、热或力性能的新型无机材料的需求也日益增加，从而建立了大规模的无机新材料工业体系；另外，随着无机结构理论（化学键理论，包括价键理论、晶体场理论、分子轨道法、配位场理论、金属键理论等）的发展，现代物理技术的引入和无机化学与其他学科的互相渗透，产生了一系列新的边缘学科，无机化学进入了蓬勃发展的"复兴"阶段。

与其他学科相比，化学在研究对象上的交叉性、研究方法上的通容性、研究目的上的相似性，使得其进入基础科学和应用科学的各个领域成为一个不可逆转的趋势。未来化学的真正力量在于它与其他学科的交界处，特别是在生命科学、材料科学、神经科学等领域将有化学家施展才华的广阔天地。所以，未来化学家一方面在传统的化学系、化学研究机构里从事化学活动，另一方面也在别的地方从事化学活动。

目前无机化学发展的总趋势是由宏观到微观、由定性到定量、由稳定态到亚稳定态、由经验上升到理论并用理论指导实践，进而开创新的研究。为适应需要，合成具有特殊性能的新材料、新物质，解决和其他自然科学相互渗透过程中所不断产生的新问题，并向探索生命科学和宇宙起源的方向发展。

第2章 无机化学基础理论

无机化学理论是研究化学的基础，它涉及物质聚集状态、反应热力学、化学平衡等知识。一个化学反应在一定条件下能否自发进行，自发进行反应的速率大小，以及反应到达平衡后各物质的百分组成、浓度及平衡状态如何，决定物质性质的微观结构怎样，这些问题构成了化学基础理论。

2.1 物质聚集状态

物质是由原子、分子或离子等微观粒子组成的，粒子之间存在着相互作用力，这些作用力随着温度和压力的不同而改变，从而导致了物质存在状态的不同。在常温常压条件下，物质通常是以气态、液态和固态三种物理聚集状态存在，物质聚集状态之间在一定条件下可以相互转化。气体物质在高温、放电或强电磁场等作用下，气体分子分解为原子并发生电离，形成由离子、电子和中性粒子组成的气体，这种状态称为等离子体。等离子体被称为物质的第四种聚集状态。等离子态广泛存在于宇宙中，也是宇宙中丰度最高的物质形态，因此也被称为超气态或电浆体。近年来，随着科技发展，物质的新聚集状态不断被发现，如离子液体、奇克胶体等离子体等。

2.1.1　气体

2.1.1.1　理想气体与理想气体状态方程

（1）气体的特性。

气体的基本特性是无限膨胀性和无限掺混性。无论容器的大小以及气体量的多少，将气体引入任何容器时，由于气体分子的能量大，分子间作用力小，分子做无规则运动，因而气体都能充满整个容器，气体本身无一定的体积和形状，而且不同气体能以任意的比例互相混合，从而形成均匀的气体混合物。此外，又因为气体分子间的空隙很大，其体积不受压力的影响，气体的体积随系统的温度和压力的改变而改变，因此研究温度和压力对气体的影响是十分重要的。通常用压力、体积、温度和物质的量来描述气体的状态。

（2）理想气体。

什么样的气体是理想气体呢？理想气体是一种假想的气体，当把气体中的分子看成几何上的一个点，它只有位置而本身不占体积，同时假定气体中分子间没有相互作用力，那么这样的气体称为理想气体。事实上，一切气体分子本身都占有一定的体积，而且分子间存在相互作用力。所以理想气体只不过是一种抽象状态，是研究气体性质时的模型，是实际气体的一种极限情况。

理想气体必须符合两个条件：第一，气体分子之间的作用力很微弱，可以忽略不计；第二，气体分子本身的体积很小，可以忽略。即分子之间没有相互作用，分子本身体积为零的气体称为理想气体。这种气体实际上并不存在，只是人们研究气体性质时提出的物理模型。但是，对于低压力及较高温度下的气体，由于气体分子之间的距离较大，分子间相互作用力很小，这种状态下的气体接近理想气体，可以按照理想气体近似处理。

（3）理想气体状态方程式。

理想气体状态方程式为

$$pV = nRT \tag{2-1}$$

式（2-1）描述了气体的压力（p），体积（V），物质的量（n）和热力学温度（T）之间的关系。R称为摩尔气体常数。已知在273.15 K、101.3 kPa条件下（理想气体标准状况），1 mol任何气体的体积为22.4 L。将上述数值代入式（2-1）可以计算得到R的数值为8.314 J/（mol·K）。注意，在国际单位制中，p、V、T的单位分别为Pa、m^3和K，R的数值和单位随着各物理量单位的不同而改变。

根据理想气体状态方程式，已知p、V、T、n四个物理量中的任意三个，即可计算余下的那个物理量。

压力　　　　　　　　　　　$p = \dfrac{nRT}{V}$

体积　　　　　　　　　　　$V = \dfrac{nRT}{p}$

物质的量　　　　　　　　　$n = \dfrac{pV}{RT}$

温度　　　　　　　　　　　$T = \dfrac{pVM}{mR}$

式中，m为质量；M为摩尔质量。

2.1.1.2　实际气体状态方程

虽然，理想气体状态方程式可以用来近似处理低压和高温下的真实气体，但是，实际上所有真实气体都会在一定程度上偏离理想气体状态方程式（图2-1）。因此，必须对理想气体状态方程进行修正，才能够适用于实际气体，修正来自两方面。

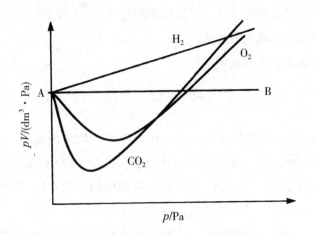

图2-1 实际气体的p/pV示意图

理想气体的 p 是忽略了分子间的吸引力，由分子自由碰撞器壁的结果。实际气体的压强是碰壁分子受内层分子引力而不能自由碰撞器壁的结果，所以

$$p_{实} < p$$

用 $p_{内}$ 表示 $p_{实}$ 与 p 的差，称为内压强，则有

$$p = p_{实} + p_{内}$$

我们来讨论 $p_{内}$ 的大小，$p_{内}$ 是两部分分子吸引的结果，它与两部分分子在单位体积内的个数成正比，即与两部分分子的密度成正比

$$p_{内} \propto \left[\frac{n_{外}}{V}\right]\left[\frac{n_{内}}{V}\right]$$

两部分分子共处一体，密度一致，因此有

$$p_{内} \propto \left[\frac{n}{V}\right]^2$$

比例系数为 a ，则有

$$p = p_{实} + a\left[\frac{n}{V}\right]^2 \qquad (2\text{-}2)$$

理想气体的体积是指气体分子可以自由运动，且可以无限压缩的理想空间，原因是气体分子自身无体积。但实际气体分子的自身体积不能忽略，只有从实际气体的体积$V_{实}$中减去分子自身的体积，才能得到相当于理想气体的体积的自由空间，即气体分子可以自由运动，又可以无限压缩。

例如，在5 dm^{3}的容器中，充满实际气体，由于分子自身体积的存在，分子不能随意运动，且不可无限压缩，若分子体积为$V_{分子}$=B dm^3，则$V_{实}$=5 dm^3，而

$$V = V_{实} - V_{分子} = (5 - B)\ \text{dm}^3$$

设每摩尔气体分子的体积为b dm^3 / mol，对于n mol实际气体，则有

$$V = V_{实} - nb \qquad (2\text{-}3)$$

理想气体状态方程：$pV = nRT$，将式（2-2）和式（2-3）代入其中，得

$$\left[p_{实} + a\left[\frac{n}{V}\right]^2\right]\left[V_{实} - nb\right] = nRT$$

这个方程称范德华方程（van der Waals equation），只是实际气体状态方程中的一种形式。a，b称为气体的范德华常数（van der Waals constant）。显然，不同的气体范德华常数不同，反映出其与理想气体的偏差程度不同，a和b的值越大，实际气体偏离理想气体的程度越大（表2-1）。

当$n = 1$时，有

$$\left[p_{实} + \frac{a}{\tilde{V}^2}\right]\left[\tilde{V}_{实} - b\right] = RT$$

式中，$\tilde{V}$为摩尔体积。

表2-1　实际气体的范德华常数

气体	$a/(kPa \cdot L^2 \cdot mol^{-2})$	b/L	气体	$a/(kPa \cdot L^2 \cdot mol^{-2})$	b/L
H_2	3.445	0.023 7	NH_3	422.55	0.031 7
O_2	137.89	0.031 8	H_2O	553.26	0.030 5
CH_4	227.99	0.012 8	C_2H_5OH	121.60	0.084 1

由表2-1可以看出：由于不同气体各有自己的结构和性质关系，范德华方程仍仅是近似的。在工业气体反应工程中，对于气体对象仍然需要为它建立特有的带有更多校正因素的状态方程。

2.1.1.3　分压定律与分体积定律

人们在生产实际中经常接触的气体往往是几种气体的混合物，例如空气是混合物；合成氨原料气是氢气和氮气的混合物。

气体的特性是能够均匀充满它所占有的全部空间。将不同气体混合在一起，如果不发生化学反应，并且分子间的引力又可忽略，每种组分气体都能分布在整个容器中，对容器的器壁施加的压力与独占整个容器所施加的压力相同。因此，可以设想混合气体的总压力等于各个组分气体所施加的压力的总和，各组分气体所产生的压力称为该气体的分压。通过研究低压下的混合气体，前人总结了两个实验定律，即分压定律与分体积定律。

（1）分压定律。

分压是指混合气体中某一种气体在与混合气体处于相同温度下时，单独占有整个容积时所呈现的压力。混合气体的总压等于各种气体分压的代数和，有

$$p_{总} = p_1 + p_2 + \cdots = \sum_i p_i \qquad (2-4)$$

又因为

$$p_1V = n_1RT, \quad p_2V = n_2RT, \cdots$$

所以

$$p_{总}V = (p_1 + p_2 + \cdots)V = (n_1 + n_2 + \cdots)RT$$

即
$$p_总 V = n_总 RT \tag{2-5}$$

由上可得
$$\frac{p_1}{p_总} = \frac{n_1}{n}, \frac{p_2}{p} = \frac{n_2}{n}, \cdots$$

令
$$\frac{n_i}{n} = x_i$$

这里 x_i 称为摩尔分数。则

$$p_i = x_i p_总 \tag{2-6}$$

式（2-6）即为分压定律，是道尔顿（Dalton）在1807年提出来的，所以也称为道尔顿分压定律。

例2-1　用锌与盐酸反应制备氢气：$Zn(s) + 2H^+ = Zn^{2+} + H_2(g)$，如果在25℃时用排水法收集氢气，总压为98.6 kPa，体积为 2.5×10^{-3} m³。已知25℃水的饱和蒸气压为3.17 kPa。求：

（1）试样中氢的分压是多少？

（2）收集到的氢的质量是多少？

解：（1）用排水法在水面上收集到的气体是被水蒸气饱和了的氢气，试样中的水蒸气分压为3.17 kPa，根据道尔顿分压定律：

$$p = p(H_2) + p(H_2O)$$

$$p(H_2) = p - p(H_2O) = (98.6 - 3.17)\, kPa = 95.4\, kPa$$

（2）由于有 $pV = nRT = \dfrac{m}{M}RT$，所以有

$$m(H_2) = \frac{p(H_2)VM(H_2)}{RT} = \frac{95.4 \times 10^3\, Pa \times 0.002\,50\, m^3 \times 2.02 g/mol}{8.314\, J/(mol \cdot K^{-1}) \times 298\, K} = 0.194\, g$$

在混合气体的计算中，常涉及体积分数问题。设有一理想气体混合物，含有A、B两种组分。根据阿伏伽德罗定律，定温、定压下，气体的体积与该气体的物质的量成正比，可以引出如下结果：

$$\frac{n_{\mathrm{B}}}{n}=\frac{V_{\mathrm{B}}}{V} \quad 或 \quad x_{\mathrm{B}}=\varphi_{\mathrm{B}}$$

式中，$\varphi_{\mathrm{B}}=V_{\mathrm{B}}/V$，称为气体组分B的体积分数；$V_{\mathrm{B}}$称为气体组分B的分体积，它是在定温、定压下气体组分单独存在时所占有的体积。实践中，气体组分的体积分数一般是以实测的体积百分数表示的。因此，于是有

$$p_{\mathrm{A}}=p\cdot\varphi_{\mathrm{A}}=p\cdot x_{\mathrm{A}} \quad 或 \quad p_{\mathrm{B}}=p\cdot\varphi_{\mathrm{B}}=p\cdot x_{\mathrm{B}}$$

这就是说，某气体组分的分压等于混合气体总压力与该气体组分的体积分数的乘积。这样，气体组分分压的计算就十分方便了。

（2）分体积定律。

分体积是指混合气体中任一气体在与混合气体处于相同温度下，压力与混合气体总压相同时所占有的体积。混合气体的总体积等于各种气体的分体积的代数和，有

$$V_{总}=V_1+V_2+\cdots=\sum_i V_i \qquad (2-7)$$

同样可得

$$V_i = x_i V_{总} \qquad (2-8)$$

式（2-8）即为分体积定律，是阿马格（Amagat E. H.）在1880年提出来的，也称为阿马格分体积定律。

由式（2-6）和式（2-8）可得

$$\frac{p_i}{p_{总}}=\frac{V_i}{V}=\varphi_i \qquad (2-9)$$

这里，φ_i称为体积分数。式（2-9）表示在混合气体中，体积分数等于其压力分数，由于气体的体积便于直接测量，所以可由体积分数求气体的摩尔分数和气体分压力。

2.1.2　液体与溶液

液体的性质最为复杂，表现在：①无固定的外形，没有明显的膨胀性；②具有一定的体积、流动性和可掺混性；③在一定的温度下有一定的蒸气压、一定的表面张力；④在一定的压力下有一定的沸点。对液体性质的了解并不十分全面。溶液则是物质存在的另外一种形式，在溶液中，物质将表现出一些特殊的物理化学性质。

2.1.2.1　液体的蒸发与凝固

液体的汽化有两种方式：蒸发和沸腾。这两种现象有区别，也有联系。

（1）液体的蒸发。

①蒸发过程。

蒸发是常见的物理现象。当把一杯水放在敞口容器中，放置一段时间，杯中的水会减少。因为液体分子在不停地运动，当运动速率足够大，分子就可以克服分子间的引力，逸出液体表面而汽化，形成气态分子。这种液体表面汽化的过程称为蒸发。而在液面上的气态分子称为蒸气。液体的蒸发是吸热过程，液体从周围环境吸收热量，液体可继续蒸发，直到在敞口容器中的液体全部蒸发完为止。若将液体装在密闭的容器中，液体以某种速率蒸发。在恒定温度下，液体将蒸发出一部分分子成为蒸气，但蒸气分子在相互碰撞过程中又可能重新回到液面。这个过程称为凝结，事实上，蒸发和凝结是同时进行的。当蒸发速率与凝结速率相等时，液体的蒸发和凝结达到平衡。把在一定温度下液体与其蒸气处于动态平衡时的这种气体称为饱和蒸气，它的压力称为饱和蒸气压，简称为蒸气压。

②蒸气压。

液体的蒸气压是液体的特征之一，它与液体量的多少和在液体上方的蒸气体积无关，而与液体本性和温度有关。在同一温度下，不同液体有不同的蒸气压；在不同温度下，每种液体的蒸气压也不同。由于蒸发是吸热过程，因此升高温度时，液体分子中能量高、速率大的分子含量增多。增加了表层分子逸出的机会，有利于液体的蒸发，即蒸气压随温度的升高而变大。表2-2列出水在不同温度下的蒸气压数据。

表2-2　水在不同温度下的蒸气压

温度/℃	蒸气压/kPa	温度/℃	蒸气压/kPa	温度/℃	蒸气压/kPa
10.0	1.228	60.0	19.92	110.0	143.3
20.0	2.338	70.0	31.16	120.0	198.6
30.0	4.243	80.0	47.34	130.0	270.2
40.0	7.376	90.0	70.10	140.0	361.5
50.0	12.33	100.0	101.325	150.0	476.2

（2）液体的凝固。

如果将液体温度降低，液体会凝结成固体，这个过程称为液体的凝固。相反的过程称熔化。凝固是放热过程，熔化则是吸热过程。

2.1.2.2　非电解质稀溶液的依数性

溶液按溶质类型不同，有电解质溶液和非电解质溶液之分，人们最早认识的是非电解质稀溶液的规律。各类溶液都具有的某些共同性质仅取决于其所含溶质的浓度，而与溶质自身性质无关，溶液的这种性质称为依数性。本节仅讨论非电解质稀溶液的依数性。

（1）溶液的蒸气压。

由前述可知，某一纯液体的蒸气压只与温度有关。当纯液体（溶剂）中溶解了少量的一种难挥发的非电解质后，由于非电解质溶质分子占据了一部分液面，故减小了溶剂分子进入气相的速率，但气相中溶剂分子凝结成液体的速率不变，结果使溶液的蒸气压降低。降低的数值与溶解的非电解质的量有关，而与非电解质的种类无关。

1887年，法国物理学家拉乌尔（Raoult）通过实验提出了溶液的蒸气压降低的关系式即拉乌尔定律（Raoulr's Law）：在一定温度下，难挥发的非电

解质稀溶液的蒸气压降低值与溶解在溶剂中溶质的摩尔分数成正比，即

$$\Delta p = p \times x_{溶质} \qquad (2\text{-}10)$$

式中，Δp 为溶液蒸气压降低值；$p \times$ 为纯溶剂的蒸气压；$x_{溶质}$ 为溶质的摩尔分数。

由于

$$x_{溶质} + x_{溶剂} = 1$$

所以

$$x_{溶质} = 1 - x_{溶剂}$$

又

$$\Delta p = p \times - p_{溶液}$$

代入式（2-10）得

$$p_{溶液} = p \times x_{溶剂} \qquad (2\text{-}11)$$

这是拉乌尔定律的另一种表达形式。

（2）沸点升高和凝固点降低。

①溶液的沸点升高。

沸点是指液体的蒸气压等于外界压力时的温度。如外压为101.3 kPa时，纯水的沸点是373 K，但当纯水中溶入了难挥发的非电解质时，溶剂的蒸气压降低了，因此，该溶液的蒸气压等于外压（101.325 kPa）时的温度（即沸点）必然高于纯溶剂的沸点。当达到373 K时，溶液蒸气压低于101.3 kPa，所以在标准状态外压下，此溶液并不沸腾。只有将温度提高到（373+t_1）K，溶液蒸气压等于外界大气压，溶液才达到沸腾。此时溶液的沸点较纯水高了t_1 K，溶液的沸点升高的根本原因是溶液的蒸气压下降。

在一定温度下，溶液蒸气压下降值 Δp 与溶入的溶质的质量摩尔浓度b成正比，有：

$$\Delta p \propto b$$

引入比例常数 K_p，则 $\qquad \Delta p = K_p b$

其中，K_p 与溶剂有关。

由于溶液沸点升高与溶液的蒸气压降低有关，拉乌尔总结出溶液沸点升高与溶质量的定量关系，得到一个类似于上式的溶液沸点升高与溶质的质量摩尔浓度间的关系式，即

$$\Delta T_b = K_b b \qquad\qquad (2-12)$$

式中，ΔT_b 为溶液的沸点升高值，单位℃；K_b 为溶剂的沸点升高常数，单位℃·kg/mol；b 为溶质的质量摩尔浓度，单位mol/kg。

表2-3列出几种常见溶剂的 K_b 值。当 ΔT_b、K_b 已知时，利用溶液的沸点升高与浓度的关系式，即可求算溶质的摩尔质量。

②溶液的凝固点降低。

凝固点（或熔点）是在一定外压下（通常是101.325 kPa）物质的固相蒸气压与液相蒸气压相等时的温度。当水中溶入溶质后由于溶液的蒸气压下降。0℃时水溶液的蒸气压低于冰的蒸气压，此时冰融化成水，所以水溶液的凝固点在0℃以下。

与沸点升高类似，拉乌尔总结出溶液的凝固点下降的关系式为

$$\Delta T_f = K_f b \qquad\qquad (2-13)$$

式中，ΔT_f 为溶液的凝固点降低值，单位℃；K_f 为溶剂的凝固点降低常数，单位℃·kg/mol；b 为溶质的质量摩尔浓度，单位mol/kg。

常见溶剂的 K_f 列于表2-3。

表2-3　常见溶剂的 K_b 和 K_f

溶剂	沸点/℃	K_b/(℃·kg·mol^{-1})	凝固点/℃	K_b/(℃·kg·mol^{-1})
水	100.00	0.52	0	1.86
乙酸	118.00	2.93	17	3.90

溶剂	沸点/℃	$K_b/(℃\cdot kg\cdot mol^{-1})$	凝固点/℃	$K_b/(℃\cdot kg\cdot mol^{-1})$
苯	80.15	2.53	5.5	5.10
环己烷	81.00	2.79	6.5	20.2
三氯甲烷	60.19	3.82		
樟脑	208.00	5.95	178	40.0
苯酚	181.20	3.60	41	7.3
氯仿	61.26	3.63	−63.5	4.68
硝基苯	210.90	5.24	5.67	8.1

从水、冰和溶液的蒸气压曲线可以解释溶液的沸点升高与凝固点降低的现象。图2-2中 AB 是纯水的气液平衡曲线，即在 AB 上每一点对应的温度和蒸气压下，水和水蒸气呈两相平衡状态。AA' 为冰的蒸气压曲线。$A'B'$ 是水溶液的蒸气压曲线。由图可知，100℃时水溶液的蒸气压低于外界大气压（101.325 kPa），因此，其沸点高于100℃；0℃时水溶液的蒸气压低于冰的蒸气压，因此水溶液的凝固点低于0℃。

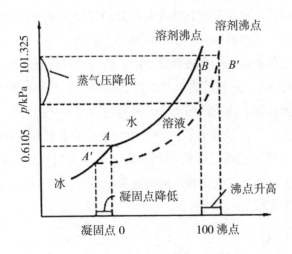

图2-2 水、冰和溶液的蒸气压曲线

溶液的凝固点下降和沸点上升规律在生产实践中有很重要的应用，还可用来解释日常生活中经常遇到的一些现象。例如：为防止汽车水箱在冬天结冰而胀裂，往水箱中加入甘油或乙二醇等物质制成防冻液；为保证冬季正常施工，建筑工人经常在浇注混凝土时添加少量食盐或氧化钙等盐类防止混凝土冻结；利用冰雪覆盖路面撒盐融化冰雪；冰和盐类的混合物是常用的冷却剂，广泛应用于食品和水产品的保存和运输中，例如氯化钠和冰的混合物可降至-22℃，若将氯化钙固体与冰混合，最低温度可降至-55℃。溶液的凝固点下降对生物体的生命活动也起着重要作用。当外界温度骤降时，植物体内细胞中会产生大量的可溶性碳水化合物，使细胞液浓度增大，凝固点降低，从而使植物表现出一定的抗寒性。工业上冶炼金属时，用组成沸点较高的合金溶液的方法，减少高温下易挥发金属的蒸发损失。另外，在有机化合物合成中，也常用测定物质的熔点和沸点的方法检验化合物的纯度。

（3）溶液的渗透压。

溶液的渗透压是溶液的另一重要性质。日常生活中能见到许多渗透现象，如施过化肥的农作物，需立即浇水，否则化肥会"烧死"植物；因曝晒失水而发蔫的花草，浇水后又可重新生机盎然，这些现象都是和作物表皮的一层半透膜（即细胞膜）有关。半透膜的性质是溶剂分子可以通过半透膜，而溶质分子不能透过。

当用半透膜把一种溶液和它的纯溶剂分隔开时，纯溶剂能自由通过半透膜扩散到溶液中，使溶液稀释，这种现象称为渗透。

若将一半透膜紧扎在一支玻璃管下端，将玻璃管内充入难挥发非电解质的稀溶液（如糖水），并放进盛有清水的烧杯中。由于渗透作用，水将扩散进入糖水中，因而溶液体积渐渐增大，垂直的管子中液面上升。随着液柱的升高，压力增大，从而使玻璃管内糖水中的水分子通过半透膜的速率增大。当压力达到一定的数值时，液柱不再升高，系统达到平衡，如图2-3所示。若在管口上方加一外压，使得糖水的液面保持不变，所外加的阻止液面上升的最小压力称为该糖水的渗透压。

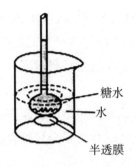

糖水
水
半透膜

图2-3　渗透现象示意图

与拉乌尔发现溶液蒸气压与纯溶剂蒸气压之间关系的同期，1886年，荷兰物理学家范特霍夫（Van't Hoff）发现了稀溶液的渗透压$\varPi$服从如下方程。

$$\varPi = \frac{nRT}{V} = cRT \qquad (2\text{-}14)$$

式中，$\varPi$为渗透压，kPa；R为摩尔气体常数，$R=8.314$ kPa·L·$(\text{mol·K})^{-1}$；c为溶质的物质的量浓度，mol/L；T为绝对温度，K。

值得注意的是，范特霍夫的溶液渗透压方程从形式上看，与理想气体状态方程十分相似，但两种压力（$\varPi$和p）产生的原因和测定方法完全不同。气体的压力是由于气体分子碰撞容器壁而产生的。渗透压$\varPi$却是溶剂分子只有在半透膜两侧分别存在的溶液和溶剂（或两边浓度不同的溶液）中运动时，才能表现出来。

大多数有机体的细胞膜有半透膜的性质。虽然关于渗透现象的原因至今还不十分清楚，但生命的存在与渗透现象有极为密切的关系。动植物的细胞膜均具有半透膜功能，它很容易透水而几乎不能透过溶解于细胞液中的物质。例如：若将红细胞放进纯水，在显微镜下将会看到水穿过细胞壁而使细胞慢慢肿胀，直至最后胀裂；由于海水和淡水的渗透压不同，海水鱼和淡水鱼不能交换生活环境，以免引起鱼体细胞的肿胀或萎缩而使其难以生存。

除细胞膜外，人体组织内许多膜，如红细胞的膜、毛细血管壁等也都具有半透膜的性质，人体的体液（如血液、细胞液和组织液等）也具有一定的渗透压。因此人体静脉输液时，要求使用与人体体液渗透压相等的等渗溶液。如临床大量补液常用0.9%生理食盐水及5%葡萄糖溶液。否则，由于渗透将会引起红细胞肿胀或萎缩而导致严重的后果。若注射用溶液的浓度较大，渗透压较体液的高，则必须注意注射量不可太多，注射速率要慢，才可被体液稀释成等渗溶液。

同样，植物中的花卉，若浸入糖溶液或盐溶液，将会因渗透压的作用而脱水枯萎，若再将其插入纯水，水分子会穿过表皮进入内部，而使花卉恢复原有的色泽。

2.1.2.3　溶液组分含量的表示方法

有很多方法表示溶液的组成。化学上常用质量摩尔浓度、物质的量浓度、摩尔分数、质量分数等表示。

（1）质量摩尔浓度。

用1 kg溶剂中所含溶质的物质的量表示的浓度称为质量摩尔浓度，用m_B表示，单位为mol/kg，即

$$m_B = \frac{n_B(\text{mol})}{m(\text{kg})}$$

式中，m是溶剂的质量。为避免与质量符号混淆，也可以使用b_B表示质量摩尔浓度。

（2）物质的量浓度。

在国际单位制中，溶液的浓度用物质的量浓度来表示。其定义为：溶液中所含溶质A的物质的量除以溶液的体积，用符号c_A表示。

$$c_A = \frac{n_A}{V}$$

若溶质A的质量为m_A，摩尔质量为M_A，则

$$c_A = \frac{n_A}{V} = \frac{m_A}{M_A V}$$

（3）摩尔分数。

溶液中某一组分A的物质的量（n_A）占全部溶液的物质的量（n）的分数，称为A的摩尔分数，记为x_A。

$$x_A = \frac{n_A}{n}$$

若溶液由A和B两种组分组成，溶质A和B的物质的量分别为n_A和n_B，则

$$x_A = \frac{n_A}{n_A + n_B}, \quad x_B = \frac{n_B}{n_A + n_B}$$

显然 $\qquad\qquad\qquad x_A + x_B = 1$

（4）质量分数。

溶质A的质量m_A占溶液总质量m的分数称为溶质A的质量分数，符号为ω_A，即

$$\omega_A = \frac{m_A}{m}$$

2.1.3　固体

固体物质通常是由分子、原子或离子等粒子组成。由于粒子之间存在着相互间的作用力，如：化学键或分子间力，使得它们按一定方式排列，只能在一定的平衡位置上振动，因此，固体具有一定的体积、形状和刚性。根据结构和性质的不同，可以把固体分为晶体和非晶体两大类。

2.1.3.1　晶体、非晶体的特征

X射线研究发现，晶体中的微粒（原子、分子或离子）在三维空间周期

性重复排列，即晶体是内部微粒有规则排列的固体。绝大多数无机物和金属都是晶体。非晶体则是内部微粒排列没有规则的固体，其外部形态是一种无定形的凝固态物质，故又叫无定形体。

晶体与非晶体相比较，通常有下述特征。

（1）几何外形。

自然界的许多晶体都有规则的几何外形。这是由微观质点在空间按一定几何方式排列的规律性所决定的。例如：食盐（NaCl）晶体具有整齐的立方体外形；明矾晶体具有八面体外形；石英（SiO_2）晶体具有六角棱柱外形。

有时由于形成晶体的条件不同，所得的同一种晶体的外表形状可能很不相同，但是各晶体的表面的夹角是相同的，所以仍是同一晶体。另外，有些固体虽不具备整齐的外形，却仍具有晶体的性质。如很多矿石和土壤的外形不像水晶等那样有规则，但它们基本上属于结晶形态的物质。大多数无机化合物和有机化合物，甚至植物的纤维和动物的蛋白质都可以以结晶形态存在。

非晶态的物质很多，如沥青、石蜡、松香、玻璃、动物胶和一些非晶态的高聚物等。非晶体无一定的几何外形。人们最熟悉的非晶态物质是玻璃。有时也把非晶态物质称为无定形或玻璃态材料。可见，几何外形并不是晶体与非晶体的本质区别。

（2）熔点。

晶体有固定的熔点。在一定的外界压力下，将晶体加热到某一温度（熔点）时，晶体开始熔化。在全部熔化之前，继续加热，温度不会升高，直到晶体全部熔化。然后，继续加热，温度会上升。使晶体全部熔化所吸收的热量称为熔化热。熔化热与凝固热的数值相同，符号相反。

而非晶体没有固定的熔点。加热时非晶体首先软化（塑化），继续加热，黏度变小，最后成为流动性的熔体。从开始软化到全熔化的过程中温度不断升高。把非晶体开始软化时的温度称为软化点。这是因为非晶体由于分子、原子的排列不规则，吸收热量后不需要破坏其空间点阵，只用来提高平均动能，所以当从外界吸收热量时，便由硬变软，最后变成液体，只存在一个玻璃化温度 T_g（图2-4）。

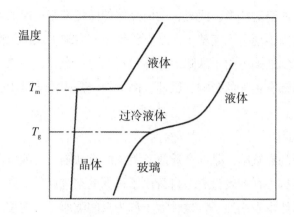

图2-4　晶体和非晶体的熔化

（3）晶体有一定的对称性。

自然界不论是宏观物体还是微观粒子，普遍存在着对称性。通过一定的操作，晶体的结构能完全复原，这就是晶体具有的对称性。晶体的宏观对称性，包括旋转轴（也称为对称轴）、对称面（也称为镜面）和对称中心。

若晶体绕某直线旋转一定的角度（$360°/n$，n为整数）使晶体复原，则晶体具有轴对称性，此直线为n重旋转轴（也称为n重对称轴），记为C_n。若绕直线旋转180°后使晶体复原，则为二重旋转轴，记为C_2；若旋转120°，则记为C_3；等等。若晶体和它在镜中的像完全相同，且没有像左、右手那样的差别，则晶体具有平面对称性，此镜面为对称面，记为m。若晶体中任一原子（或离子）与晶体中某一点连成一直线，将此线延长，在和此点等距离的另一侧有相同的另一原子（或离子），那么此晶体具有中心对称性，此点称为对称中心，记为I。除此之外，还有其他的对称性。总之，晶体可有一种或几种对称性，而非晶体则没有。

2.1.3.2　晶体的缺陷

在理想晶体构造中，所有的微粒都是严格地按照一定规律排列的。而自然界的实际晶体，不可能是在绝对理想的条件下生长形成。且晶体形成时化学成分也不可能绝对纯净；同时，构成晶体的微粒都有一定的热运动，这就使得晶体在局部出现了不完整（即结点位置上有空缺）或不规则的现象，此现象称为晶体的缺陷。由于缺陷对固体材料的电、光、声、热、磁、机械强度、化学性质都有很大的影响，因此，晶体缺陷是固体化学中研究和讨论的一个重要内容。

（1）点缺陷。

这里所说的点缺陷，是与杂质原子无关的点缺陷。一般有两种情况：一种是在晶体结构中存在着没有被自身原子占据的空位；另一种是晶体结构的间隙存在着晶体本身的原子，这种原子称为自间隙原子。空位的一个非常重要的特点是它们能够与相邻原子交换位置而运动。这给我们一个启迪，为什么原子在高温时可以在固态中迁移（即进行扩散）。

对于离子晶体，因为任何一个局部区域都必须达到电荷平衡，所以点缺陷在离子晶体中的情况要复杂一些。一种类型的点缺陷是有一个阳离子空位，邻近必有一个阴离子空位，这种空位点缺陷在离子晶体中较为常见；另一种类型的点缺陷是在一个阳离子空位附近有一个间隙阳离子。这两种点缺陷都提高了离子晶体的导电性。

（2）线缺陷（位错）。

位错有很多种，刃型位错和螺型位错是两种基本的位错形式。假设晶体内有一个原子平面在晶体内部中断，其中断处的边沿就是一个刃型位错，好似在两个晶面间插入一把刀刃，但这刀刃又没有插到底，如图2-5所示。这种位错的边沿，即刀刃口为一条直线，称为位错线，故这种缺陷是一种线缺陷。在螺型位错中，原子平面并没有被中断，而是沿一条轴线盘旋上升了，每绕轴线盘旋一周就上升一个晶面间距。在中央轴线处就是一个螺型位错，如图2-6所示。其中，EF线即为位错线，垂直于位错线EF的晶面变成了螺旋面，因而得名螺型位错。

实际晶体，尤其金属晶体内部存在大量位错，位错周围原子发生畸变。随远离位错端部（位错线）的距离增加，畸变程度减小，晶格越趋正常。位错对晶体的生长、固态相变、塑性变形以及强度等性能都有显著影响。在非金属晶体中，特别是在离子晶体和共价晶体中，形成位错所需要的能量通常要比金属高得多，这与位错在共价固体和离子固体中引起较大的扰乱等原因有关。同时，这也使位错在非金属固体和许多金属化合物中的运动（表现为塑性变形）受到限制，故这些材料在室温下直到破坏时都只有很少的塑性变形，而显示脆性。因此，位错对合金和金属的影响比对离子晶体和共价晶体更为显著。

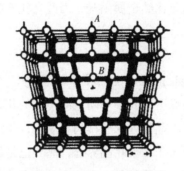

图2-5 简单立方结构中的刃型位错示意图

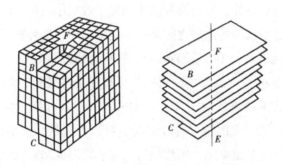

图2-6 简单立方结构中的螺型位错示意图

晶体结构中，位错与位错之间可能发生相互作用。一般来说，任何位错的运动都会因其他位错的存在而受到阻碍，并且当位错数量增加时，要使金属通过滑移而变形所需要的力就相应地增加。刃型位错与各种点缺陷之间也能发生相互作用。这是因为在刃型滑移面的一边（见图2-5的上部）原子被挤紧；而在滑移面的另一边（见图2-5的下部）原子被拉开，晶体的这些区域相对于正常区域来说，分别处于压缩状态和拉伸状态。如果置换原子（溶质原子）的直径比溶剂原子大，就倾向于偏聚在刃型位错的拉伸状态一边，因为在这些地方溶质原子可获得更大的空间，从而使固溶体的总应变能降低。与此相反，较小的溶质原子倾向于偏聚在刃型位错的压缩状态一侧。对于间隙原子而言，其偏聚在刃型位错的拉伸边的倾向更大。因为那里的间隙比其他区域都大。正因为各种缺陷的这些相互影响和作用，使晶体结构变得比想象的更为复杂。还可以认为，杂质原子微弱地束缚在位错上，使不纯的金属材料中的位错运动要比纯金属困难，因此，使不纯的材料产生塑性变形就需要更大的应力。

（3）面缺陷。

晶体中的面缺陷包括晶界、亚晶界和层错3种。前面讲过，多晶体中晶粒与晶粒间的界面（晶界）是几个空间位向不同的相邻晶粒的分界面，厚度最小为1~2个原子直径。晶界处原子排列不规则，是结晶不完整的区域，能量比较高，杂质原子倾向于偏聚在晶界处，晶界也是最先遭受化学腐蚀的地方，在一般的单晶体或多晶体的各个晶粒中也存在着边界，即无论是单晶体或多晶体中的晶粒，是由许多更细小的晶块拼凑而成的，这更细小的晶块之间的界面，称为亚晶界，它与晶界的不同在于各细小晶块（即镶嵌块）之间倾斜角度很小，可认为各嵌块之间基本上是平行的，这种缺陷也称镶嵌晶界缺陷或称小角度晶界。在实际晶体中，还可能出现层错性面缺陷，晶体在生长时，由于某些条件的影响，可能发生原子面的错排，如对于面心立方的金属，其密排面的堆积顺序为ABC ABC ABC…，如果在生长到C层之后，由于某种干扰，原子面的排列跳过A层而直接长到B层，便形成ABC ABCBC ABC…顺序，产生了面缺陷，也称层错。也可能形成ABC ACBC ABC…这样顺序的层错。前者为内减层错，即少了一层A，后者为外加层错，即多了一层C。面心立方晶格还可能正好形成对应关系的排列，这种晶体称为孪晶，是原子面堆积中的一种特殊的错排形式。这种缺陷通常存在于具有层状结构的非金属中，如云母、滑石和石墨以及某些金属中。

实际晶体中缺陷和畸变存在的部位使正常的点阵结构受到了一定程度的破坏或扰乱，其能量增高，稳定性降低，对晶体的一系列物理和化学性质都会产生影响。例如，NaCl实际晶体的嵌块结构缺陷，使其抗拉强度比其理想晶体降低近100倍。又如，因为实际金属晶体存在位错，使实际金属发生塑性变形的实测应力比其理论计算值要小3~4个数量级。

除上述晶格缺陷外，材料在亚微观乃至宏观上的结构不完整性，如裂缝、孔隙等，对无机非金属多孔材料而言，对材料性能的影响同样十分重要。

2.2 热力学基本概念

2.2.1 系统与环境

在用热力学的方法研究问题时，首先要确定研究对象的范围和界限。热力学把被研究的对象称为系统，系统以外与系统密切相联系的部分称为环境。系统的确定是根据研究的需要人为划分的。例如，研究硝酸银与氯化钠在水溶液中的反应。把这两种溶液放在小烧杯中，那么溶液就是一个系统，而溶液之外的与之有关的其他部分（烧杯、溶液上方的空气等）都是环境。按照系统和环境之间物质和能量的交换情况，将系统分为以下三种：

（1）敞开系统。系统与环境之间既有物质交换又有能量交换。

（2）封闭系统。系统与环境之间只有能量交换而没有物质交换。

（3）孤立系统。系统与环境之间既没有物质交换也没有能量交换。

自然界中没有真正的孤立系统，它是热力学思考问题的一种方法，如果把系统和环境加起来，就构成了一个孤立系统。系统的选择有一定的任意性。但一旦选定系统，系统的性质就确定了。

2.2.2 状态和状态函数

热力学用系统的性质来确定系统的状态，也就是说系统的性质（如温度、压力、体积、质量等）总和决定了系统的状态。系统的性质一定时，系统的状态也就确定了，与系统到达该状态前的经历无关。若系统中某一性质改变了，系统的状态也就必然改变，通常把这些用来描述系统状态性质的函数称为状态函数。描述系统状态的状态函数有两种性质：

（1）强度性质：这种性质的数值与系统内物质的数量无关，不具有加和性。例如，温度、密度都属于强度性质。

（2）广度性质：这种性质的数值与系统内物质的数量成正比，具有加和性。例如，质量、体积都属于广度性质。

值得注意的是，有时两个广度性质比值会成为系统的强度性质，如密度是质量与体积之比。

状态函数有如下特点：状态函数决定于状态本身，而与变化过程的具体途径无关。系统的状态确定了，状态函数就有一定的数值。例如：一种气体使其温度由300 K变到380 K，可以先将气体升温到400 K，然后降到380 K；或先降到280 K再升温到380 K，系统的温度变化都是80 K。ΔT只决定于起始状态和最终状态，它与变化所经历的途径无关。状态函数的集合（和、差/积、商）也是状态函数。

由于系统的多种性质之间有一定的联系，例如：$pV =nRT$就描述了理想气体的p、V、T、n四个量之间的关系。所以描述系统的状态并不需要罗列出它所有的性质，可根据具体情况选择必要的能确定系统状态的几个性质就可以了。

2.2.3　过程和途径

处于热力学平衡态的系统，当状态函数改变时，系统的状态就会发生改变。我们常常定义系统的起始状态为始态，发生变化了的状态为终态，系统从始态到终态的变化，称为过程。实现过程所经历的具体步骤为途径。

常见的热力学过程有以下几种。

（1）等压过程：系统在整个变化过程中压力始终保持恒定。

（2）等容过程：系统在整个变化过程中体积始终保持恒定。

（3）等温过程：系统的终态温度等于始态温度。与等压、等容过程不同，等温过程中温度可能发生变化，但只要终态温度回到始态温度，则认为是等温过程。与等温过程相区别，对于系统变化过程中温度始终保持恒定的过程，称之为恒温过程。

这三种变化过程是指系统的化学组成、物相不变，只是温度、压力和体积发生改变。如果这个过程中系统与环境之间不发生热交换，称为绝热过程。若系统从某一状态出发，经过一系列变化，最后又回到原来的状态，称为循环过程。除此之外，还有相变过程和化学变化过程。相变过程是指系统化学组成不变而物相发生变化的过程，如熔化、冷凝等。化学变化过程是系统的化学组成发生改变，即系统内发生了化学反应或系统内分子种类发生改变。

系统实际的变化过程往往是比较复杂的。但是，只要确定了系统的始态、终态，状态函数的变化值就只与系统的始态和终态有关，与具体的变化途径无关。状态函数的这一性质，使得热力学过程研究方法大大简化。可以设计一些比较简单的途径来计算，只要始态、终态相同，计算结果与实际过程一致。

2.2.4　热力学能

热力学能又称内能，是系统内部能量的总和，用符号U表示，单位为kJ/mol。热力学也包括了系统内分子的平动能、转动能、振动能、电子运动能量，原子核内能量以及分子与分子之间相互作用能等。它仅取决于系统的状态，系统的状态一定，它就有确定的值，也就是说内能是系统的状态函数。

系统内部各质点的运动和相互作用是很复杂的，所以内能的绝对值目前还无法测定。但系统的状态变化时，内能的变化是可以测定的。内能的变化量可由变化过程中系统和环境所交换的热和功的数值来确定。

2.2.5 热和功

热和功是系统的状态变化时与环境交换能量的两种不同形式。热是由于温度的不同，在系统与环境之间交换的能量，用符号Q表示，单位为J（或kJ）。通常规定：系统从环境吸收热量，Q为正值；系统放出热量，Q为负值。系统与环境之间除了热以外，以其他形式交换的能量统称为功，用符号W表示。并规定：系统对环境做功，W为负值；环境对系统做功，W为正值。

功有多种形式，可分为体积功和非体积功。体积功是指系统与环境之间因体积变化所做的功；非体积功是指除体积功之外，系统与环境之间以其他形式所做的功。本章只讨论体积功。

系统反抗恒外压$p_{外}$对环境所做的功，可以用式（2–15）进行计算：

$$W = -p_{外}\Delta V \text{或} \delta W = -p_{外}\mathrm{d}V \qquad (2–15)$$

式中，ΔV为气体体积的变化值。由于化学反应过程一般不做非体积功，对于有气体参与的化学反应，体积功显得尤为重要。

2.3 热力学定律

人们在无数实验事实的基础上总结出热力学第一定律和热力学第二定律。热力学第一定律是研究化学过程及与化学密切相关的物理过程中的能量转换关系；热力学第二定律是研究一定条件下，指定的热力学过程的变化方向及可能达到的最大限度；应用热力学第三定律阐明规定熵的数值。热力学的发展史已逾百年，形成了一套完整的理论和方法。自20世纪60年代以来，热力学已从主要研究平衡态或可逆过程的经典热力学，发展成为研究非平衡态或不可逆过程的热力学，在自然科学和社会科学的很多领域得到了应用。

热力学研究的是大量质点集体表现出来的宏观性质，如温度T、压力p、体积V等，对于个别原子、分子，即微观粒子的性质，是无能为力的。所以化学热力学对于被研究对象无须知道其内部结构，也不研究被研究对象变化的微观过程，这正是热力学处理问题的特点，也是其局限性。也就是说，热力学不能深入到微观领域，也不能从微观角度说明变化发生的原因以及化学反应机理。

2.3.1　化学热力学第一定律

热力学第一定律的内容就是能量守恒定律，其文字叙述如下：自然界一切物质都具有能量，能量有不同的表现形式，可以从一种形式转化为另一种形式，也可以从一个物体传递给另一个物体，在转化和传递过程中能量的总和不变。

设有一封闭系统，它的内能为U_1，该系统从环境吸收热量Q，同时环境对系统做了W的功，结果使这个系统从内能为U_1的始态变为内能为U_2的终态。根据能量守恒定律：

$$\Delta U = U_2 - U_1 = Q + W \tag{2-16}$$

式（2-16）即为热力学第一定律的数学表达式，即系统内能的变化等于系统从环境吸收的热量加上环境对系统做的功。

例2-2　在101.325 kPa及373 K时，水的汽化热为40.6 kJ/mol，计算该条件下1 mol水完全气化时系统内能的变化值。

解：系统吸热Q =40.6 kJ/mol，系统所做的功等于水气化时由于体积膨胀所做的体积功$W = -p\Delta V = -nRT$（假设水蒸气为理想气体，且忽略液态水的体积）。

由热力学第一定律知：

$$\begin{aligned}
\Delta U &= Q + W = Q - nRT \\
&= 40.6\,\mathrm{kJ/mol} - 1\,\mathrm{mol} \times 8.314\,\mathrm{J/(mol \cdot K)} \times 3.73\,\mathrm{K} \times 10^{-5} \\
&= 37.5\,\mathrm{kJ/mol}
\end{aligned}$$

由热力学第一定律表达式 $\Delta U = Q + W$ 可知，ΔU 只与系统始态和终态有关，与途径无关；而 Q、W 与途径有关。系统的始态、终态确定后，ΔU 就确定了，也就是说 $Q + W$ 为定值。当系统变化的始态、终态确定后，不同的途径会有不同的 Q、W 值，但 $\Delta U = Q + W$ 始终成立。即非状态函数的功和热之和表示为一个状态函数，这也是热力学第一定律的特征。

2.3.2 化学反应的热效应

2.3.2.1 反应热

当系统发生化学变化后，反应系统的温度回到始态温度，系统放出或吸收的热量称为化学反应的热效应，简称反应热。反应热是日常生活和工业生产所需能量的主要来源。根据反应过程，反应热分为恒容反应热 Q_V 和恒压反应热 Q_p。

（1）恒容反应热。

只做体积功的封闭系统，在恒温恒容条件下反应的热效应称为恒容反应热，符号 Q_V。由于体积保持不变，$\Delta V = 0$，则系统不做体积功，即 $W=0$。根据热力学第一定律可知

$$Q_V = \Delta U \qquad\qquad (2\text{--}17)$$

即在只做体积功的恒容条件下，反应热等于系统的热力学能变。

（2）恒压反应热。

只做体积功的封闭系统，在恒温恒压条件下反应的热效应称为恒压反应热，符号 Q_p，如果反应在恒压条件下进行，系统对环境做体积功

$W = -p\Delta V$。根据热力学第一定律，可得

$$
\begin{aligned}
Q_p &= \Delta U - W \\
&= \Delta U + p\Delta V \\
&= (U_2 - U_1) + (pV_2 - pV_1) \\
&= (U_2 + pV_2) - (U_1 + pV_1)
\end{aligned}
$$

令

$$H = U + pV$$

则

$$Q_p = H_2 - H_1 = \Delta H \qquad （2-18）$$

H称为焓，单位为kJ。因为U、p、V均为状态函数。所以焓也是状态函数，且具有加和性。焓的变化值（ΔH）只取决于系统的终态和始态，而与变化的具体途径无关。焓和热力学能一样，绝对值也无法测定，而人们所关心的是状态变化时的焓变ΔH。焓无明确的物理意义，但焓变ΔH具有明确的物理意义：封闭系统中不做非体积功的恒压条件下，系统吸收或放出的热全部用来增加或减少系统的焓。$\Delta H > 0$，表示系统吸热；$\Delta H < 0$，表示系统放热。对于化学反应，一般无特别指明，反应热效应都是指恒压反应热ΔH。

2.3.2.2 反应焓变

（1）化学反应的摩尔焓变。

热力学第一定律已证明，在恒温恒压、只做体积功过程中系统吸收或放出的热等于化学反应的焓变，即$Q_p = \Delta_r H$。$\Delta_r H$表示化学反应的焓变（下标"r"是化学反应reaction的缩写）。$\Delta_r H_m$表示化学反应的摩尔焓变（下标m表示反应进度$\xi = 1$ mol时的焓变）。

$$\Delta_r H_m = \Delta_r H / \xi \qquad （2-19）$$

注意二者的单位不同，$\Delta_r H$ 的单位为kJ，$\Delta_r H_m$ 的单位为kJ/mol。例如，氢气和氧气在常压及298.15 K的条件下完全反应：

$$H_2(g) + 1/2O_2(g) = H_2O(l), Q_p = \Delta_r H_m = -285.83 \text{ kJ/mol}$$

上式表示在指定温度和压力下，氢气和氧气按上面的反应方程式进行反应，当 $\xi = 1$ mol时，系统的焓减少285.83 kJ。

根据反应进度的定义式可知，$\Delta_r H_m$ 的数值与反应方程式的写法有关。例如，氢气和氧气在同样条件下完全反应的摩尔焓变可表示为

$$2H_2(g) + O_2(g) = 2H_2O(l), Q_p = \Delta_r H_m = -571.66 \text{ kJ/mol}$$

所以在应用 $\Delta_r H_m$ 时，必须同时指明反应式，以明确反应系统及各物质的状态。一般用热化学方程式表示反应热。

（2）热化学方程式。

表示化学反应与其热效应关系的化学反应方程式，称作热化学方程式。例如：

$$H_2(g) + 1/2O_2(g) = H_2O(l), Q_p = \Delta_r H_m = -285.83 \text{ kJ/mol}$$

$$2H_2(g) + O_2(g) = 2H_2O(l), Q_p = \Delta_r H_m = -571.66 \text{ kJ/mol}$$

二者都表示H_2（g）和O_2（g）反应生成H_2O(l)，但是 $\Delta_r H_m$ 数值不同。由于反应热除与反应进行的条件（如温度、压力等）有关外，还与反应物和生成物的数量、聚集状态等有关，所以在化学热力学中规定了一个状态作为比较的标准，即标准状态，简称标准态。标准态是指在指定温度T和标准压力 $p^\ominus = 100$ kPa 下物质的状态。在热力学函数的右上角标"$\ominus$"表示标准态。标准态的规定如下：

①理想气体的标准态是指标准压力 $p^\ominus$ 下纯气体的状态；混合理想气体中任一组分的标准态是指其分压为标准压力 $p^\ominus$ 的状态。

②纯固体或纯液体的标准态是指标准压力 $p^\ominus$ 下的纯固体或纯液体。

③溶液中溶质的标准态是指标准压力 $p^\ominus$ 下各溶质的浓度为标准浓度 $c^\ominus$

的理想溶液。规定 $c^\circ = 1.0 \, \text{mol} / \text{dm}^3$。溶剂的标准态即为标准压力 p° 下的纯溶剂。

应当注意，热力学标准态的规定对温度并无限定，强调物质的压力必须为标准压力 p°。通常从手册上查到的热力学值大都是298.15 K的数据。

标准状态下化学反应的摩尔焓变称为标准摩尔焓变，用符号 $\Delta_r H_m^\circ$ 表示，单位为kJ/mol。

书写热化学方程式时应注意以下几点：

①标明物质的聚集状态和浓度。因为物质的聚集状态不同，相应的能量也不同。一般用g、l、s表示气、液、固三种状态，用aq表示水溶液，标注在该物质化学式的后面。此外如果一种固体物质有几种晶型，则应注明是哪种晶型。例如：

$$2H_2(g) + O_2(g) = 2H_2O(l), \Delta_r H_m = -571.66 \, \text{kJ/mol}$$

$$2H_2(g) + O_2(g) = 2H_2O(g), \Delta_r H_m = -483.64 \, \text{kJ/mol}$$

②注明反应的温度和压力。如果是298.15 K和100 kPa时，则按习惯可不注明。

③明确写出反应的化学计量方程式。同一反应，反应式的写法不同，$\Delta_r H_m^\circ$ 值也不同。

④正、逆反应的 $\Delta_r H_m^\circ$ 绝对值相等，符号相反。例如：

$$2H_2(g) + O_2(g) = 2H_2O(l), \Delta_r H_m = -571.66 \, \text{kJ/mol}$$

$$2H_2O(l) = 2H_2(g) + O_2(g), \Delta_r H_m = 571.66 \, \text{kJ/mol}$$

2.3.3 化学热力学第二定律

2.3.3.1 化学反应的自发性

自然界中发生的一切变化都是有方向性的。例如水可以自动地由高处往低处流，铁在潮湿空气中生锈，冰在常温下融化，食盐在水中溶解，烟雾在空气中扩散等。这种不需要任何外力作用就能自动进行的过程，称为自发过程。化学反应存在自发过程，化学反应的方向即是反应自发进行的方向。自发反应是在一定温度、压力条件下，不需外界做功，经引发即自动进行的反应。非自发反应不是不可能进行的反应，但进行的程度小或需要外界做功才能进行。例如，在高温时（发生闪电或内燃机中）空气中的氮气和氧气生成少量氮氧化物。电解时，水分解为氢气和氧气。

化学反应自发进行的方向与条件有关，特别是温度。如石灰石分解在室温下是非自发反应，在高温下是自发反应。自发反应与速率无关。在室温下中和反应和合成氨反应均为自发反应。但中和反应速率快，而合成氨反应速率慢。

若能判断化学反应能否自发进行将是很有实际意义的。NO和CO是汽车尾气中的两种主要污染物，如果能够利用以下反应，就可同时去除这两种污染物。

$$CO + NO \rightarrow \frac{1}{2}N_2 + CO_2$$

自然界中许多自发的过程如物体受到地心引力而下落，水从高处流向低处等，这些过程系统都有能量的降低，这表明一个系统的能量有自然变小的倾向。早在100多年前，就有人提出以化学反应的热效应来预言反应的自发性。认为自发进行的反应都是放热的，即$\Delta H < 0$，并且放热越多，反应越可能自发进行。实际上。在25℃标准压力下，确实有很多放热反应都是自发的，如：

$$Zn + CuSO_4 \rightarrow ZnSO_4 + Cu$$
$$H^+ + OH^- \rightarrow H_2O$$

但是，也有些反应或过程是向吸热方向自发进行的，例如：

$$CoCl_2 \cdot 6H_2O(s) + 6SOCl_2(l) \rightarrow CoCl_2(s) + 6SO_2(g) + 12HCl(g)$$

为吸热反应，但可以自发进行。因此，用反应的热效应作为反应自发性的判据是有局限性的，这说明除了这一重要因素外，还有其他因素影响化学反应自发进行的方向。另一影响反应自发性的重要因素是系统的混乱程度的变化。

2.3.3.2 熵增加原理（热力学第二定律）

系统的变化总是从有序到无序。例如，在一密闭容器中，中间用隔板隔开，一半装氮气，一半装氢气，两边气体的压力和温度相同。去掉隔板后，两种气体自动扩散，形成均匀的混合气体，这种混合均匀的气体放置多久也恢复不了原状。氮气和氢气相互混合的过程是自发进行的，混合后气体分子处于一种更加混乱无序的状态。这两个例子说明系统能自发地向混乱度增大的方向进行，也就是说系统倾向于取得最大的混乱度。热力学上用一个新的函数——熵来表示系统的混乱度，或者说系统的熵是系统内物质微观粒子的混乱度或无序度的量度，用符号S表示。系统的混乱度越大，熵值就越大。熵也是状态函数，熵值的增加表示系统混乱度增加。

奥地利物理学家玻耳兹曼首先把熵和混乱度定量地联系起来，提出了著名的玻耳兹曼公式：

$$S = k \ln \Omega$$

式中，k为玻耳兹曼常数，其值为1.38×10^{-23}J/K；Ω为热力学概率（混乱度），是一个微观物理量，即某一宏观状态对应的微观状态数。这一关系式揭示了熵这一宏观物理量的微观本质。

自发的化学反应有两个推动力：一个是能量降低的趋势；一个是混乱度增大，即熵值增加的趋势。对于孤立系统来说，推动化学反应自发进行的推动力只有一个，即熵值增加。热力学第二定律的一种表述为：孤立系统的任何自发过程，系统的熵值总是增加，这也是熵增加原理。即

$$\Delta S_{孤立系统} > 0 \qquad （2-20）$$

真正的孤立系统并不存在。如果将系统与环境加在一起，就构成了一个

大的孤立系统，其熵变用 $\Delta S_{总}$ 表示，则式（2-20）又可表示为

$$\Delta S_{总} = \Delta S_{系统} + \Delta S_{环境} > 0 \qquad （2-21）$$

式（2-21）可作为化学反应自发性的熵判据。但式（2-21）应用起来不方便。既要计算系统的熵变，又要计算环境的熵变，而且环境的熵变有时很难计算。

2.3.4　热力学第三定律和标准熵

根据热力学第三定律，在绝对零度（0 K）时，任何纯净的完美晶态物质都处于完全有序的排列状态，规定此时的熵值为零，即 $S_0 = 0$，这就是热力学第三定律。将纯晶态物质从 0 K 升高到任一温度 T，此过程的熵变：

$$\Delta S = S_T - S_0 = S_T - 0 = S_T$$

S_T 即为物质在 T K 时的熵值。某单位物质的量的纯物质在标准态下的熵值称为标准摩尔熵，符号为 $S_m^{\ominus}(T)$，单位为 J/（mol·K）。

另外，克劳修斯定义状态函数熵为：$S = \delta Q_R / T$，即：可逆过程的热和温度的熵。

第3章　化学反应速率与化学平衡

　　化工生产中，产品的生产周期、产品原料的转化率都是企业极为关注的问题。从化学的角度来探讨这些问题，产品的生产周期涉及了化学反应的速率，而原料的转化率涉及了化学平衡的移动。力争在单位时间内获得较高的产量，同时又要控制原料的消耗，就要综合考虑上述两个因素。这里从反应速率及化学平衡入手，探讨不同条件对两者的影响，了解如何在生产中优化生产条件，对生产起指导意义。

　　将化学反应用于生产实践，正是需要解决以下这两方面的问题。一是反应能否发生，即反应进行的方向和最大限度，即化学平衡问题。这属于化学热力学研究范畴。二是反应进行的速率和反应历程（机理）问题，这属于化学动力学研究范畴。化学热力学成功预测了化学反应自发进行的方向。在热力学上能自发进行的反应很多都是在瞬间完成的。[①]本章主要介绍化学反应速率和化学反应平衡问题。

---

① 孙挺，张霞，李光禄，等.无机化学[M].北京：冶金工业出版社，2011.

3.1 化学反应速率及其表示方法

各种化学反应进行的快慢相差很大，有些反应进行得很快，几乎在一瞬间就能完成，例如酸碱中和反应、爆炸反应；有些反应则进行得很慢，甚至经长年累月也察觉不出有什么明显变化，例如在常温下氢与氧化合成水的反应。

化学反应速率是以单位时间内反应物浓度的减少或生成物浓度的增加来表示的。浓度单位是mol/L，时间可用分（min）、秒（s）等表示。例如，某一反应物的起始浓度为2 mol/L，经过1 s后，它的浓度变为1.8 mol/L，这就是说，在1 s内反应物浓度减少了0.2 mol/L，所以这个化学反应速率为0.2 mol/（L·s）。

化学反应进行的快慢程度即为化学反应速率。对于化学反应 $0 = \sum v_B B$，反应速率 $\dot{\xi}$ 被定义为

$$\dot{\xi} = \frac{d\xi}{dt} \tag{3-1}$$

式（3-1）中 t 代表反应时间，$\dot{\xi}$ 代表反应进度。根据反应进度定义：

$$d\dot{\xi} = \frac{1}{v_B} dn_B \tag{3-2}$$

将式（3-1）代入式（3-2）得到

$$\dot{\xi} = \frac{1}{v_B} \cdot \frac{dn_B}{dt}$$

对于任意化学反应

$$a\text{A} + b\text{B} = d\text{D} + h\text{H}$$

其反应速率可写为

$$\dot{\xi} = -\frac{1}{a}\frac{dn_A}{dt} = -\frac{1}{b}\frac{dn_B}{dt} = \frac{1}{d}\frac{dn_D}{dt} = \frac{1}{h}\frac{dn_H}{dt} \tag{3-3}$$

式（3-3）所定义的反应速率与物质B的选择无关，在任一反应瞬时，反应速率有唯一确定的值。反应速率的单位是 mol / s。

对于任意反应系统，即使是多相反应系统及流动反应系统等，式（3-3）均能正确地表示出反应进行的快慢程度，然而在具体应用此式时，必须测定一种物质的量的变化，通常情况下比较困难。所以，结合具体反应系统，人们常常采用一些其他形式来定义反应速率，只是所采用的具体形式决不能与式（3-3）的基本定义相抵触。

对于恒容反应，例如密闭反应器中的反应，或液相反应，体积 V 为常数，常用单位体积的反应速率 r，即

$$r = \frac{\xi}{V} = \frac{1}{v_B} \frac{d(n_B / v)}{dt} = \frac{1}{v_B} \frac{dc_B}{dt}$$

式中 $c_B = n_B / V$，表示参加反应物质B的浓度。对于任意化学反应，有

$$r = -\frac{1}{a} \frac{dc_A}{dt} = -\frac{1}{b} \frac{dc_B}{dt} = \frac{1}{d} \frac{dc_D}{dt} = \frac{1}{h} \frac{dc_H}{dt} \qquad (3-4)$$

在反应进程中，反应物不断消耗，dn_B / dt 或 dc_B / dt 为负值，为保持反应速率为正值，所以前面加一负号，对产物则取正号。r 的SI单位是 $mol / (m^3 \cdot s)$。同样，按式（3-4），反应速率与物质B的选定无关，常选用反应中浓度比较容易测量的物质来表示反应速率。

注意：在直接用 dc_B / dt 表示反应速率时，对于前面所提到的任意化学反应，采用不同物质表示的反应速率具有如下关系：

$$-\frac{dc_A}{dt} : -\frac{dc_B}{dt} : -\frac{dc_D}{dt} : -\frac{dc_H}{dt} = a : b : d : h$$

易知，对于此种表示法，用不同物质表示反应速率时，其值不同。

3.2　反应速率理论

化学反应的实质是旧键的断裂和新键的生成，但是旧键是如何断裂，新键又是怎样形成的呢？目前，描述化学反应进行过程，即反应机理的理论有两个：一个是碰撞理论（collision theory）；另一个是过渡状态理论（transition state theory）或活化络合物理论（activated complex theory）。

3.2.1　碰撞理论

化学反应的过程，是反应物分子中的原子重新组合成生成物分子的过程。反应物分子中的原子想要重新组合成生成物的分子，必须先获得自由，即反应物分子中的化学键必须断裂。化学键的断裂是通过分子（或离子）间的相互碰撞来实现的，并非每次碰撞都能使化学键断裂，即并非每次碰撞都能发生化学反应，能够发生化学反应的碰撞是很少的。有效碰撞是指能够发生化学反应的碰撞。在化学反应中，反应物分子不断发生碰撞，在千百万次碰撞中，大多数碰撞不发生反应，只有少数分子的碰撞才能发生化学反应，能发生有效碰撞的分子是活化分子。而活化分子的碰撞也不一定都能发生有效碰撞。这种碰撞需要满足两个条件：一是碰撞的分子具有足够的能量；二是碰撞有合适的取向。利用有效碰撞理论可以有效解释条件的改变对反应速率的影响。

物质分子总是处于不断的热运动中。以气态分子为例，根据气体分子运动论，在一定温度下，运动能量（或运动速率）较小和运动能量较大的分子的相对数目是较少的，而运动能量居中的分子数目较多。一般情况如图3-1的分布。温度越高，曲线越向右伸展，变得平坦，表明具有较高能量的分子的相对数目增加。曲线下的总面积代表体系中分子的总量，它不随温度的变化而变化。具有较高能量（曲线右半部）分子的相对数目与 T 关系近似为玻

耳兹曼（Boltzmann）分布，有

$$f_{E_0} = \frac{N_i}{N} = \mathrm{e}^{-E_0/RT} \qquad\qquad (3-5)$$

式中，E_0 是个特定的能量值，$\dfrac{N_i}{N}$ 是能量大于或等于 E_0 的所有分子的分数。当 E_0 值越大时，$\dfrac{N_i}{N}$ 的分数值越小。

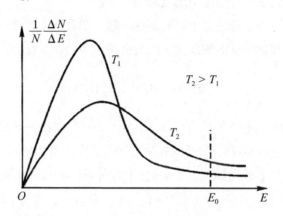

图3-1　气体分子能量分布示意图[①]

　　碰撞理论认为，分子必须通过碰撞的过程才能发生反应。设想一下，如果每次碰撞都能发生反应的话，反应速度一定是非常快的。而事实上，并不是只要碰撞就能发生反应。我们知道，化学反应的发生是一个旧化学键断裂和新化学键生成的过程，要特别注意的是，旧的化学键断裂在前，新的化学键生成在后。所以，只有那些具有足够高能量的分子之间的碰撞才有可能破坏旧的化学键，即需要满足能量因素，进而形成新的化学键，发生化学反应。我们把能够发生化学反应的碰撞称为有效碰撞，把能够发生有效碰撞的高能分子称为活化分子（activated molecule）。实际上，发生化学反应除了要满足断裂化学键的能量因素外，还必须在一定的几何方位（steric）才能发生有效碰撞，我们称为方位因子。因为，分子是有一定的几何构型，原子在

————————

① 岳红.无机化学[M].西安：西北工业大学出版社,2015.

空间有一定的伸展方向，当能量因子满足时，如果碰撞的方位不合适时，旧的化学键也是不会断裂的。只有那些既满足断裂化学键所需要的能量，也同时在适宜的方位发生的碰撞才能够发生化学反应。

总之，根据碰撞理论，反应物分子必须有足够的最低能量，并以适宜的方位相互碰撞，才能够导致有效碰撞的发生。通常情况下，活化分子数越多（高能分子越多），反应物分子越简单（适宜方位概率越大），发生有效碰撞的几率越大，化学反应的速率也就越快。

研究表明，多个特定分子同时碰在一起，并且发生有效碰撞（即导致化学键断裂、引起化学反应的碰撞）的机会是不多的。如反应：

$$2NO + 2H_2 = N_2 + 2H_2O$$

两个NO分子和两个H_2分子（共4个分子）同时碰在一起并发生反应的概率，比起两分子的NO和一分子的H_2发生碰撞并发生反应的概率小得多。

当分子发生有效碰撞时，1 mol分子对所需要的最低能量称为摩尔临界能E_c。活化分子的分数$f = e^{-E_c/RT} < 1$，当E_c愈小，f愈大，活化分子愈多，反应速率愈快。但是，在满足了能量因子后，还要求方位因子P，只有方位概率越大时，才能保证反应速率愈快。

能够导致旧的化学键发生破裂的能量称为活化能（activation energy）。活化能的热力学定义是：发生有效碰撞的分子的平均能量与体系中所有分子的平均能量之差。设某一化学反应的活化能为E_a，按照式（3-5），在一定温度下活化分子的相对数目正比于$e^{-E_a/RT}$。这里活化能E_a以kJ/mol为单位，R为摩尔气体常数。显然，对于给定的化学反应，因活化能是一定值，但由于T在指数内，当温度升高时，活化分子数目将急剧增加，导致反应速率大大加快。

反应进行过程中分子的能量变化如图3-2所示。E_1表示反应物分子的平均能量，E_2表示生成物分子的平均能量，E_x为中间物质（活化中间体）的平均能量。显然，$E_{a正} = E_x - E_1$为正反应的活化能；$E_{a逆} = E_x - E_2$为逆反应的活化能。由图3-2中还可见，化学反应的焓变：

$$\Delta_r H_m = E_2 - E_1 = E_{a正} - E_{a逆}$$

即反应焓变也与正、逆反应的活化能之差相等。

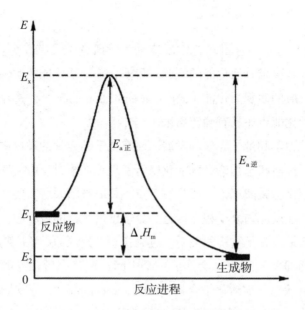

图3-2 反应进程–能量示意图

通常情况下，化学反应的活化能 E_a <60 kJ/mol的反应一般速率较快，活化能 E_a >240 kJ/mol的反应一般速率较慢，活化能 E_a 在60 ~ 240 kJ/mol的反应速率居中。由此可见，活化能的大小对反应速率的快慢有着决定性的作用。

温度对系统中分子的平均能量和活化分子的平均能量都有一定的影响，很显然，升高温度，系统中所有分子的平均能量和活化分子的平均能量都会相应地增大。可以推测，活化能也与温度相关。但是，能够发生反应的临界能或与温度无关。碰撞理论的研究得出下式：

$$E_a = E_c + 1/2\, RT$$

当温度不是很高时，1/2 RT 项相对于 E_c 项数值较小（常常更小），所以有 $E_a \approx E_c$。在无机化学中，常把 E_a 看成与温度无关就是基于这个原因。

3.2.2　过渡状态理论

"活化能"这一物理量在化学反应动力学研究中具有极为重要的地位，碰撞理论并未解决求算活化能的问题。目前，确定活化能的实验方法，一般只能获得总反应的表观活化能（apparent activation energy）。迄今为止，许多重要反应的活化能也还没有确定出来。

随着统计力学和量子力学的发展，研究化学动力学的理论中，形成了过渡状态理论。过渡状态理论又称活化络合物理论或绝对反应速率理论。过渡状态理论并不排除碰撞理论，只是侧重点不是旧键断裂所需要的能量如何获得，而是研究在反应物分子相互接近、分子价键重排的过程中，分子内各种相互作用的能量与分子结构的关系。过渡状态理论认为，反应物分子在相互接近和价键重排的过程中，会形成一个中间过渡状态后，方能变成产物分子。这个过渡状态又称活化络合物（activated complex），它实际上极像碰撞理论中的"活化体"。反应物分子通过过渡状态的速率就是反应速率。

过渡状态理论主要是研究这个络合物的结构及其形成与分解，其基础是化学反应的势能曲面（potential energy surface），简单势能曲面的形状像一马鞍，如图3-3所示。势能曲面所描述的是，相互接近的分子或原子处在空间各不同位置时，体系的能量随原子位置的变化情况，表明整个分子势能与分子内各原子间相对位置的关系。形象地讲，简单势能曲面像两座山峰之间的一道山梁附近的地表面。山梁一边的反应物能量要升高，越过山梁才能变成产物。反应物分子在相互靠近过程中能量升高是以最低能量途径（即一定的空间几何方位，相当于从山坳中而不是从山坡上向山梁行进），到达过渡状态。过渡状态在山梁脊线上具有最低能量，即处于山梁上高度最低的状态，习惯上称势能曲面上的这一点为鞍点（saddle point）。但由于鞍点仍然处于山梁上，与山脚下的反应物和生成物比较，又处于高能状态，因而很不稳定，很容易滑下山梁。如果滑向山梁的这边，过渡状态返回变为原来的反应物；如果滑向另一边，则变为产物，发生化学反应。

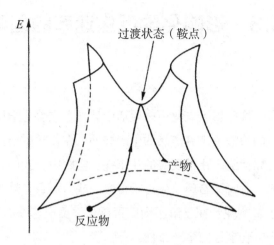

图3-3 化学反应势能曲面示意图

从反应物过山梁到产物这一过程来看，体系经历了从低能态（反应物）到高能态（过渡状态，即反应过程中的最高能量状态）再到低能态（产物）的能量变化过程。自然，过渡状态与反应物的能量差为正反应的活化能；过渡状态与产物的能量差为逆反应的活化能。

通过量子化学方法，已经可以很容易地确定过渡状态的几何构型（geometry）。这是因为在鞍点处，势能曲面只有在沿山坳的唯一一个方向上凸起，而在其他方向上都是下凹的。以此作为判据，便可确定鞍点的位置，从而获得过渡状态所对应的分子的几何构型。量子化学方法还能从过渡状态出发，计算出沿山坳的最低能量路径（称为内禀反应坐标，intrinsic reaction coordinates），进而确认这一过渡状态沿该路径所连接的是何种反应物和何种产物（或中间产物），达到确认基元反应和反应历程的目的。近年来，量子化学已能在大约 ± 10 kJ/mol 的已知误差范围内，精确计算出小分子（包括过渡状态、反应物、中间体和产物）的能量，从而获得相当可靠的活化能和反应能量等数据，实现理论方法研究反应机理。也由于实验研究反应机理的技术难度较大，实验数据十分缺乏，当前，用量子化学结合统计力学等方法研究反应动力学，正在被科学家广泛应用，并已经揭示了众多化学反应的机理。

3.3 影响化学反应速率的因素

　　铁制品生锈、橡胶轮胎老化……生活中处处存在着化学反应。在工业生产中，化学反应的快慢决定着产品的生产周期。在化学中用什么来表征化学反应的快慢呢？如何测定化学反应的速率呢？实践中，我们有时希望化学反应进行得快一些，有时又希望反应进行得慢一些。那么，哪些因素能对化学反应的速率产生影响呢？在了解不同因素对化学反应速率的影响的基础上，才能学会在生产中合理控制生产条件。

　　化学反应速率首先取决于物质的本性。如一般溶液中的无机离子反应速率很快，而有机反应通常就要慢得多。而且不同物质间的反应速率相差很大，这与分子内化学键的强弱、分子的结构等都有密切的关系。化学反应速率的大小，还与外界条件如浓度、温度、催化剂等有关。

3.3.1 反应速率的浓度影响因素

　　我们知道，可燃物质在氧气中燃烧比在空气中快得多，因为氧气能助燃，它比空气中的含氧量高，因此燃烧得快。人们经过长期的、大量的实验，总结出了有关反应速率与反应物浓度的定量关系式：在恒温下，对简单的化学反应，反应速率与反应物浓度方次的乘积成正比（反应物浓度的方次等于反应式中分子式前的系数），这一关系叫作质量作用定律。

3.3.1.1 基元反应与质量作用定律

　　在一定温度下，基元反应的反应速率与反应物浓度（以反应方程式中的计量系数为指数幂）的乘积成正比。对于任一基元反应

$$aA + bB = dD + eE$$

其反应速率方程为

$$v = kc^a(A)c^b(B)$$

这就是质量作用定律，也称为基元反应的速率方程。式中 k 为速率常数。在给定条件下，k 值越大，反应速率越快。k 的大小与反应的本性和温度有关，而与浓度无关。

例如，对于基元反应

$$2NO_2（g）=2NO（g）+O_2（g）$$

其速率方程为

$$v = kc^2(NO_2)$$

其逆反应也必是基元反应

$$2NO（g）+O_2（g）=2NO_2（g）$$

速率方程为

$$v = kc^2(NO)c(O_2)$$

质量作用定律只适用于简单反应。所谓简单反应是指一步完成的化学反应（也叫基元反应）；反之就称为复杂反应。对于气体反应来说，在温度一定的条件下，增加气体的压力，相当于增加浓度，因而使反应速率加快（对液体反应来说，在一般压力下对液体的浓度没有影响）。有固体参加的化学反应，反应速率与固体物质的接触表面积有关，一般是增大接触面能使反应速率加快，而与固体的质量多少无关，所以质量作用定律的速率公式中不包括固体。

在实际生产中，对有固体参加的化学反应，为了提高反应速率，常采取粉碎或搅拌等办法来增加反应的接触表面积。

那么为什么增加反应物的浓度能加快反应速率呢？因为化学反应是分子的分解和原子的化合过程，要实现这一过程，首先必须使参加反应的各物质分子之间互相接触乃至发生碰撞，因此增加反应物的浓度有利于碰撞次数的增加。

3.3.1.2 非基元反应与速率方程

非基元反应的总反应式标出的只是反应物和最终产物，其速率方程需要通过实验才能确定。例如对于反应

$$2NO(g)+2H_2(g)=N_2(g)+2H_2O\ (l)$$

实验测得其速率方程为

$$v = kc^2\left(NO\right)c\left(H_2\right)$$

而不是

$$v = kc^2\left(NO\right)c^2\left(H_2\right)$$

研究确定该反应分两步进行

$$2NO(g)+H_2(g)=N_2(g)+2H_2O_2\ (l) \qquad （慢反应）$$

$$H_2O_2\ (l)+H_2(g)=2H_2O\ (l) \qquad （快反应）$$

显然，慢反应为定速步骤，故反应速率与H_2浓度的一次方成正比。在书写速率方程时，需要注意以下几点：

第一，如果有固体或纯液体参加反应，不列入速率方程中。如

$$C(s)+O_2(g)=CO_2(g)$$

$$v = kc\left(O_2\right)$$

第二，如果有气体参加反应，在速率方程中可以用气体的分压代替浓度。上述速率方程也可以写成

$$v' = k'p(O_2)$$

第三，对于基元反应，可以直接通过反应方程式写出速率方程；而对于非基元反应，必须通过实验才能确定速率方程。

3.3.1.3 反应级数

反应速率方程中各反应物浓度的指数之和称为该反应的反应级数。对于速率方程：

$$v = kc^a(A)c^b(B)$$

反应总级数为 $n = (a+b)$，此反应称为 n 级反应。反应速率方程中各反应物浓度的指数称为该反应物的分级数。如上述速率方程对反应物A是 a 级，对反应物B是 b 级。反应级数可以取零、正整数或分数，其数值要由实验来确定。反应速率与反应物浓度无关，则此反应在动力学上就称为零级反应。

反应级数既适用于基元反应，也适用于非基元反应。只是基元反应的反应级数都是正整数，而非基元反应的反应级数则有可能不是正整数。反应级数不同，速率常数 k 的单位不同。

3.3.2 反应速率的温度影响因素

温度对化学反应速率的影响非常明显。例如，氧气和氢气化合生成水的反应，在常温下就是经过几十年也看不出有水生成，然而将温度升高到 $600℃$ 时，反应迅速发生并产生爆炸。

温度是影响反应速率的重要因素，要比浓度的影响大得多。绝大多数反

应的速率随温度升高而增大，只有极少数反应（如NO氧化生成NO_2）例外。在浓度一定时，温度升高，反应物分子所具有的能量增加，活化分子的百分数也随之增加，有效碰撞次数增多，因而加快了反应速率。[1]温度的变化可影响速率常数k值大小，而浓度则无此影响。

3.3.2.1　范特霍夫规则

范特霍夫（J.H.Van't Hoff）根据实验结果总结出一条经验规律：在一定温度范围内，反应系统的温度每升高10 K，反应速率（或速率常数）将增大到原来的2~4倍。即

$$k_{T+10\,\mathrm{K}} / k_T \approx 2 \sim 4$$

式中，k_T 为温度T时的速率常数，$k_{T+10\,\mathrm{K}}$ 为同一反应在温度（$T+10$ K）时的速率常数。此比值也称为反应速率的温度系数。

3.3.2.2　阿伦尼乌斯方程

1889年瑞典科学家阿伦尼乌斯在总结了大量实验数据的基础上，提出了反应速率常数随温度变化的定量关系式

$$k = A\mathrm{e}^{-\frac{E_a}{RT}} \tag{3-6}$$

或

$$\ln k = -\frac{E_a}{RT} + \ln A \tag{3-7}$$

式中，E_a 是反应的活化能，R为摩尔气体常数，A称为指前因子，k为速率常数。对指定反应，在一定温度范围内A和E_a可视为常数。e为自然对数的底

---

[1] 呼世斌，翟彤宇.无机及分析化学[M].北京：高等教育出版社，2010.

数（e=2.718）。对给定反应，E_a、R、A为常数，所以$\ln k$与$1/T$成线性关系。以$\ln k$为纵坐标、$1/T$为横坐标作图可得一直线，如图3-4所示。

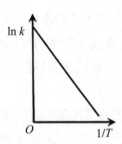

图3-4　$\ln k$ -$1/T$图

在不同温度T_1、T_2时有：

$$\ln k_1 = -\frac{E_a}{RT_1} + \ln A$$

$$\ln k_2 = -\frac{E_a}{RT_2} + \ln A$$

两式相减得：

$$\ln \frac{k_2}{k_1} = \frac{E_a}{R}\left(\frac{1}{T_1} - \frac{1}{T_2}\right) = \frac{E_a}{R}\frac{T_2 - T_1}{T_1 T_2} \tag{3-8}$$

上述式（3-6）、式（3-7）、式（3-8）是阿伦尼乌斯方程的不同形式。它们不仅适用于基元反应，也适用于非基元反应（此时E_a称为表观活化能）。若已知某反应两个温度下的速率常数，应用式（3-8）可求该反应的活化能E_a；或已知活化能E_a和某温度T_1的速率常数k_1，可求任意温度T_2时的速率常数k_2。

3.3.3　反应速率的催化剂影响因素

　　我们把凡能改变反应速率而本身的组成和质量在反应前后保持不变的物质称为催化剂。催化剂能改变反应速率的作用叫催化作用，有催化剂参加的反应叫催化反应。例如，金粉就是分解反应的催化剂，这个反应叫催化反应。

　　催化剂也有能延缓某些反应速率的，这类催化剂叫负催化剂。例如，在橡胶和塑料制品中为了防止老化而加入的防老剂就是一种负催化剂。本书所介绍的催化剂都是指能加速反应速率的正催化剂。

　　催化剂对加速反应速率的作用非常明显，而且是很惊人的。例如，HI分解反应，在230℃时，有催化剂比无催化剂反应速率增加大约1 000万倍。

　　从化学动力学的基本原理来讲，催化剂与前面所讨论的浓度和温度一样，都是影响反应速率的重要因素之一。但是催化剂无论在工业生产还是在科学实验中，都有着非常广泛的应用。据统计，目前有80%～85%的化学工业生产中都使用催化剂，[①]由此可见，催化剂在化学化工产业有着多么重要的作用。

3.3.3.1　催化剂的基本特性

　　（1）催化剂与催化作用。我们知道，催化剂在化学反应系统中只要加入很少的量就能够显著改变反应速率，而本身的化学成分、数量与化学性质在反应前后均不发生变化。虽然催化剂在反应前后的组成、物质的量和化学性质都不发生变化，但往往伴随有物理性质的改变。例如，分解$KClO_3$的催化剂MnO_2，反应后会从块状变为粉末。又如，用Pt网催化使氨氧化，几星期后Pt网表面就会变得粗糙。通常，我们把能使反应速率加快的催化剂称为正催化剂；反之，则称为负催化剂。由于负催化剂的应用不如正催化剂那样广

---

① 西北工业大学普通化学教学组.普通化学[M].西安：西北工业大学出版社，2013.

泛，如不特别指明，所讲的催化剂都是指正催化剂。还有一类催化剂是反应中生成的，又对该反应进行催化，故称为自身催化剂；另外，有一类可以提高催化剂效能的化学物质常称为助催化剂。催化剂改变化学反应速率的作用称为催化作用（catalysis）。

（2）催化反应的类型。化学化工中常用的催化剂按照其起作用时与物料之间的分散状态，一般有均匀分散和非均匀分散两大类。前者称为均相催化（剂），发生的是均相催化反应，如溶液中的氢离子、过渡金属离子或配位化合物等。后者称为多相或复相催化（剂），发生的是多相催化反应，如，工业上称为触媒的各种过渡金属或合金固体及金属氧化物等。另外，生物体中还有一类效率和选择性都很高的特殊催化剂——酶（enzyme），发生的是酶催化反应。

（3）催化剂具有选择性。所谓选择性是指特定的催化剂只能催化特定的反应。例如，合成氨反应的催化剂是铁；$KClO_3$分解制取氧气的反应中，MnO_2是催化剂。另外催化剂的选择性还表现在对同一反应，由于使用不同的催化剂能得到不同的产品。

催化剂的这种特殊的选择性，在化工生产中的意义特别重大。在生产中，往往一种新型催化剂的出现，能引起生产的巨大变革，所以国内外很多人都在从事催化剂的研究工作。目前关于酶催化剂（生物催化剂）的研究，取得了很大的进展，现已发现，有的酶催化剂比非酶催化剂提高反应速率达十几万倍。现在化工生产中都是使用金属化合物催化剂，反应温度都较高，有些催化剂对人体还有很大的毒性。如果今后能用酶催化剂代替金属化合物催化剂，一定会使化工生产出现一个崭新的局面。

（4）催化剂的活性与中毒。催化剂的活性是指催化剂的催化能力。即在指定条件下，单位时间内单位质量（或单位体积）的催化剂上能生成的产物量。许多催化剂在开始使用时，活性从小到大，逐渐达到正常水平。活性稳定一定时间后，又下降直到衰老而不能使用。这个活性稳定期称为催化剂的寿命。催化剂寿命的长短随催化剂的种类和使用条件的改变而改变。衰老的催化剂有时可以用再生的方法使之重新活化。催化剂在活性稳定期间往往会因为接触了少量的杂质而使活性快速下降，这种现象称为催化剂中毒。如果消除了中毒因素，活性能够恢复则称为暂时性中毒，否则为永久性中毒。

固体催化剂的活性常取决于它的表面状态，而表面状态因催化剂的制备方法不同而异。也就是说，催化剂的物理性质也影响它的活性。有时为了充分发挥催化剂的效率，常将催化剂分散在表面积大的多孔性惰性物质上，这种物质称为载体。常用的载体有硅胶、氧化铝、浮石、石棉、活性炭、硅藻土等。在实际应用中，催化剂通常不是单一的物质，而是由多种物质组成的，可区分为主催化剂与助催化剂。主催化剂通常是一种物质，也可以是多种物质。助催化剂单独存在时没有活性或活性很小，但它和主催化剂组合后能显著提高催化剂的活性、选择性和稳定性。

3.3.3.2　催化剂影响化学反应速率的机理

（1）均相催化机理。我们首先讨论均相催化的机理。双氧水的分解反应中加入碘离子后，分解速度加快的过程就是均相催化的实例。

在无催化剂时：$2H_2O_2(aq)=2H_2O(l)+O_2(g)$，$E_a=76\ kJ/mol$

当有催化剂时：$2H_2O_2(aq)\xrightarrow{\ I^-(aq)\ }2H_2O(l)+O_2(g)$，$E_a=57\ kJ/mol$

催化机理见图3-5。

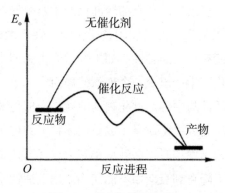

图3-5　催化机理示意图

如图3-5所示，有催化剂参加的新的反应历程和无催化剂时的原反应历程相比，活化能降低了。也就是说，催化剂的加入，是通过改变原有反应途径，走了一条活化能较低的路径，从而加快了反应的速率。大多数催化剂都是含过渡金属的化合物或直接就是过渡金属，它们活跃的电子往往在与反应物分子相互作用（如吸附）时，使反应物分子的化学键得以松弛，从而改变了原反应途径，降低了活化能，导致活化分子的百分率相对增大。

（2）非均相催化机理。在实际的生产过程中，相当多的催化过程发生在非均相系统中，即催化剂与反应物种不在同一相中。但是，催化机理与均相催化相同。表3-1给出了3个非均相催化反应在有催化剂和无催化剂存在时，活化能的实验值。

表3-1　催化反应与非催化反应的活化能

反应	活化能/（$kJ·mol^{-1}$）		催化剂
	非催化反应	催化反应	
$2HI=H_2+I_2$	184.1	104.6	Au
$2H_2O=2H_2+O_2$	244.8	136	Pt
$3H_2+N_2=2NH_3$	334.7	167.4	$Fe-Al_2O_3-K_2O$

表3-1中数据表明，非均相催化剂的存在也是使反应的活化能显著降低，而使反应大大加速的。

例如，碘化氢分解的反应，若在503 K下进行，催化剂Au使活化能降低了大约80 kJ/mol，利用阿仑尼乌斯公式不难算出催化与非催化的反应速率常数之比（假设Z不变）为1.8×10^8，两者的反应速率相差近2亿倍。

从图3-5还可看到，催化剂的存在并不改变反应物和生成物的相对能量。也就是说，一个反应无论在有催化剂还是无催化剂时进行，体系的始态和终态都没有发生改变。因此，催化剂不能改变一个反应的$\Delta_r H_m$和$\Delta_r G_m$。这也说明催化剂只能加速热力学上认为可以进行的反应，即$\Delta_r G_m <0$的反应；对于通过热力学计算判断不能进行的反应，即$\Delta_r G_m >0$的反应，使用任何催化剂都是徒劳的。换句话说，动力学的研究是建立在热力学是可能的前提之下，进而研究反应的可行性的。

由图3-5还可见，加入催化剂后，正反应的活化能降低的数值与逆反应的活化能降低的数值是相等的。这表明，催化剂不仅加快正反应的速率，同时也加快逆反应的速率。既然催化剂对正、逆反应的活化能产生了同样程度的影响，那么在一定条件下，对正反应是优良的催化剂，对逆反应也是优良的催化剂。例如，铁、铂、镍等金属既是良好的脱氢催化剂，也是良好的加氢催化剂。简而言之，催化剂对反应速率的影响是通过降低反应的活化能，而加快反应速率的。

3.3.4 反应速率的其他影响因素

增大固体的表面积，可增大反应速率，在生产中常采取粉碎或搅拌来增大表面积。光照也可增大某些反应的速率。此外，超声波、电磁波、溶剂等对反应速率也有影响。溶剂对反应速率的影响是一个极其复杂的问题，一般，溶剂的极性对反应速率有影响。如果生成物的极性比反应物大，则在极性溶剂中反应速率比较大；反之，如果反应物的极性比生成物大，则在极性溶剂中反应速率必变小。溶剂的介电常数对于有离子参加的反应有影响。因为溶剂的介电常数越大，离子间的引力越弱，所以介电常数比较大的溶剂常不利于离子间的化合反应。反应物与生成物在溶液中都能或多或少地形成溶剂化物，这些溶剂化物若与任一种反应分子生成不稳定的中间化合物而使活化能降低，则可以使反应速率加快。如果溶剂分子与反应物生成比较稳定的化合物，则一般会使活化能升高，进而减慢反应速率。如果活化络合物溶剂化后的能量降低，因而降低了活化能，就会使反应速率加快。当金属与电解质溶液反应时，如果金属中含有杂质，就会形成原电池，使反应速率增加，这就是粗锌比纯锌与酸的反应速率更快的原因。

3.4　化学平衡

前面讨论了化学反应速率及其影响因素，我们运用这些规律，固然可使化学反应以适宜的速率进行，力争在单位时间内获得较高的产量，然而这仅仅是问题的一个方面。对化工生产来说，产量和原料的消耗是密切相关的，只有那些反应速率又快、反应物又能最大限度地转化为产物的反应，才能保证生产达到高产、低耗。因此研究化学反应进行的程度——化学平衡问题，显得特别重要。

化学平衡的建立是以可逆反应为前提的。所谓可逆反应（reversible reaction），是指在同一条件下既能由反应物转化为产物，也可由产物转化为反应物的反应。几乎所有的反应都是可逆的（少数除外，如 $KClO_3$ 分解、强酸强碱的中和反应、放射性元素的蜕变等），只是可逆的程度不同而已。通常把按化学反应方程式从左到右进行的反应称为正反应，把从右到左进行的反应称为逆反应。为了表示化学反应的可逆性，通常在方程式中用可逆符号表示反应是可逆的。例如：

$$I_2(g) + H_2(g) \rightleftarrows 2HI(g)$$

在可逆反应中，正反应和逆反应是同时进行的。例如，用 H_2 与 N_2 反应合成 NH_3 时，根据质量作用定律可以知道，反应刚开始，因仅有 H_2 与 N_2 而且浓度最大，因此反应速率也最大。随着反应的进行，H_2 与 N_2 两种气体的浓度都开始下降，因而正反应速率也逐渐变小。另一方面，在反应过程中 NH_3 的分子从无到有并逐渐增多，使逆反应速率也从零变大。在正反应速率逐渐减小和逆反应速率逐渐增大的过程中，最后达到正反应和逆反应两者速率相等的情况，这时反应物和生成物的浓度都不再改变，这就达到了所谓的化学平衡状态。在可逆反应中，正、逆反应速率相等，反应物和生成物的浓度不再随时间改变的状态就叫化学平衡，它和溶解平衡一样，是一种动态平衡。在平衡状态下各物质的浓度叫平衡浓度。生成物的平衡浓度是它在此条件下所能达到的最大浓度，此时反应物转化为生成物也达到最大的转化率。例如，在某一反应条件下，在N_2与H_2合成NH_3的转化过程中，当反应进行到5 s时，混合气体中NH_3的含量为16%；在10 s后，NH_3的含量达到24%；反应进行到15 s就已达到平衡，这时NH_3的含量为26.4%。再继续反应下去，NH_3的含量就不再增加。由此可见，反应达到平衡时，NH_3的含量比未达到平衡时的任何时刻都高。反应达到平衡后，无论怎样延长反应时间，只要不改变其他条件，都不会再提高NH_3的含量。所以平衡时，一定是反应物转化为生成物的最高浓度时刻。因此，研究化学平衡的目的就是要找出反应达到平衡的条件，使反应尽快地在接近平衡时的条件下进行，进而充分地利用原料，最多地得到产物。

可逆性和不彻底性是化学反应的普遍特征。可逆反应进行的最大限度是达到化学平衡，从热力学的角度看，在恒温、恒压且非体积功为零的条件下，当反应物的摩尔生成吉布斯函数的总和高于产物的摩尔生成吉布斯函数总和时（即$\Delta_r G_m < 0$），反应能自发进行。随着反应的进行，反应物的摩尔生成吉布斯函数的总和逐渐下降，而产物的摩尔生成吉布斯函数的总和逐渐上升，当两者相等时（即$\Delta_r G_m = 0$），反应达到了平衡态。从动力学的角度来看，反应开始时，反应物浓度较大，产物浓度较小，所以正反应的速率大于逆反应的速率。随着反应的进行，反应物的浓度减小，产物的浓度不断增大，所以正反应的速率不断减小，逆反应的速率不断增大，当正、逆反应速率相等时，系统中各物质的浓度不再发生变化，称该系统达到了热力学平衡态，简称化学平衡（chemical equilibrium）。只要系统的温度和压力保持不变，同时没有物质从系统中加入或移出，这种平衡将持续下去。

以反应$I_2(g) + H_2(g) \rightleftharpoons 2HI(g)$为例加以说明，假设在三个密闭的容器中分别加入不同浓度的$I_2(g)$、$H_2(g)$和$HI(g)$，在718 K下恒温，并不断测定系统中各物质的浓度，实验发现，经过一定时间后$I_2(g)$、$H_2(g)$和$HI(g)$三种气体的浓度不再变化，说明达到了平衡态，实验结果如表3-2所示。

表3-2 718 K时反应$I_2(g)+H_2(g) \rightleftarrows 2HI(g)$系统的组成

实验号	起始浓度/（mol·L⁻¹）			平衡浓度/（mol·L⁻¹）			$\dfrac{c(HI)}{c(H_2)\,c(I_2)}$	
	$c(H_2)$	$c(I_2)$	$c(HI)$	$c(H_2)$	$c(I_2)$	$c(HI)$		
1	0.020 0	0.020 0	0	0.004 35	0.004 35	0.031 3	51.8	
2	0	0	0.040 0	0.004 35	0.004 35	0.031 3	51.8	

化学平衡可分为均相平衡和多相平衡，所参与反应的物质均处于同一相中的化学平衡称为均相平衡（homogeneous phase equilibrium），如酸碱平衡。而处于不同相中的物质参与的平衡称为多相平衡（multiple phase equilibrium），如沉淀溶解平衡。

综上，化学平衡具有如下特征。

（1）化学平衡是动态平衡，从宏观上看，反应似乎处于停止状态，但从微观上看，正、逆反应依然在进行，只不过正、逆反应速率相等而已。此时，无论怎样延长时间，各组分的浓度也不会发生变化，如图3-6所示。可见化学平衡是可逆反应的最终状态，即化学反应进行的最大限度。

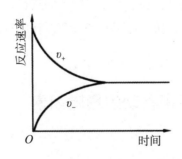

图3-6 正、逆反应速率变化示意图

（2）化学平衡是相对的、有条件的。一旦维持平衡的外界条件发生改变（如浓度、压力、温度的变化），原来的平衡就会被破坏，代之以新的平衡。

（3）达到平衡状态的途径是双向的，即不论从哪个方向进行都能达到同一平衡态。这一特征提供了判断化学平衡是否已经达到的一种手段。对特别慢的反应而言，有时很难区分究竟是物质的浓度不再随时间变化还是反应太慢以至于这种变化无法检测，此时，可分别从反应物和产物出发测定浓度随时间的变化，如果最终得到同样的浓度数值，则说明已达到平衡态。

3.5　化学平衡的移动

　　化学上把一可逆反应从一种条件下的平衡状态转变为另一种条件下的平衡状态的过程叫化学平衡移动。如果新平衡状态下的生成物的平衡浓度大于旧平衡状态下的生成物的平衡浓度，就说化学平衡向生成物方向移动，或说化学平衡移动向右进行；相反，如果新平衡状态下的生成物的平衡浓度小于旧平衡状态下的生成物的平衡浓度，就说化学平衡向反应物方向移动，或说化学平衡移动向左进行。

　　我们研究化学平衡移动的目的就是要利用或控制影响化学平衡移动的因素，使化学平衡移动向着有利生产需要的方向进行，使化学反应进行得更完全，反应物转化率更高，从而达到生产高产低耗的目的。

3.5.1　化学平衡移动的影响因素

　　化学平衡是相对的、有条件的，只有在一定条件下，平衡态才可以保持。一旦维持平衡的外界条件发生改变，原来的平衡状态就会被破坏，正、逆反应的速率就不再相等，直到正、逆反应速率再次相等，建立起与新的条件相对应的新的平衡。像这种受外界条件的影响而使化学反应从一种平衡状态转变为另一种平衡状态的过程称为化学平衡的移动。影响化学平衡的外界因素有浓度、压力、温度。

3.5.1.1　平衡移动的浓度影响因素

由判断化学反应进行方向的反应商判据可知，对于一个在一定温度下已达到平衡的反应系统，$Q = K^{\ominus}$，在其他条件不变的情况下，改变系统内物质的浓度，将会导致 $Q \neq K^{\ominus}$，最终导致平衡发生移动，其移动方向由 Q 和 $K^{\ominus}$ 之间的关系决定。[①]

由于在恒温、恒压条件下，有

$$\Delta_r G_m\left(T\right) = R \ln \frac{Q}{K^{\ominus}} = \begin{Bmatrix} < \\ = \\ > \end{Bmatrix} 0时，\quad Q \begin{Bmatrix} < \\ = \\ > \end{Bmatrix} K^{\ominus} \qquad \begin{matrix} 正向移动 \\ 平衡态 \\ 逆向移动 \end{matrix}$$

因而若增大反应物的浓度或减小产物的浓度，则使 $Q < K^{\ominus}$，平衡向正反应方向移动，直到 Q 重新等于 $K^{\ominus}$，系统又建立起新的平衡。反之，若减小反应物的浓度或增大产物的浓度，则 $Q > K^{\ominus}$，平衡向逆反应方向移动，直到建立新的平衡。

应用上述原理，在考虑平衡问题时应注意：①实际反应时，为了尽可能充分利用某一原料或使某些价格昂贵的原料反应完全，往往过量使用另一种廉价易得的原料，以使化学平衡正向移动，提高前者的转化率；②对于容易从反应系统中分离的产物应及时分离，使得平衡不断地向产物方向移动，直至反应进行得比较完全。

例3-1　对于反应 $PCl_5\left(g\right) \rightleftharpoons PCl_3\left(g\right) + Cl_2\left(g\right)$。

（1）523 K时将0.700 mol PCl_5（g）注入容积为2.00 L的密闭容器中，平衡时有0.500 mol PCl_5（g）被分解了，计算该温度下的标准平衡常数和 PCl_5（g）的分解率。

（2）若在上述容器中反应达到平衡后，再注入0.100 mol Cl_2，则 PCl_5（g）的分解率与（1）的分解率相比差多少？这说明了什么问题？

---

① 冯辉霞，杨万明，王毅，等.无机及分析化学[M].2版.武汉：华中科技大学出版社，2018.

（3）如开始时在注入0.700 mol PCl$_5$（g）的同时，就注入了0.100 mol Cl$_2$，则平衡时PCl$_5$（g）的分解率又是多少？比较（2）和（3）可以得出什么结论？

解：（1）　　　　　PCl$_5$（g）$\rightleftharpoons$ PCl$_3$（g）+Cl$_2$（g）

平衡时 n_B/mol　　0.700−0.500=0.200　0.500　0.500

平衡时各物质的分压为

$$p\left(\text{PCl}_5\right)=\frac{n\left(\text{PCl}_5\right)RT}{V}=\frac{0.200\times8.314\times523}{2.00}\ \text{kPa}=435\ \text{kPa}$$

$$p\left(\text{PCl}_3\right)=\frac{n\left(\text{PCl}_3\right)RT}{V}=\frac{0.500\times8.314\times523}{2.00}\ \text{kPa}=1\,087\ \text{kPa}$$

$$p\left(\text{PCl}_3\right)=p\left(\text{Cl}_2\right)=1\,087\ \text{kPa}$$

$$K^{\ominus}=\frac{\left[p\left(\text{PCl}_3\right)/P^{\ominus}\right]\left[p\left(\text{Cl}_2\right)/P^{\ominus}\right]}{\left[p\left(\text{PCl}_5\right)/P^{\ominus}\right]}=\frac{\frac{1\,087}{100}\times\frac{1\,087}{100}}{\frac{435}{100}}=27.2$$

$$\alpha=\frac{0.500}{0.700}\times100\%=71.4\%$$

（2）在恒温、恒容条件下，当（1）中反应达到平衡后，再加入0.100 mol Cl$_2$，使得Cl$_2$的分压增加了，设Cl$_2$增加的分压为 $p^*\left(\text{Cl}_2\right)$，则

$$p^*\left(\text{Cl}_2\right)=\frac{n^*\left(\text{Cl}_2\right)RT}{V}=\frac{0.100\times8.314\times523}{2.00}$$

此时反应逆向移动，假设Cl$_2$相对压力减小 x，则

PCl$_5$（g）$\rightleftharpoons$ PCl$_3$（g）+Cl$_2$（g）

起始时 $p_B/p^{\ominus}$　　　4.35　　　　10.87　　　10.87+2.17

平衡时 $p_B/p^{\ominus}$　　　4.35+x　　10.87−x　　13.04−x

$$K^{\ominus}=\frac{\left[p\left(\mathrm{PCl_3}\right)/p^{\ominus}\right]\left[p\left(\mathrm{Cl_2}\right)/p^{\ominus}\right]}{\left[p\left(\mathrm{PCl_5}\right)/p^{\ominus}\right]}=\frac{(10.87-x)\times(13.04-x)}{4.35+x}=27.2$$

解得

$$x=0.46$$

$\mathrm{PCl_5}$最初的分压为

$$p^{*}\left(\mathrm{PCl_5}\right)=\frac{n^{*}\left(\mathrm{PCl_5}\right)RT}{V}=\frac{0.700\times8.314\times523}{2.00}\ \mathrm{kPa}=1\ 522\ \mathrm{kPa}$$

$\mathrm{PCl_5}$平衡时的分压为

$$p\left(\mathrm{PCl_5}\right)=\left(435+0.46\times100\right)\ \mathrm{kPa}=481\ \mathrm{kPa}$$

$$\alpha=\frac{1\ 522-481}{1\ 522}\times100\%=68.4\%$$

与（1）中未加$\mathrm{Cl_2}$相比，$\mathrm{PCl_5}$（g）的分解率减小，说明增大产物的浓度平衡向左移动。

（3）若在$\mathrm{PCl_5}$（g）未分解以前加入$\mathrm{Cl_2}$，则

$$\frac{p\left(\mathrm{PCl_5}\right)}{P^{\ominus}}=\frac{1\ 522}{100}=15.22$$

假设在该条件下，$\mathrm{PCl_5}$分解后相对压力减小y，则

$$\mathrm{PCl_5}\ (g)\rightleftharpoons\mathrm{PCl_3}\ (g)+\mathrm{Cl_2}\ (g)$$

起始时 $p_{\mathrm{B}}/p^{\ominus}$　　　15.22　　　　　0　　　　2.17
平衡时 $p_{\mathrm{B}}/p^{\ominus}$　　　15.22－y　　　y　　　2.17+y

$$K^{\ominus}=\frac{\left[p\left(\mathrm{PCl_3}\right)/p^{\ominus}\right]\left[p\left(\mathrm{Cl_2}\right)/p^{\ominus}\right]}{\left[p\left(\mathrm{PCl_5}\right)/p^{\ominus}\right]}=\frac{y\times(2.17+y)}{15.22-y}=27.2$$

解得

$$y=10.4$$

$$\alpha = \frac{10.4}{15.22} \times 100\% = 68.4\%$$

（2）和（3）的计算结果说明平衡的组成与达到平衡的途径无关。

3.5.1.2 平衡移动的温度影响因素

标准平衡常数是温度的函数，因而，温度的改变对平衡的影响主要是通过改变标准平衡常数使得 $K^{\ominus} \neq Q$ 而使平衡移动的（这和前面讲述的浓度、压力对平衡的影响不同，它们是通过改变 Q 而使 $K^{\ominus} \neq Q$，平衡发生移动）。

由 $\Delta_r G_m^{\ominus}(T) = -RT \ln K^{\ominus}$ 和 $\Delta_r G_m^{\ominus} = \Delta_r H_m^{\ominus} - T\Delta_r S_m^{\ominus}$ 可得

$$\ln K^{\ominus} = -\frac{\Delta_r H_m^{\ominus}}{RT} + \frac{\Delta_r S_m^{\ominus}}{R} \tag{3-9}$$

当温度变化时，$\Delta_r H_m^{\ominus}$ 和 $\Delta_r S_m^{\ominus}$ 变化很小，则

$$\ln K_1^{\ominus} = -\frac{\Delta_r H_m^{\ominus}}{RT_1} + \frac{\Delta_r S_m^{\ominus}}{R} \tag{3-10}$$

$$\ln K_2^{\ominus} = -\frac{\Delta_r H_m^{\ominus}}{RT_2} + \frac{\Delta_r S_m^{\ominus}}{R} \tag{3-11}$$

$$\ln \frac{K_2^{\ominus}}{K_1^{\ominus}} = -\frac{\Delta_r H_m^{\ominus}}{R}\left(\frac{1}{T_1} - \frac{1}{T_2}\right) \tag{3-12}$$

式（3-9）、式（3-12）说明了标准平衡常数随温度的变化关系。式（3-9）表明了 $\ln K^{\ominus}$ 对 $1/T$ 作图为一直线，该直线的斜率为 $-\Delta_r H_m^{\ominus}/R$，截距为 $\Delta_r S_m^{\ominus}/R$，利用不同温度下的标准平衡常数作图可以得到 $\Delta_r H_m^{\ominus}$。

对于放热反应，$\Delta_r H_m^{\ominus} < 0$，那么温度升高，即 $T_2 > T_1$ 时，就有 $K_2^{\ominus} < K_1^{\ominus}$；降低温度，即 $T_2 < T_1$ 时，就有 $K_2^{\ominus} > K_1^{\ominus}$。也就是说，标准平衡常数随温度的升高而减小，随温度的降低而增大，那么随着温度的升高，该化学反应必然

逆向进行（吸热方向）；随着温度的降低，该化学反应必然正向进行（放热方向），直到在新的温度建立起新的平衡为止。[①]

对于吸热反应，$\Delta_r H_m^{\ominus} > 0$，温度升高，即 $T_2 > T_1$ 时，就有 $K_2^{\ominus} > K_1^{\ominus}$；降低温度，即 $T_2 < T_1$ 时，就有 $K_2^{\ominus} < K_1^{\ominus}$。也就是说，标准平衡常数随温度的升高而增大，随温度的降低而减小。那么，随着温度的升高，该化学反应必然正向进行（吸热方向）；随着温度的降低，该化学反应必然逆向进行（放热方向），直到在新的温度建立起新的平衡为止。

可见，对于可逆反应，在其他条件不变的情况下，升高温度，平衡向吸热反应方向移动，降低温度，平衡向放热反应方向移动。

例3-2　已知反应 $I_2(aq) + I^-(aq) \rightleftharpoons I_3^-(aq)$ 的实验平衡常数如表3-3所示。

表3-3　反应 $I_2(aq) + I^-(aq) \rightleftharpoons I_3^-(aq)$ 的实验平衡常数

T/K	276.95	288.45	298.15	308.15	323.35
$K^{\ominus}$	160	841	689	533	409

（1）画出 $\ln K^{\ominus} - 1/T$ 图。

（2）估算该反应的 $\Delta_r H_m^{\ominus}$、$\Delta_r S_m^{\ominus}$。

（3）计算298 K下该反应的 $\Delta_r G_m^{\ominus}$。

解：（1）先将有关实验数据处理，再以 $\ln K^{\ominus}$ 对 $1/T$ 作图，得一条直线，如图3-7所示，直线方程为 $y = 2.018x - 0.244\,6$，即 $\ln K^{\ominus} = 2.018 \times 10^3/T - 0.244\,6$。

[①] 冯辉霞，杨万明，王毅，等.无机及分析化学[M].2版.武汉：华中科技大学出版社，2018.

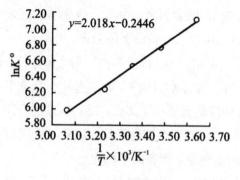

图3-7　例3-2图

（2）由 $\ln K^{\ominus} = -\dfrac{\Delta_r H_m^{\ominus}}{RT} + \dfrac{\Delta_r S_m^{\ominus}}{R}$ 得

$$-\frac{\Delta_r H_m^{\ominus}}{R} = 2.018 \times 10^3 \ \text{K}$$

$$\frac{\Delta_r S_m^{\ominus}}{R} = -0.2446$$

$$\Delta_r H_m^{\ominus} = -2.018 \times 103 \times 8.314 \ \text{J/mol} = -16.78 \ \text{kJ/mol}$$

$$\Delta_r S_m^{\ominus} = -0.244 \ 6R = -2.034 \ \text{J/（mol·K）}$$

（3）
$$\begin{aligned}
\Delta_r G_m^{\ominus}(T) &= -RT \ln K^{\ominus} \\
&= (-8.341 \times 298 \times \ln 689) \text{kJ/mol} \\
&= -16.2 \ \text{kJ/mol}
\end{aligned}$$

若按照公式

$$\begin{aligned}
\Delta_r G_m^{\ominus} &= \Delta_r H_m^{\ominus} - T\Delta_r S_m^{\ominus} \\
&= \left[-16.78 - 298 \times (-2.034) \times 10^{-3}\right] \text{kJ/mol} \\
&= -16.17 \ \text{kJ/mol}
\end{aligned}$$

3.5.1.3　平衡移动的压力影响因素

对只有液体、固体参与的反应，压力对平衡影响很小，可以不予考虑，但对于有气体参加的反应影响较大。压力对平衡的影响和浓度对平衡的影响一致，都是通过改变反应商，使得反应商和平衡常数的相对大小关系发生变化而引起平衡的移动。下面根据改变压力的方法的不同，分别讨论压力对化学平衡的影响。

（1）改变部分物质的分压。如果在恒温、恒容条件下改变某种或多种反应物的分压（即部分物质的分压），其对平衡的影响与浓度对平衡的影响完全一致。如果保持温度、体积不变，增大反应物的分压或减小产物的分压，使 Q 减小，导致 $Q < K^{\ominus}$，平衡正向移动。反之，减小反应物的分压或增大产物的分压，使 Q 增大，导致 $Q > K^{\ominus}$，平衡逆向移动。

（2）改变系统的总压力。改变系统的总压力，对不同类型的反应有不同的影响，如对可逆反应

$$a\text{A(g)} + e\text{E(g)} \rightleftarrows y\text{Y(g)} + z\text{Z(g)}$$

在密闭容器中反应达到平衡时，维持温度恒定，将系统的总压力增加到原来的 x 倍，则

$$Q = \frac{\left(xp_{\text{Y}} / p^{\ominus}\right)^{y} \left(xp_{\text{Z}} / p^{\ominus}\right)^{z}}{\left(xp_{\text{A}} / p^{\ominus}\right)^{a} \left(xp_{\text{E}} / p^{\ominus}\right)^{e}} = x \sum v_{\text{B}} K^{\ominus} \tag{3-13}$$

当 $x > 1$ 时（相当于增大压力），如果 $\sum v_{\text{B}} > 0$，即反应为气体分子数增加的反应时，则 $Q > K^{\ominus}$，平衡逆向移动；如果 $\sum < 0$，即反应为气体分子数减小的反应时，$Q < K^{\ominus}$，平衡正向移动。

当 $x < 1$ 时（相当于减小压力），如果 $\sum v_{\text{B}} > 0$，即反应为气体分子数增加的反应时，$Q < K^{\ominus}$，平衡正向移动；如果 $\sum v_{\text{B}} < 0$，即反应为气体分子数减小的反应时，$Q > K^{\ominus}$，平衡逆向移动。

无论 $x > 1$ 还是 $x < 1$，当 $\sum v_{\text{B}} = 0$，即反应为气体分子数相等的反应时，$Q = K^{\ominus}$，改变压力平衡不会发生移动。

综上所述，压力对平衡移动的影响主要在于各反应物和产物的分压是否发生变化，同时要考虑反应前后气体分子数是否改变，但基本的判据依然是 $Q \neq K^{\ominus}$。

（3）惰性气体组分的影响。惰性气体组分是指不参与反应的其他气体物质（如稀有气体），通常为气态的水和氮气等。惰性气体组分加入平衡系统后将对平衡产生不同的影响。

在恒温、恒容下，向已达平衡的系统加入惰性气体组分，此时系统的总压力等于原系统的压力与惰性组分压力之和，所以系统中各组分的分压力保持不变，这种情况下无论反应是分子数增加的反应还是分子数减小的反应，平衡都不会发生移动。

在恒温、恒压下，向已达平衡的系统加入惰性气体组分，加入惰性气体前 $p_总 = \sum p_i$，加入惰性气体后 $p_总 = \sum p_i^* + p_惰$。由于要维持恒压，所以 $\sum p_i^* < \sum p_i$，相当于各气体的相对分压力减小，此时平衡移动的方向与前述压力减小引起平衡的移动方向一致。

例3-3 密闭容器内装入CO和水蒸气，在973 K下两种气体进行下列反应：

$$CO（g）+H_2O（g） \rightleftharpoons CO_2（g）+H_2（g）$$

若开始时两种气体的分压均为8 080 KPa，达到平衡时已知有50%的CO转化为CO_2。

（1）计算973 K下的 $K^{\ominus}$。

（2）在原平衡系统中通入水蒸气，使水蒸气的分压在瞬间达到8 080 KPa，判断平衡移动的方向。

（3）欲使上述反应有90%CO转化为CO_2，则水煤气变换原料比 $p(H_2O)/p(CO)$ 应为多少？

解：（1）

	CO（g） +	H_2O（g）	⇌	CO_2（g） +	H_2（g）
起始分压/kPa	8 080	8 080		0	0
分压变化/kPa	-8 080×50%	-8 080×50%		8 080×50%	8 080×50%
平衡分压/kPa	4 040	4 040		4 040	4 040

$$K^{\ominus}(973\ \mathrm{K})=\frac{\left[p(\mathrm{CO_2})/p^{\ominus}\right]\left[p(\mathrm{H_2})/p^{\ominus}\right]}{\left[p(\mathrm{CO})/p^{\ominus}\right]\left[p(\mathrm{H_2O})/p^{\ominus}\right]}=\frac{4\ 040^2}{4\ 040^2}=1$$

（2）在平衡系统中通入水蒸气后

$$Q=\frac{\left[p(\mathrm{CO_2})/p^{\ominus}\right]\left[p(\mathrm{H_2})/p^{\ominus}\right]}{\left[p(\mathrm{CO})/p^{\ominus}\right]\left[p(\mathrm{H_2O})/p^{\ominus}\right]}=\frac{4\ 040^2}{4\ 040\times8\ 080}=0.5$$

由于 $Q<K^{\ominus}$ ，可判断平衡向正反应方向移动。

（3）欲使CO的转化率达到90%，设起始力 $p(\mathrm{CO})=x\mathrm{kPa}$ ， $p(\mathrm{H_2O})=y\mathrm{kPa}$ 。

$$\mathrm{CO}\ (\mathrm{g})+\mathrm{H_2O}\ (\mathrm{g})\rightleftarrows\mathrm{CO_2}\ (\mathrm{g})+\mathrm{H_2}\ (\mathrm{g})$$

起始分压/kPa　　　x　　　　　　y　　　　　　0　　　　　　0
平衡分压/kPa　$x\text{–}0.90x$　$y\text{–}0.90x$　　$0.90x$　　　$0.90x$
则

$$K^{\ominus}(973\ \mathrm{K})=\frac{\left(0.9x/p^{\ominus}\right)^2}{(x-0.90x)(y-0.90x)/\left(p^{\ominus}\right)^2}=1$$

故水煤气变换原料比为 $p(\mathrm{H_2O})/p(\mathrm{CO})=9/1$ 。

3.5.1.4　平衡移动的催化剂影响因素

由于催化剂能加快反应速率，因此，催化剂只能加快反应到达平衡的时间，而不能影响平衡移动。也就是说，对一个确定的可逆反应，不管是否使用催化剂，只要在相同的温度，其平衡常数K值是不变的，而且平衡时的转化率也是不变的，但达到平衡的时间可相差较大。因此，催化剂的作用只是大大地加快反应速率，缩短到达平衡的时间。从这一点看，在一定的条件下，对正反应是优良的催化剂，对逆反应同样也是优良的催化剂。催化剂的这一特性，对开展催化剂的研究工作有很大益处，有时对一个正反应开展催化剂的研究工作比较困难，就可以把从这个可逆反应中的逆反应的研究成果应用在正反应中。

催化剂能同等程度地降低正、逆反应的活化能，加大化学反应的速率，缩短化学反应达到平衡的时间。但一个化学反应能否进行取决于摩尔反应吉布斯函数 $\Delta_r G_m$，只有 $\Delta_r G_m < 0$，反应才能发生，因而催化剂不能使热力学不能进行的反应得以发生，也不能改变反应进行的方向。同时，由于催化剂不能改变 $\Delta_r G_m^{\ominus}$，而 $\Delta_r G_m^{\ominus}(T) = -RT \ln K^{\ominus}$，因此催化剂也不能改变标准平衡常数。这是因为对任一确定反应，反应前后催化剂的组成、质量不变，因此无论是否使用催化剂，反应的始、终态均相同，所以该系统的状态函数改变量不会发生改变。

如上讨论，浓度、压力、温度的改变会导致平衡的移动，而且这种平衡的移动具有一定的方向性，1907年，法国化学家勒夏特列（Le Châtelier，1850—1936年）在大量实验的基础上提出了一个更为概括的规律："对任何一个处于化学平衡的系统，当某一确定系统平衡的因素（如浓度、压力、温度）发生改变时，平衡将发生移动，平衡移动总是向着减弱这个改变对系统的影响的方向。"这就是普遍适用于动态平衡的勒夏特列原理。

勒夏特列原理虽然是从化学平衡移动中总结出的一个规律，但实际上，它对于所有的动态平衡（包括物理平衡）都适用。但必须注意，它只能应用于平衡状态，对非平衡状态不能应用。

3.5.2　化学平衡原理在化工生产中的应用

在化工生产中，往往都是把浓度、温度、压力等因素对化学反应速率和化学平衡的影响综合起来考虑，使一个化学平衡能迅速地向着有利于生产的方向移动，这些问题既是理论问题也是实践问题，情况比较复杂，必须经过反复的实践才能确定出一个化学反应的最佳条件。现以硫酸生产过程中的一反应为例进行简单的讨论：

$$2SO_2 + O_2 \xrightleftharpoons[]{V_2O_5} 2SO_3 + Q$$

从反应式看，这是一个可逆放热反应，而且反应后气体分子总数减少。根据化学平衡移动原理可以判断，降低温度、增加压力和提高反应物的浓度等都能使SO_2的转化率提高。

其一，反应物的浓度。增加反应物浓度，可以使平衡向右移动，有利于SO_2转化为SO_3。一般为了保证SO_2最大限度地转化为SO_3，采取增大氧气的用量。从反应式看，$n(SO_2):n(O_2)$（物质的量比）是2∶1，但实际上原料气是按7%的SO_2、14%的O_2（其余为N_2）的体积分数组成进行配比。这时$n(SO_2):n(O_2)$（物质的量比）大约为1∶2，因此氧是大大过量，对SO_2的转化非常有利。

其二，温度。升高温度能加快反应速率，但由于该反应是可逆放热反应，升高温度会对SO_3分解有利，使平衡向左移动，可见温度对反应速率与对平衡移动的影响是互相矛盾的。

故工业生产中不采取升高温度的办法来加快反应速率，而是选用催化剂（V_2O_5）。对温度则是采用分段控制，并设法将反应放出的热量带出，保持反应一直在最佳温度下进行。为达到此目的，在生产上使用分层的并能控制反应温度的反应器，将各层温度严格地控制在指定的温度，以使SO_2的最终转化率仍能达到最高。

反应原料气首先进入反应器的第一层，温度为440℃，反应后温度上升到580℃，此时SO_2的转化率为72%，当此反应气体进入到第二层前，需降温至470℃后进入第二层反应器，经反应后温度升到510℃，此时SO_2的转化率已达88%，又经降温至465℃后进入第三层，经反应后温度又升高到475℃，这时SO_2的总转化率为93%，最后降温至450℃再进入最后一层，经反应后，SO_2的最终转化率达96%。由此可见，采用这样分段控制温度分层反应的办法，不仅使反应速率满足了生产的要求，而且SO_2的转化率也获得了最好的结果。

通过这一典型反应，使我们看到，一个可逆放热反应的反应温度的确定是比较复杂的，不仅要妥善地解决转化率和反应速率之间的矛盾，有时还要考虑反应器的结构应如何适应化学反应的需要。总之，合理地确定一个反应的温度、压力、浓度等问题，对多快好省地进行生产是很重要的。一般下列几项原则可供参考。

（1）增加反应物的浓度，可以提高反应速率和反应物的转化率，在生产中应选择廉价的原料过量，以提高另一原料的转化率，但过量要适当，否则会引起设备利用率降低或产品不易分离、提纯等不良后果。

（2）对反应后分子数减少的气体反应，增加压力使平衡向增加生成物方向移动，但要注意考虑设备的安全。

（3）对放热反应，升高温度能提高反应速率，但转化率降低，最好是选用催化剂和分段控制温度结合起来，力争达到一个较高的转化率。

（4）对同时存在几个副反应的可逆反应，而实际上只需要其中一个反应发生时，首先必须选择合适的催化剂，保证主反应进行，副反应被控制。

3.6 标准平衡常数及其应用

3.6.1 标准平衡常数

3.6.1.1 标准平衡常数的表达

为了定量地研究平衡，必须找出平衡时反应系统内各组分的量之间的关系，平衡常数就是衡量平衡状态的一种数量标志。

假如某复杂反应

$$m\text{A} + \text{E} \rightleftarrows \text{A}_m\text{E}$$

由以下两个基元反应组成：

$$\text{A} + \text{E} \rightleftarrows \text{AE} \qquad 慢$$

$$(m-1)\mathrm{A}+\mathrm{E} \rightleftharpoons \mathrm{A}_m\mathrm{E} \quad 快$$

对于基元反应来说，可利用质量作用定律直接写出其反应速率方程，平衡时，两基元反应都达到平衡，正、逆反应速率相等，则

$$k_1 c_\mathrm{A} c_\mathrm{E} = k_{-1} c_\mathrm{AE} \tag{3-14}$$

$$k_2 c_\mathrm{A}^{m-1} c_\mathrm{AE} = k_{-2} c_{\mathrm{A}_m\mathrm{E}} \tag{3-15}$$

式中，k_1、k_2 为正反应速率常数；k_{-1}、k_{-2} 为逆反应速率常数。

由式（3-15）可得

$$c_\mathrm{AE} = \frac{k_{-2} c_{\mathrm{A}_m\mathrm{E}}}{k_2 c_\mathrm{A}^{m-1}} \tag{3-16}$$

将式（3-16）代入式（3-14）得

$$\frac{k_1 k_2}{k_{-1} k_{-2}} = \frac{c_{\mathrm{A}_m\mathrm{E}}}{c_\mathrm{A}^m c_\mathrm{E}} \tag{3-17}$$

令

$$\frac{k_1 k_2}{k_{-1} k_{-2}} = K$$

则

$$\frac{c_{\mathrm{A}_m\mathrm{E}}}{c_\mathrm{A}^m c_\mathrm{E}} = K \tag{3-18}$$

可见，对于上述反应产物浓度的乘积与反应物浓度的乘积的比值为一常数，这一点也可从表3-2看出（$\frac{c^2(\mathrm{HI})}{c(\mathrm{H}_2)c(\mathrm{I}_2)}$ =51.8）。大量实验研究表明：在一定温度下，可逆反应达到平衡时，产物的浓度以其化学计量数为幂的乘积与反应物的浓度以其化学计量数为幂的乘积之比是一个常数，该常数称为化学平衡常数（chemical equilibrium constant）。如果平衡时各组分的浓度（或

分压）均以相对浓度（或相对分压）来表示，即反应方程式中各物种的浓度
（或分压）均除以其标准态的量，即除以 $c^{\ominus}$ 或 $p^{\ominus}$，得到的常数记为 $K^{\ominus}$，称
为标准平衡常数（或热力学平衡常数）。因为相对浓度或相对分压是量纲为1
的量，所以标准平衡常数是量纲为1的量。[①]

如对于任意化学反应

$$aA(g) + eE(aq) + cC(s) \rightleftharpoons xX(g) + yY(aq) + zZ(l)$$

$$K^{\ominus} = \frac{(p_X / p^{\ominus})^x (c_Y / c^{\ominus})^y}{(p_A / p^{\ominus})^a (c_E / c^{\ominus})^e} \qquad (3-19)$$

式（3-19）称为标准平衡常数表达式。

标准平衡常数是反应的特征常数，用以定量地表达化学反应的平衡态，
仅取决于反应的本性，它不随物质的初始浓度（或分压）的变化而改变，但
随温度的变化而有所改变，即标准平衡常数是温度的函数。标准平衡常数数
值的大小是反应进行限度的标志，一个反应的 $K^{\ominus}$ 值越大，平衡系统中产物
越多，反应物剩余得越少，反应物的转化率也越大，也就是反应正向进行的
趋势越强，反应逆向进行的趋势越弱，反之亦然。

书写标准平衡常数 $K^{\ominus}$ 表达式时应注意以下几点。

（1）标准平衡常数 $K^{\ominus}$ 可根据化学计量方程式直接写出，以产物相对浓
度（或相对分压）相应幂次的乘积作分子，以反应物相对浓度（或相对分
压）相应幂次的乘积作分母，其中的幂分别为化学计量方程式中该物质的计
量系数，各物质的浓度或压力都是平衡状态时的浓度或压力。

（2）标准平衡常数表达式中，气态物质以相对分压表示，溶液中的溶质
以相对浓度表示，纯固体或纯液体的浓度不包括在平衡常数表达式中。例如：
式（3-19）中未包含反应 $aA(g) + eE(aq) + cC(s) \rightleftharpoons xX(g) + yY(aq) + zZ(l)$
中的C和Z物质。

---

① 冯辉霞，杨万明，王毅，等.无机及分析化学[M].2版.武汉：华中科技大学出版社，
2018.

（3）标准平衡常数 $K^\ominus$ 表达式必须与化学计量方程式相对应。同一化学反应以不同化学计量方程式表达时，标准平衡常数表达式、数值均不相同。

（4）在稀溶液中进行的反应，若反应有水参加，由于消耗掉的水的分子数与总的分子数相比微不足道，故水的浓度可视为常数，不必出现在平衡常数表达式中。换言之，水的浓度一般不必写进平衡常数表达式中；特殊情况下，如反应不在水溶液中进行而且水又为产物时，则水的浓度必须写入平衡常数表达式中。

3.6.1.2 标准平衡常数与化学反应的方向

对于任意反应

$$a\mathrm{A}(\mathrm{g}) + e\mathrm{E}(\mathrm{aq}) + c\mathrm{C}(\mathrm{s}) \rightleftarrows x\mathrm{X}(\mathrm{g}) + y\mathrm{Y}(\mathrm{aq}) + z\mathrm{Z}(\mathrm{l})$$

令

$$Q = \frac{\left(p_{i,\mathrm{X}} / p^\ominus\right)^x \left(c_{i,\mathrm{Y}} / c^\ominus\right)^y}{\left(p_{i,\mathrm{A}} / p^\ominus\right)^a \left(c_{i,\mathrm{E}} / c^\ominus\right)^e} \tag{3-20}$$

Q 被称为反应商（reaction quotient）。或许反应商表达式在形式和标准平衡常数表达式无任何区别，同样表示系统各组分压力（或浓度）之间的关系。但不同的是反应商表达式中的 p_i 和 c_i，既可以是平衡态下的数值，也可以是非平衡态（任意状态）下的数值，也就是说，只有当系统处于平衡态时才有 $Q = K^\ominus$。

若

$$K^\ominus \neq Q = \frac{\left(p_{i,\mathrm{X}} / p^\ominus\right)^x \left(c_{i,\mathrm{Y}} / c^\ominus\right)^y}{\left(p_{i,\mathrm{A}} / p^\ominus\right)^a \left(c_{i,\mathrm{E}} / c^\ominus\right)^e}$$

说明这个系统未达到平衡状态，此时可能有两种情况。

（1） $Q < K^\ominus$， $v_{正} > v_{逆}$，反应正向进行。随着正反应的不断进行，反应物浓度不断减小（即反应商表达式的分母不断减小），产物浓度不断增大（反应商表达式的分子不断增大），直到正反应速率等于逆反应速率，产物浓度系数次方的乘积与反应物浓度系数次方的乘积之比值等于标准平衡常数为止，这时正反应进行到最大限度，达到平衡态。

（2）$Q > K^{\ominus}$，$v_{正} < v_{逆}$，反应逆向进行。随着逆反应的进行，产物浓度不断减小（反应商表达式的分子减小），反应物浓度不断增大（反应商表达式的分母增大），直到正、逆反应速度相等，上述比值等于标准平衡常数为止，这时逆反应也进行到最大限度，达到平衡态，如图3-8所示。

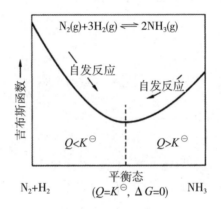

图3-8　标准平衡常数与反应商的关系

由吉布斯函数判据可知，判断反应进行的方向用 $\Delta_r G_m$，而非 $\Delta_r G_m^{\ominus}$，而前面讲述的方法均属如何计算 $\Delta_r G_m^{\ominus}$，由于实际系统中不可能任何物质都处于标准态，因而判断在非标准态下进行的反应方向必须用到 $\Delta_r G_m$，那么 $\Delta_r G_m$ 和 $\Delta_r G_m^{\ominus}$ 有什么关系呢？其次，利用反应商和标准平衡常数的关系也可以判断化学反应方向，那么 Q、$K^{\ominus}$、$\Delta_r G_m$ 和 $\Delta_r G_m^{\ominus}$ 有什么关系呢？

热力学研究证明，在恒温、恒压、任意状态下化学反应的 $\Delta_r G_m$ 和 $\Delta_r G_m^{\ominus}$ 存在如下关系：

$$\Delta_r G_m (T) = \Delta_r G_m^{\ominus} (T) + R \ln Q \qquad （3-21）$$

式（3-21）称为范特霍夫等温式。

当反应中各物质均处于标准态时，$Q=1$，$\Delta_r G_m = \Delta_r G_m^\ominus$，则可以利用 $\Delta_r G_m^\ominus$ 判断反应自发进行的方向；当反应处于非标准态时，$\Delta_r G_m \neq \Delta_r G_m^\ominus$，此时可利用 $\Delta_r G_m^\ominus$ 做近似判断。

（1）$\Delta_r G_m^\ominus < -40$ kJ/mol，则 $K^\ominus$ 很大，可以认为反应进行得很完全。

（2）$\Delta_r G_m^\ominus > 40$ kJ/mol，则 $K^\ominus$ 很小，反应进行得很不完全，甚至可以认为不能正向进行，只有在特殊条件下，才有利于反应的正向进行。

（3）-40 kJ/mol $< \Delta_r G_m^\ominus < 40$ kJ/mol，则 $K^\ominus$ 中等大小，反应是否有实用价值，需根据 $\Delta_r G_m$ 的实际计算结果才能说明。

在范特霍夫等温式中，当 $\Delta_r G_m = 0$ 时，反应处于平衡态，此时有

$$\Delta_r G_m^\ominus(T) = -R \ln K^\ominus \tag{3-22}$$

式（3-22）即为化学反应的标准平衡常数与化学反应的标准摩尔吉布斯函数之间的关系式。将式（3-22）代入式（3-21）得

$$\Delta_r G_m(T) = -R \ln K^\ominus + R \ln Q \tag{3-23}$$

$$\Delta_r G_m(T) = R \ln \frac{Q}{K^\ominus} \tag{3-24}$$

式（3-24）是范特霍夫规则的另一种表达方式，该式表明了反应商与标准平衡常数的相对大小以及与反应方向的关系。将 Q 和 $K^\ominus$ 进行比较，可以得出化学反应进行方向的反应商判据。

$Q < K^\ominus, \Delta_r G_m < 0$，反应正向自发进行。

$Q = K^\ominus, \Delta_r G_m = 0$，反应处于平衡态。

$Q > K^\ominus, \Delta_r G_m > 0$，反应逆向自发进行。

3.6.1.3　多重平衡规则

一个给定化学计量方程式的标准平衡常数，不取决于反应经历的步骤，无论反应分几步完成，其标准平衡常数表达式完全相同，这就是多重平衡规则。也就是说，如果一个化学反应方程式是若干相关化学反应方程式之和

（或之差），则在相同温度下，该反应的标准平衡常数就等于这若干相关反应的标准平衡常数的乘积（或商）。

如$BaCO_3$生成$BaSO_4$的反应存在以下平衡：

（1）$BaCO_3(s) \rightleftharpoons Ba^{2+}(aq) + CO_3^{2-}(aq)$ $\qquad\qquad K_1^{\ominus}, \Delta_r G_m^{\ominus}(1)$

（2）$BaSO_4(s) \rightleftharpoons Ba^{2+}(aq) + SO_4^{2-}(aq)$ $\qquad\qquad K_2^{\ominus}, \Delta_r G_m^{\ominus}(2)$

（3）$BaCO_3(s) + SO_4^{2-}(aq) \rightleftharpoons BaSO_4(s) + CO_3^{2-}(aq)$ $\qquad K_3^{\ominus}, \Delta_r G_m^{\ominus}(3)$

对于这种多重平衡，由于反应（3）=反应（1）－反应（2），根据热力学原理，有

$$\Delta_r G_m^{\ominus}(1) = -R\ln K_1^{\ominus}, \Delta_r G_m^{\ominus}(2) = -R\ln K_2^{\ominus}, \Delta_r G_m^{\ominus}(3) = -R\ln K_3^{\ominus}$$

由于吉布斯函数为状态函数，则

$$R\ln K_3^{\ominus} = R\ln K_1^{\ominus} - R\ln K_2^{\ominus} = R\ln \frac{K_1^{\ominus}}{K_2^{\ominus}}$$

$$K_3^{\ominus} = \frac{K_1^{\ominus}}{K_2^{\ominus}}$$

多重平衡原理进一步说明了标准平衡常数与系统达到平衡的途径无关，仅取决于系统所处的状态。

3.6.2 平衡常数的计算及应用

某一化学反应的平衡常数值，可通过实验来测得。当已知在平衡时各物质的平衡浓度时，就可算出平衡常数K_c；反之，利用K_c或K_p也可以求出在平衡时各物质的平衡浓度以及反应物的平衡转化率或产物的最大生成量。

平衡转化率是指平衡时已转化了的反应物的量（或浓度）占该反应物总量（或起始浓度）的百分数。一般表示如下：

$$平衡转化率 = \frac{已转换了的某反应物的量}{该反应的总量} \times 100\%$$

$$= \frac{起始浓度 - 平衡浓度}{起始浓度} \times 100\%$$

例3-4　CO_2和H_2在容积为1 L的密闭容器内进行反应，在某一温度下反应达到平衡，$K_c = 1$。如果CO_2和H_2的起始浓度分别为1 mol/L、2 mol/L，求四种物质的平衡浓度。

解

$$CO_2 + H_2 \rightleftharpoons CO + H_2O$$

起始浓度　　　　　1　　2　　0　　0

平衡浓度　　　　$1-x$　$2-x$　x　x

$$K_c = \frac{[CO][H_2O]}{[C_2O][H_2]} = \frac{x^2}{(1-x)(2-x)} = 1$$

$$x^2 = 2 - 3x + x^2$$

$$x = \frac{2}{3} \text{mol/L}$$

因此

$$[CO] = [H_2O] = \frac{2}{3} \text{mol/L}$$

$$[CO_2] = 1 - x = 1 - \frac{2}{3} = \frac{1}{3} \text{mol/L}$$

$$[H_2] = 2 - x = 2 - \frac{2}{3} = \frac{4}{3} \text{mol/L}$$

答：四种物质的平衡浓度分别为

$$[CO] = [H_2O] = \frac{2}{3} \text{mol/L}, [CO_2] = \frac{1}{3} \text{mol/L},$$

$$[H_2] = \frac{4}{3} \text{mol/L}$$

3.6.3　反应速率与化学平衡的综合应用

化学反应速率和化学平衡原理是人们从实际中总结出来的关于化学反应的基本原理，可用来解决工业生产等领域的实际问题。

3.6.3.1　化学平衡移动对矿物形成的影响

矿物、岩石的成因和变化，产物和形状都是在一定的地质作用下，由于外部条件的改变而导致平衡移动的结果。这里以压力影响为例加以说明。压力对元素的迁移和成矿作用的影响很大，地表所受压力约为101 kPa，而地壳内每加深1 km，压力增加25～30 MPa，因此压力对平衡的影响将是巨大的。

如在地壳内SiO_2与HF存在如下平衡：

$$SiO_2（s）+4HF（g）\rightleftharpoons SiF_4（g）+2H_2O（g）$$

在地壳深处，由于压力增大平衡右移，有利于挥发性的SiF_4和H_2O气体的生成，而当反应生成的气体沿地壳裂缝逸出时，由于压力减小，又可作用生成SiO_2。

又如在地壳深处，压力增大，有利于形成摩尔体积小而密度大的矿物。例如：

$$Mg_2SiO_4+CaAl_2Si_2O_8\rightleftharpoons Mg_2CaAl_2Si_3O_{12}$$

（镁橄榄石）（钙长石）　（钙镁铝石榴石）

密度（g/cm^3）　　　3.22　　2.70　　　3.50

3.6.3.2　合成氨过程的讨论

298.15 K下，合成氨反应的反应物和产物的热力学数据如下：

$$N_2（g）+3H_2（g）\rightleftharpoons 2NH_3（g）$$

$\Delta_f H_m^{\ominus}$（298.15 K）（kJ/mol）	0	0	−46.11
$S_m^{\ominus}$（298.15 K）[J/（mol·K）]	191.6	130.7	192.8
$\Delta_f G_m^{\ominus}$（298.15 K）（kJ/mol）	0	0	−16.48

通过计算，该反应在298.15 K时有

$$\Delta_r H_m^\ominus = -92.22 \text{ kJ/mol}, \quad \Delta_r S_m^\ominus = -198.7 \text{ J/(mol·K)}$$

$$\Delta_r G_m^\ominus = -32.97 \text{ kJ/mol}, \quad K^\ominus = 5.96 \times 10^5$$

由于该反应是一个放热、熵减的反应，因而在标准态下要自发进行温度应控制在499.3 K（转向温度）以下。同时该反应是一个分子体积数减少的反应，根据平衡移动原理，应采取高压。

由于平衡常数很大，故反应正向进行的趋势应较大，然而对这个可能进行的反应，氮分子的特殊稳定性使得该反应具有较高的活化能，在常温下反应很慢。应用化学反应速率理论，加入催化剂、提高反应温度、增加压力都可加速合成氨的反应。提高反应温度虽然有利于加速反应，但升温后平衡常数大大降低，利用式

$$\ln \frac{K_2^\ominus}{K_1^\ominus} = \frac{\Delta_r H_m^\ominus}{R} \left(\frac{1}{T_1} - \frac{1}{T_2} \right)$$

计算得到，当温度升高到500 K时，平衡常数只有0.206；加压有利于加速反应，促使反应正向移动，但高压对设备要求太高。综合上述因素，工业上只能将温度、压力和产率几个因素综合考虑，通过理论计算和实验结果相结合的方式得到结果。

例3-5　已知反应$CO + H_2O = CO_2 + H_2$在密闭容器中建立平衡，在749 K时该反应的平衡常数为2.6。

（1）试求当$n(H_2O)/n(CO) = 1$时，CO的平衡转化率；

（2）试求当$n(H_2O)/n(CO) = 3$时，CO的平衡转化率；

（3）从计算结果说明浓度对平衡的影响。

解：（1）设CO和H_2O的起始浓度均为1 mol/L，平衡时CO_2和H_2的浓度均为x mol/L。

$$CO + H_2O = CO_2 + H_2$$

平衡浓度（mol/L）　　　$1-x$　$1-x$　　x　　x

$$K^{\ominus} = \frac{x^2}{(1-x)^2} = 2.6$$

解得

$$x = 0.617 \text{ mol/L}$$

CO的平衡转化率

$$\alpha = \frac{0.617}{1.0} \times 100\% = 61.7\%$$

（2）设H_2O的起始浓度为3 mol/L，CO的起始浓度为1 mol/L，平衡时CO_2和H_2的浓度为 x mol/L。

$$CO + H_2O = CO_2 + H_2$$

平衡浓度（1 mol/L）　　$1-x$　$3-x$　x　　x

$$K^{\ominus} = \frac{x^2}{(1-x)(3-x)} = 2.6$$

解得

$$x = 0.866 \text{ mol/L}$$

CO的平衡转化率

$$\alpha = \frac{0.866}{1.0} \times 100\% = 86.6\%$$

（3）计算结果说明：增加反应物的浓度，平衡向正反应的方向移动，增加一种反应物的浓度可以提高另一种反应物的转化率。

第4章 酸碱反应与沉淀-溶解反应

酸和碱是两类重要的物质，在日常生活、科学研究及工农业生产中发挥重要作用。酸碱反应是一类重要且常见的反应，在生产生活中以及生物体内处处存在。在化学科学中，大量反应属于酸碱反应。酸碱平衡是水溶液中各类化学平衡的基础。熟悉酸碱理论，掌握酸碱反应本质和规律是化学基础学习的重要内容。

在化学分析和化工生产中，常常利用沉淀的生成和溶解进行产品的制备和提纯，离子的分离、分析、检验等也涉及一些难溶物质的沉淀和溶解问题。严格地说，绝对不溶的物质是不存在的。

4.1 酸碱理论

历史上的酸碱理论名目众多，但都是针对有共同特征一类物质与反应提出的观点。它们各有其特点，又相互联系，相互补充，提高了人们对酸碱本质的认识。酸与碱的概念体现在大自然的方方面面，它对人们的生产生活有着重要的意义，本节我们将着重介绍最常见的几种酸碱理论。

4.1.1　古典酸碱理论

人类对于酸碱的认识经历了漫长的时间。最初人们将有酸味的物质叫作酸，有涩味的物质叫作碱。17世纪英国化学家波义耳将植物汁液提取出作为指示剂，对酸碱有了初步的认识。在大量实验的总结下，波义耳提出了最初的酸碱理论：凡物质的水溶液能溶解某些金属，与碱接触会失去原有特性，而且能使石蕊试液变红的物质叫酸；凡物质的水溶液有苦涩味，能腐蚀皮肤，与酸接触会失去原有特性，而且能使石蕊试液变蓝的物质叫碱。这种定义比以往的要科学许多，但仍有漏洞，比如一些酸和碱反应后的产物仍带有酸或碱的性质。此后，拉瓦锡、戴维、李比希等科学家对此观点进一步进行补充，逐渐触及酸碱的本质，但仍然没有给出一个完善的理论。

4.1.2　酸碱电离理论

瑞典科学家阿伦尼乌斯（Arrhenius）总结大量事实，于1887年提出了关于酸碱的本质观点——酸碱电离理论。为此阿伦尼乌斯获得了1903年诺贝尔化学奖。在酸碱电离理论中，酸碱的定义是：凡在水溶液中电离出的阳离子全部都是H^+的物质叫酸；电离出的阴离子全部都是OH^-的物质叫碱。阿伦尼乌斯还指出，多元酸和多元碱在水溶液中分步离解，能电离出多个氢离子的酸是多元酸，能电离出多个氢氧根离子的碱是多元碱，它们在电离时都是分几步进行的。酸碱反应的本质是H^+与OH^-结合生成水的反应。

$$H^+ + OH^- = H_2O$$

酸碱电离理论的主要实验依据是，质量摩尔浓度均为0.2 mol/kg的葡萄糖和KCl水溶液，其凝固点下降值分别为0.372 K和0.673 K，如表4-1所示。根据稀溶液的依数性可知，由于葡萄糖是非电解质，所以其凝固点值应该符合公式 $\Delta T_f = k_t b$ =0.372 K，这与实验事实非常相符。而如果KCl也是非电解质的话，其凝固点下降值也应该是0.372 K，实验值却为0.673 K。这就说明了KCl在水溶液中发生电解生成了更多的离子。

$$KCl = K^+ + Cl^-$$

而且还有一个很有意思的现象，我们知道质量摩尔浓度均为0.2 mol/kg的KCl水溶液中应该含有K$^+$和Cl$^-$离子应为0.4 mol/kg，依据公式 $\Delta T_f = k_t b$，其凝固点下降值应为0.744 K，阿伦尼乌斯据此认为KCl水溶液中不能完全电离，这也说明了该理论还有一定的局限性。后来经过证明KCl这种强电解质在水溶液中完全电离的。

表4-1　葡萄糖和KCl水溶液酸碱电离理论的主要实验依据

实验依据	葡萄糖水溶液	KCl水溶液
质量摩尔浓度b / （mol·kg^{-1}）	0.2	0.2
水的凝固点降低常数K_f / （K·kg^{-1}·mol^{-1}）	1.86	1.86
凝固点下降值/K	0.372	0.673

酸碱电离理论的局限性还有以下几方面。

①在没有水存在时，也能发生酸碱反应，例如HCl气体和氨气发生反应生成NH$_4$Cl，但这些物质都未电离，电离理论不能讨论这类反应。

②将NH$_4$Cl溶于液氨中，溶液即具有酸的特性，能与金属发生反应产生氢气，能使指示剂变色，但氯化铵在液氨这种非水溶剂中并未电离出H$^+$，电离理论对此无法解释。

③Na$_2$CO$_3$在水溶液中并不电离出OH$^-$，但它却显碱性，电离理论认为这是碳酸根离子在水中发生了水解所至。

④在解释NH$_3$水溶液的碱性的成因时，人们一度错误地认为，是先生成

了NH_4OH，而后电离出OH^-。

要解决这些问题，必须使酸碱概念脱离溶剂（包括水和其他非水溶剂）而独立存在。

4.1.3 酸碱溶剂理论

很多溶剂都会发生自偶电离现象：

$$2H_2O \rightleftharpoons H_3O^+ + OH^-$$

$$2NH_3 \rightleftharpoons NH_4^+ + NH_2^-$$

$$N_2O_4 \rightleftharpoons NO^+ + NO_3^-$$

$$2SO_2 \rightleftharpoons SO^{2+} + SO_3^{2-}$$

富兰克林（Franklin）于1905年提出酸碱溶剂理论，其内容是在某溶剂中能解离出该溶剂的特征阳离子或能增大该溶剂的特征阳离子浓度的溶质叫酸，能解离出该溶剂的特征阴离子或能增大该溶剂的特征阴离子浓度的溶质叫碱。酸碱溶剂理论可以看作是酸碱电离理论在非水溶剂中的拓展（酸碱电离理论中由水自偶电离产生的H^+与OH^-），在酸碱溶剂理论中则变为溶剂自偶电离出的阴阳离子。

如$SOCl_2$和Cs_2SO_3在SO_2的溶剂中分别为酸和为碱。

$$SOCl_2 = SO^{2+} + 2Cl^-$$

而反应$SOCl_2 + Cs_2SO_3 = 2CsCl + SO_2$则是酸碱中和反应。

酸碱溶剂理论也有一些局限性，只适用于能发生自偶电离的溶剂体系，对于烃类、醚类以及酯类等难以自偶电离的溶剂就不能发挥作用了。

4.1.4 酸碱质子理论

布朗斯特（J.N.Bronsted）和劳里（Lowry）于1923年提出了酸碱质子理论，酸碱定义是：凡是能够给出质子（H^+）的物质都是酸；凡是能够接受质子的物质都是碱。若某物质既能给出质子，也能接受质子，那么它既是酸，又是碱，通常被称为"酸碱两性物质"，如 HSO_4^-、H_2O 等。由此看出，酸碱的范围不再局限于电中性的分子或离子化合物，带电的离子也可称为"酸"或"碱"。该理论扩大了酸碱的物种范围，使酸碱理论的适用范围扩展到非水体系乃至无溶剂体系。

$$H_2SO_4 \rightleftharpoons HSO_4^- + H^+$$

$$HSO_4^- \rightleftharpoons SO_4^{2-} + H^+$$

$$NH_4^+ + H_2O \rightleftharpoons NH_3 \cdot H_2O + H^+ \quad （简写为：NH_4^+ \rightleftharpoons NH_3 + H^+）$$

$$[Al(H_2O)_6]^{3+} + H_2O \rightleftharpoons [Al(H_2O)_5OH]^{2+} + H_3O^+$$

$$共轭酸 \rightleftharpoons 共轭碱 + 质子$$

上式中的酸和碱称为共轭酸碱对，碱是酸的共轭碱，酸是碱的共轭酸，这个式子表明，酸和碱是相互依赖的。并且共轭酸的酸性越强，共轭碱的碱性越弱，反之，共轭酸的酸性越弱，共轭碱的碱性越强。

在酸碱电离理论中，强酸的酸性强度是无法区分的，因为它们在水中的电离都相当彻底，无法分辨哪种酸更强。但是大量实验事实表明，强酸的强度依然是有区别的，例如，乙酸作为溶剂时，可测得高氯酸、硫酸与硝酸的酸性大小是$HClO_4 > H_2SO_4 > HNO_3$，这种某种溶剂能够区分酸或碱强度的效应称为区分效应，对应的溶剂称为被区分酸的区分溶剂。相应地，像在水这种碱性相对较强的溶剂中，强酸的酸性是由水合氢离子体现的，水的碱性消除了强酸的酸性差别，这种将不同强度的酸拉平到溶剂化质子水平的效应，称

105

为拉平效应，对应的溶剂称为被拉平酸的拉平溶剂。

4.1.5 酸碱电子理论

1923年美国化学家吉尔伯特·牛顿·路易斯（Gilbert Newton Lewis）指出，没有任何理由认为酸必须限定在含氢的化合物上，他的这种认识来源于氧化反应不一定非有氧参加。路易斯是共价键理论的创建者，他用结构的观点，提出了酸碱电子理论（Lewis酸碱理论）：酸是电子的接受体，碱是电子的给予体。酸碱反应是酸从碱接受一对电子，形成配位键，得到一个酸碱加合物的过程，该理论体系下的酸碱反应被称为酸碱加合反应。[1]其通式为：

$$A + B := A : B$$

$$例如：Cu^{2+} + 4NH_3 = \left[\begin{array}{c} NH_3 \\ \downarrow \\ H_3N \rightarrow Cu \leftarrow NH_3 \\ \uparrow \\ NH_3 \end{array} \right]^{2+}$$

通常，酸碱电子理论中的"酸"被称为Lewis酸，"碱"被称为Lewis碱，以示区别。

酸碱电子理论中，有以下几种基本反应类型：

酸取代反应：由一种强酸从另一种由弱酸形成的酸碱加合物中置换出弱酸的反应。

$$[Cu(NH_3)]^{2+} + 4H^+ = Cu^{2+} + 4NH_4^+$$

---

[1] 徐周庆，桑雅丽，所艳华，等.无机化学与元素理论及发展[M].成都：电子科技大学出版社，2018.

碱取代反应：由一种强碱从另一种由弱碱形成的酸碱加合物中置换出弱碱的反应。

$$[Cu(NH_3)]^{2+} + 2OH^- = Cu(OH)_2 + 4NH_3$$

双取代反应：两种酸碱加合物互相交换成分，形成两种更稳定的酸碱加合物的反应。

$$NaOH + HCl = NaCl + H_2O$$

路易斯酸碱理论认为许多有机反应也是酸碱反应，例如 CH_3^+、$C_2H_5^+$、CH_3CO^+ 都是酸，分别与碱 H^-、OH^-、$C_2H_5O^-$ 结合成加合物 CH_4、C_2H_5OH、$CH_3COOC_2H_5$。

路易斯酸碱理论扩大了酸碱反应的范围，更深刻地指出了酸碱反应的实质。但是其也有很大的局限性，无法准确描述酸碱的强弱程度，难以判断酸碱反应的方向与限度。

4.1.6 软硬酸碱理论

在前人工作的基础上，拉尔夫·皮尔逊（Ralph G. Pearson）于1963年提出软硬酸碱理论（HSAB）：

体积小，正电荷数高，可极化性低的中心原子称作硬酸，如 Na^+、Mg^{2+}、Al^{3+}、Ti^{4+}、Mn^{2+}、Fe^{3+}；体积大，正电荷数低，可极化性高的中心原子称作软酸，如 Cu^+、Ag^+、Cd^{2+}、Hg^{2+}、Hg_2^{2+}、Ti^+；其变形性介于硬酸和软酸之间的称为交界酸，如 Cr^{2+}、Fe^{2+}、Co^{2+}、Ni^{2+}、Cu^{2+}、Zn^{2+}。将给出电子对的原子的电负性大，不易变形的称为硬碱，如 F^-、Cl^-、H_2O、OH^-、O^{2-}、SO_4^{2-}、NO_3^-、NH_3；给出电子对的原子的电负性小，易变形的称为软碱，如 I^-、S^{2-}、CN^-、SCN^-、CO、C_6H_6；其变形性介于硬碱和软碱之间的称为交界碱，如 Br^-、N_2。

软硬酸碱理论适用于讨论金属离子的配合物体系，主要用于预言配合物的稳定性，但是其仅是一条定性的规律，不能定量计算反应的程度。

历史上酸碱理论各有特点，但它们并非是完全不相干的，如图4-1所示为当前最常使用的四种酸碱理论之间的关系（软硬酸碱理论看作电子理论的补充，不在图内标出）。

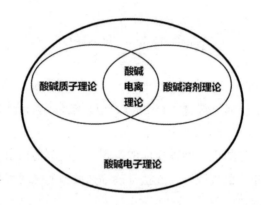

图4-1　当前最常使用的四种酸碱理论之间的关系

从图4-1中可以看出，酸碱电子理论的范围是最广的。事实上，几乎现存其他所有理论概念均被包含其中，所有酸碱反应均可用酸碱电子理论（结合软硬酸碱理论）处理，但需要定量计算时，电子理论则无能为力。

酸碱质子理论在处理有质子传递的酸碱反应时优势较大，因为相较于电离理论，质子理论的适用范围更宽；相较于电子理论，质子理论的定量计算更完备。

酸碱溶剂理论可以用于处理非质子溶剂中的酸碱反应，同样可以做一些定量计算，但由于其限制条件较大，实用性相对较小，一般很少使用。[①]

酸碱电离理论则以其易于理解性占有优势。在稀的水溶液中，用电离理论得出的计算结果与用质子理论完全相同，而且在处理部分计算问题上，它比质子理论简洁些许，因此在定量计算上的应用仍然较广。

---

① 丁伟，王祖浩.化学概念的认知研究[M].南宁：广西教育出版社，2015.

所以在处理酸碱问题时，要合理选择酸碱理论，才能得出正确结论，并达到优化处理过程，节约时间的目的。

4.2 单相解离平衡

4.2.1 一元弱酸和弱碱的解离平衡

4.2.1.1 一元弱酸的解离平衡

在酸碱电离理论中，将在水溶液中部分电解的电解质称为弱电解质。例如，HAc、HCN和HF等就是一些典型的弱酸。例如在起始浓度为c_0的HAc溶液中存在下列平衡：

$$2H_2O \rightleftharpoons H_3O^+ + OH^- \quad 可简写为 \quad H_2O \rightleftharpoons H^+ + OH^-$$

$$HAc + H_2O \rightleftharpoons H_3O^+ + Ac^- \quad 可简写为 \quad HAc \rightleftharpoons H^+ + Ac^-$$

由于HAc的酸性远强于H_2O，当HAc溶液的浓度不是很小，溶液的pH值主要取决于HAc解离出的[H⁺]浓度。

假设HAc溶液起始浓度为c_0，平衡时[H⁺]=[Ac⁻]：

$$HAc \rightleftharpoons H^+ + Ac^-$$

起始浓度： c_0 0   0

平衡浓度： $c_0-[H^+]$ $[H^+]$ $[H^+]$

则其标准平衡常数为：$K_a^\ominus = \dfrac{(\dfrac{[H^+]}{c^\ominus})^1 \times (\dfrac{[Ac^-]}{c^\ominus})^1}{(\dfrac{[HAc]}{c^\ominus})^1}$

为了使用方便可将标准浓度 $c^{\ominus}$ 省略。则标准平衡常数可表示为：

$K_a^{\ominus} = \dfrac{[\text{H}^+][\text{Ac}^-]}{[\text{HAc}]}$，也称解离常数。

$$K_a^{\ominus} = \dfrac{[\text{H}^+]^2}{c_0 - [\text{H}^+]}$$

当起始浓度 c_0 较大且 $K_a^{\ominus}$ 较小时上式可简化为：

$$K_a^{\ominus} = \dfrac{[\text{H}^+]^2}{c_0}$$

则可得到：$[\text{H}^+] = \sqrt{K_a^{\ominus} c_0}$

同理对于一元弱碱，我们可以得到类似的结论：

$$\text{NH}_3 \cdot \text{H}_2\text{O} \Longrightarrow \text{NH}_4^+ + \text{OH}^-$$

$$K_b^{\ominus} = \dfrac{[\text{NH}_4^+][\text{OH}^-]}{[\text{NH}_3 \cdot \text{H}_2\text{O}]} = \dfrac{[\text{OH}^-]^2}{c_0 - [\text{OH}^-]}$$

$$[\text{OH}^-] = \sqrt{K_b^{\ominus} c_0}$$

$K_a^{\ominus}$ 或 $K_b^{\ominus}$ 值越大表示弱酸或弱碱解离出离子的趋势越大，其酸性或碱性越强。

$K_a^{\ominus}$ 或 $K_b^{\ominus}$ 作为平衡常数与温度的关系符合下面的公式：

$$\ln \dfrac{K_2^{\ominus}}{K_1^{\ominus}} = \dfrac{\Delta_r H_m^{\ominus}}{R} \left(\dfrac{1}{T_1} - \dfrac{1}{T_2} \right)$$

但是弱酸或弱碱解离过程中的 $\Delta_r H_m^{\ominus}$ 较小，例如：

$$\text{HAc} \Longrightarrow \text{H}^+ + \text{Ac}^- \qquad \Delta_r H_m^{\ominus} = 2.26 \, \text{kJ/mol}$$

$$\text{NH}_3 \cdot \text{H}_2\text{O} \Longrightarrow \text{NH}_4^+ + \text{OH}^- \qquad \Delta_r H_m^{\ominus} = 3.64 \, \text{kJ/mol}$$

所以可以认为温度对 $K_a^{\ominus}$ 或 $K_b^{\ominus}$ 的大小影响较小，一般使用其在 298 K时的数值。

例4–1　将0.10 mol/dm³ HAc和0.10 mol/dm³ HCN等体积混合，计算此溶液中 [H⁺]、[Ac⁻]和[CN⁻]。已知 $K_a^\ominus(\text{HAc}) = 1.8 \times 10^{-5}$，$K_a^\ominus(\text{HCN}) = 6.2 \times 10^{-10}$。

解：由电离平衡常数可知HAc的酸性远大于HCN的酸性，所以体系中[H⁺]完全由HAc的解离来决定。

等体积混合后，两种酸的浓度均为0.05 mol/dm³。

$$\text{HAc} \Longrightarrow \text{H}^+ + \text{Ac}^-$$

起始浓度：　　　　　　　　0.05　　　0　　0

平衡浓度：　　　　　　0.05–[H⁺]　[H⁺]　[H⁺]

$\dfrac{c_0}{K_a^\ominus} = \dfrac{0.05}{1.8 \times 10^{-5}} = 2.77 \times 10^3 > 400$，满足近似处理的条件，即：

$$[\text{H}^+] = \sqrt{K_a^\ominus c_0} = \sqrt{0.05 \times 1.8 \times 10^{-5}} = 9.5 \times 10^{-4}$$

可得 $[\text{H}^+] = [\text{Ac}^-] = 9.5 \times 10^{-4}\,\text{mol/dm}^3$。

溶液中还存在着HCN的解离平衡，但是要注意溶液中的[H⁺]的值只有一个$[\text{H}^+] = 9.5 \times 10^{-4}\,\text{mol/dm}^3$，故存在下列关系式：

$$\text{HCN} \Longrightarrow \text{H}^+ + \text{CN}^-$$

起始浓度：　　　　　　　　0.05　　　0　　0

平衡浓度：　　　　　0.05–[CN⁻]　[H⁺]　[CN⁻]

由于HCN的解离程度很小，所以0.05–[CN⁻]≈0.05。

$$K_a^\ominus(\text{HCN}) = \frac{[\text{H}^+][\text{CN}^-]}{[\text{HCN}]} = \frac{9.5 \times 10^{-4} \times [\text{CN}^-]}{0.05} = 6.2 \times 10^{-10}$$

$$[\text{CN}^-] = 3.3 \times 10^{-8}\,\text{mol/dm}^3$$

4.2.1.2　解离度

也可以用解离度来表示弱酸或弱碱溶液的解离情况。例如醋酸溶液的解

离度 a 可表示为已经电离的醋酸浓度与醋酸起始浓度之比。并且解离度 a 经常用百分比数来表示。

例如，对于起始浓度为 c_0 的醋酸溶液：

$$HAc \rightleftharpoons H^+ + Ac^-$$

$$a = \frac{已经电离的醋酸}{醋酸起始浓度} \times 100\%$$

$$a = \frac{[H^+]}{c_0}$$

当满足 $\frac{c_0}{K_a^\ominus} > 400$ 时，$a = \frac{[H^+]}{c_0} = \frac{\sqrt{K_a^\ominus c_0}}{c_0} = \sqrt{\frac{K_a^\ominus}{c_0}}$

对于起始浓度为 c_0 氨水溶液：

$$NH_3 \cdot H_2O \rightleftharpoons NH_4^+ + OH^-$$

$$a = \frac{[OH^-]}{c_0}$$

当满足 $\frac{c_0}{K_b^\ominus} > 400$ 时，$a = \sqrt{\frac{K_b^\ominus}{c_0}}$。

由于 $K_a^\ominus$ 或 $K_b^\ominus$ 为常数，所以解离度 a 与起始浓度 c_0 成反比，即 c_0 越小 a 越大。

需要注意的是醋酸溶液的 $a = \sqrt{\frac{K_a^\ominus}{c_0}}$ 和氨水溶液的 $a = \sqrt{\frac{K_b^\ominus}{c_0}}$ 这两个公式是采用近似处理的结果，若在不满足该条件下使用该公式则会造成较大的误差。

例4-2 计算 1.0×10^{-3} mol/dm³ $NH_3 \cdot H_2O$ 溶液的解离度。已知 $K_b^\ominus(NH_3 \cdot H_2O) = 1.8 \times 10^{-5}$。

由已知条件可知：$\dfrac{c_0}{K_a^{\ominus}} = \dfrac{1.0 \times 10^{-3}}{1.8 \times 10^{-5}} = 55.6 < 400$

不满足近似处理的条件，所以不能采用 $a = \sqrt{\dfrac{K_b^{\ominus}}{c_0}}$ 进行求解。

$$\text{NH}_3 \cdot \text{H}_2\text{O} \rightleftharpoons \text{NH}_4^+ + \text{OH}^-$$

起始浓度：　　　　1.0×10^{-3} 　　　0 　　0

平衡浓度：　　　$1.0 \times 10^{-3} - [\text{OH}^-]$ 　$[\text{OH}^-]$ 　$[\text{OH}^-]$

$$K_b^{\ominus} = \dfrac{[\text{OH}^-]^2}{1.0 \times 10^{-3} - [\text{OH}^-]} = 1.8 \times 10^{-5}$$

$$[\text{OH}^-] = 1.25 \times 10^{-4} \text{mol} / \text{dm}^3$$

$$a = \dfrac{[\text{OH}^-]}{c_0} = \dfrac{1.25 \times 10^{-4}}{1.0 \times 10^{-3}} = 12.5\%$$

若采取近似处理进行计算：

$$[\text{OH}^-] = \sqrt{K_b^{\ominus} c_0}$$

$$= \sqrt{K_b^{\ominus} \times 1.0 \times 10^{-3}}$$
$$= \sqrt{1.8 \times 10^{-5} \times 1.0 \times 10^{-3}}$$
$$= 1.34 \times 10^{-4}$$

$$a = \dfrac{[\text{OH}^-]}{c_0} = \dfrac{1.34 \times 10^{-4}}{1.0 \times 10^{-3}} = 13.4\%$$

与前面计算结果比较，计算误差较大。

类似地可以计算 0.10 mol/dm^3 HAc溶液的解离度：

$\dfrac{c_0}{K_a^{\ominus}} = \dfrac{0.10}{1.8 \times 10^{-5}} = 5.6 \times 10^3 > 400$，满足近似计算的条件，$a = 1.34\%$，若

不采用近似计算：$a = 1.33\%$。可以看出两者的结果非常接近误差较小。

4.2.2　多元弱酸和弱碱的解离平衡

多元弱酸和弱碱在溶液中的解离并不是一次完成的，而且分步进行的。每一步解离都有一个平衡关系式：

例如，二元弱酸H_2S：

$$H_2S \rightleftharpoons H^+ + HS^- \quad K_1^\ominus = \frac{[H^+][HS^-]}{[H_2S]} = 1.1 \times 10^{-7}$$

$$HS^- \rightleftharpoons H^+ + S^{2-} \quad K_2^\ominus = \frac{[H^+][S^{2-}]}{[HS^-]} = 1.3 \times 10^{-13}$$

可以看出$K_1^\ominus$远远大于$K_2^\ominus$，这是由于第一步解离出的H^+离子对第二步的解离有同离子作用，导致第二步解离的程度很小，所以溶液的H^+的浓度取决于H_2S第一步解离出来的H^+的浓度。

根据化学平衡的知识可以知道，将上面的两个平衡关系式相加可以得到：

$$H_2S \rightleftharpoons 2H^+ + S^{2-}$$

该平衡常数$K^\ominus$与出$K_1^\ominus$和$K_2^\ominus$有如下的关系：

$$K^\ominus = \frac{[H^+]^2[S^{2-}]}{[H_2S]} = K_1^\ominus \cdot K_2^\ominus = 1.4 \times 10^{-20}$$

对于二元弱碱N_2H_4来说，其与水反应释放出OH^-也是分步进行的：

$$N_2H_4 + H_2O \rightleftharpoons N_2H_5^+ + OH^- \quad K_1^\ominus = 8.7 \times 10^{-7}$$
$$N_2H_5^+ + H_2O \rightleftharpoons N_2H_6^{+} + OH^- \quad K_2^\ominus = 1.9 \times 10^{-14}$$

对于三元酸H_3PO_4也有类似的情况：

$$H_3PO_4 \rightleftharpoons H^+ + H_2PO_4^- \quad K_1^\ominus = 7.1 \times 10^{-3}$$

$$H_2PO_4^- \rightleftharpoons H^+ + HPO_4^{2-} \quad K_2^\ominus = 6.3 \times 10^{-8}$$

$$HPO_4^{2-} \rightleftharpoons H^+ + PO_4^{3-} \qquad K_3^{\ominus} = 4.8 \times 10^{-13}$$

可以看出多元的弱酸或弱碱分步解离常数之间都存在着较大的差距，所以溶液中H^+或OH^-的浓度都是主要取决于第一步的解离。

4.2.3　同离子效应和盐效应

4.2.3.1　同离子效应

根据化学平衡的知识可知：

$$aA + bB \rightleftharpoons gG + hH$$

在某温度下一个化学反应达到平衡时，在反应中增加任意一种生成物的浓度将使反应向左进行，而该反应的平衡常数仍然保持不变。所以在HAc溶液的中引入H^+（HCl溶液）或Ac^-（NaAc溶液）会降低HAc的解离度，在$NH_3 \cdot H_2O$溶液的中引入OH^-（NaOH溶液）或NH_4^+（NH_4Cl溶液）会降低$NH_3 \cdot H_2O$的解离度。在已经建立解离平衡的弱电解质的溶液中，加入具有相同离子的另一种强电解质，使弱电解质解离度下降的作用称为同离子效应。

例如在HAc溶液（浓度为$c_{酸}$）中加入固体NaAc，使NaAc的浓度为$c_{盐}$，求 HAc 溶液的 [H^+]。

$$HAc \rightleftharpoons H^+ + Ac^-$$

起始浓度：　　　　　　　$c_{酸}$　　　0　　$c_{盐}$

平衡浓度：　　　　　　$c_{酸}-[H^+]$　　$[H^+]$　$c_{盐}+[H^+]$

由于同离子效应的影响导致HAc的解离度降低，$c_{酸}-[H^+] \approx c_{酸}$，$c_{盐}+[H^+] \approx c_{盐}$。

$$K_a^{\ominus} = \frac{[H^+][Ac^-]}{[HAc]} \approx \frac{[H^+]c_{盐}}{c_{酸}}$$

$[H^+] = K_a^{\ominus} \dfrac{c_{酸}}{c_{盐}}$，也可以写为 $pH = pK_a^{\ominus} - \lg \dfrac{c_{酸}}{c_{盐}}$（其中 $pK_a^{\ominus} = -\log K_a^{\ominus}$）。

4.2.3.2　盐效应

如果向HAc溶液中加入强电解质NaCl，虽然没有同离子效应的影响，但是强电解质的加入会增加溶液的离子强度，这也会给弱电解质HAc的解离带来一定的影响。

例4-3　已知 $0.10 \ mol/dm^3$ HAc溶液电离度 $a = 1.34\%$。向该溶液中加入NaCl，使溶液的离子强度 $I = 0.2 \ mol/kg$，求此条件下HAc的解离度。已知 $K_a^{\ominus} = 1.8 \times 10^{-5}$。

解：
$$HAc \rightleftharpoons H^+ + Ac^-$$

在不考虑溶液中强电解质NaCl的影响时，HAc的电离的平衡常数为：

$$K_a^{\ominus} = \frac{[H^+][Ac^-]}{[HAc]}$$

但需要考虑其他离子对HAc的电离的影响时，其平衡常数中浓度必须采用有效浓度或活度来计算，而HAc分子呈现电中性所以其受到其他离子的影响很小，可以认为浓度与活度近似相等。

$$K_a^{\ominus} = \frac{a_{H^+} \cdot a_{Ac^-}}{a_{HAc}} = \frac{f_{H^+}[H^+] \cdot f_{Ac^-}[Ac^-]}{[HAc]}$$

$$[H^+] = \sqrt{\frac{K_a^{\ominus} c_0}{f_{H^+} f_{Ac^-}}}$$

查表可知，当离子强度为0.2 mol/kg，离子电荷数为1时，活度系数为0.70。

即：$f_{H^+} = 0.70$，$f_{Ac^-} = 0.70$。

$$[H^+] = \sqrt{\frac{K_a^\ominus c_0}{f_{H^+} f_{Ac^-}}} = \sqrt{\frac{1.8 \times 10^{-5} \times 0.10}{0.70 \times 0.70}} = 1.92 \times 10^{-3} \text{ mol}/\text{dm}^3$$

$$a = \frac{[H^+]}{c_0} = \frac{1.92 \times 10^{-3}}{0.1} = 1.92\%$$

而已知0.10 mol/dm^3 HAc溶液电离度$a=1.34\%$，很明显在溶液中加入强电解质以后HAc的解离度变大了。

所以当向弱电解质的溶液中加入与弱电解质没有相同离子的强电解质时，由于溶液中离子总浓度增大，离子间相互牵制作用增强，使活度系数f变小，即活度a变小。根据化学平衡移动原理只有再解离出部分离子，才能实现平衡，这样就导致了弱电解质的解离度增大，我们这种效应称为盐效应。

同离子效应与盐效应的关系：

在HAc溶液加入固体NaAc，由于同离子效应将会使HAc的解离度变小，但是当时只考虑了Ac$^-$离子对平衡反应的影响，并未考虑Na$^+$的加入会增大溶液中的离子强度，进而忽略了其对H$^+$和Ac$^-$的活度系数带来的影响。虽然由于盐效应的存在能使其解离度增大，但是其影响程度远远小于同离子效应带来的影响，并不能改变HAc解离度变小的趋势。所以在讨论同离子效应的时候一般可以忽略盐效应带来的影响。

4.3 缓冲溶液

在分析化学实验中，有时为了保证某一试验顺利地完成，往往需要控制试验条件（如溶液pH）稳定。缓冲溶液就是分析工作者常用以维持溶液酸度不发生变化的一种辅助溶液。

4.3.1　酸碱缓冲溶液及其组成

酸碱缓冲溶液是一种对溶液的酸度起稳定作用的溶液。缓冲溶液一般由浓度较大的弱酸及其共轭碱组成。如HAc–NaAc、$NH_3 \cdot H_2O$–NH_4Cl等。另一类是标准缓冲溶液，它由规定浓度的某些逐级离解常数相差较小的单一两性物质或由不同型体的两性物质所组成。例如，25℃时0.05 mol／L 邻苯二甲酸氢钾的pH=4.01。

4.3.2　缓冲作用的原理及pH的计算

4.3.2.1　缓冲作用的原理

为什么HAc和NaAc混合溶液具有缓冲作用而水和氯化钠溶液则不具有缓冲作用呢？下面以HAc–NaAc这个缓冲对为例来说明。

HAc为弱电解质，解离度较小。NaAc属于强电解质，在溶液中几乎完全解离，产生同离子效应，使HAc解离度变得更小，HAc基本以分子状态存在。

$$
\begin{cases}
\text{HAc} \rightleftharpoons \text{H}^+ + \text{Ac}^- \\
\quad \text{大量} \qquad \text{极少量} \quad \text{大量} \\
\text{NaAc} \rightleftharpoons \text{Na}^+ + \text{Ac}^- \\
\quad \text{大量} \qquad \text{大量} \quad \text{大量}
\end{cases}
$$

（1）对外加强酸的缓冲作用。

如果在缓冲溶液中加入少量强酸，如HCl，HCl为强电解质，在溶液中完全解离为 H^+ 和 Cl^-，如不发生别的变化，溶液[H^+]将增加，pH将减小。但由于溶液中有大量 Ac^-，Ac^- 和HCl的 H^+ 几乎全部转化为HAc，使得溶液

[H+]或pH基本保持不变或改变很小。

由于 Ac⁻ 主要来自于NaAc，故通常把NaAc称为HAc–NaAc缓冲对中的抗酸成分。

（2）对外加强碱的缓冲作用。

如果在缓冲溶液中加入少量强碱，如NaOH，NaOH是强电解质，在溶液中完全解离为 Na⁺ 和OH⁻，如不发生别的变化，溶液[OH⁻]将增加，[H⁺]将减小，pH将增大。但溶液中有大量HAc，HAc和NaOH的OH⁻ 几乎全部转化为 Ac⁻ 和H₂O，使溶液中[H⁺]和pH基本保持不变或改变很小。

HAc–NaAc缓冲溶液能抵御外来OH⁻ 是由于溶液中有大量HAc，故通常把HAc称为HAc–NaAc缓冲对中的抗碱成分。

$$Na^+OH = Na^+ + OH^-$$

大量 大量

$$HAc + OH^- = Ac^- + H_2O$$

通过以上分析，弱酸及其弱酸盐对外加酸碱有缓冲作用是由于溶液中含有大量能消耗 OH⁻ 的弱酸和大量能消耗 H⁺ 的弱酸盐。同理，弱碱及其弱碱盐（如NH₃·H₂O–NH₄Cl）具有缓冲作用，弱碱能消耗外来 H⁺，弱碱盐能消耗外来OH⁻，其缓冲作用原理相似。

需要指出的是缓冲溶液的缓冲作用有一定限度，如果加入大量酸或碱，缓冲溶液中抗酸成分或抗碱成分消耗尽时，就不具有缓冲能力。此外，缓冲溶液作为缓冲对的两种物质必须同时存在才能既抵御酸又抵御碱，如果单有一种抗酸成分或抗碱成分，则不能同时抵御酸和碱的影响。[①]

4.3.2.2 缓冲溶液pH的计算

以弱酸HA及其共轭碱A⁻组成的缓冲溶液为例，设弱酸及其共轭碱的浓度分别为c_{HA}及c_{A^-}，则

$$HA \rightleftharpoons H^+ + A^-$$

$$NaA = Na^+ + A^-$$

$$K_a = \frac{\left[H^+\right]\left[A^-\right]}{[HA]}$$

$$\left[H^+\right] = K_a \times \frac{[HA]}{\left[A^-\right]}$$

因HA及A⁻同时以较高的浓度存在于溶液中，互相抑制对方与水进行的质子转移反应，加之同离子效应的存在，使得HA的离解度更小，$[HA] \approx c_{HA}$；又因NaA是强电解质，$[A^-] \approx c_{A^-}$。因此

$$[H^+] = K_a \times \frac{c_{HA}}{c_{A^-}}$$

$$pH = pK_a + \lg \frac{c_{A^-}}{c_{HA}}$$

式中，K_a为弱酸的离解常数；c_{HA}为弱酸的分析浓度，mol / L；c_{A^-}为共轭碱的分析浓度，mol / L。

对于由弱酸及其共轭碱所组成的缓冲溶液，其K_b值则由$K_b = \dfrac{K_w}{K_a}$求得。

---

① 蔡自由，叶国华，程家蓉，等.无机化学[M].3版.北京：中国医药科技出版社，2017.

4.3.3 缓冲容量和缓冲范围

4.3.3.1 缓冲容量

缓冲容量的大小，首先与组成缓冲溶液的浓度有关。比如0.1 mol/L HAc−0.1 mol/L NaAc缓冲溶液，pH=4.74，使pH改变1个单位，即pH=3.74，需要加入酸量为$x$mol/L，则

$$pH = pK_a - \lg \frac{c(HAc)}{c(Ac^-)}$$

$$3.74 = 4.74 - \lg \frac{0.1 + x}{0.1 - x}$$

$$x = 0.08 \text{ mol/L}$$

如果0.01 mol/L HAc−0.01 mol/L NaAc缓冲溶液 pH 由4.74变为3.74，需要加入酸量为 y mol／L，则

$$3.74 = 4.74 - \lg \frac{0.01 + y}{0.01 - y}$$

$$y = 0.008 \text{ mol／L}$$

可见，组成缓冲溶液的浓度增大10倍，改变1个pH单位，需加的酸量也增大10倍，即缓冲容量也增大10倍。

其次，缓冲容量大小还与组成缓冲溶液的两组分浓度比值有关。比如0.18 mol/L HAc−0.02 mol/L NaAc缓冲溶液，pH 为3.79，pH 由3.79变为2.79 时，需加入的酸量为 x mol／L，则

$$2.79 = 3.79 - \lg \frac{0.18 + x}{0.02 - x}$$

$$x = 0.0018 \text{ mol/L}$$

综上计算，0.1 mol/L HAc–0.1 mol/L NaAc缓冲溶液pH改变1个单位 $[c(\text{HAc})+ c(\text{Ac}^-)=0.2\ \text{mol/L},\ c(\text{HAc}):c(\text{Ac}^-)=1:1]$，需加酸0.08 mol/L。而 0.18 mol/L HAc–0.02 mol/L NaAc缓冲溶液$[c(\text{HAc})+ c(\text{Ac}^-)=0.2\ \text{mol/L}, c(\text{HAc}):c(\text{Ac}^-)=9:1]$pH改变1个单位，需加酸0.001 8 mol/L，可见后者缓冲容量降低。因此，缓冲溶液两组分浓度比值为1∶1时，缓冲容量最大，此时溶液 $pH=pK_a$，$pOH=pK_b$。当两组分浓度比值为9∶1（或1∶9）时，缓冲容量变小，当浓度比值超过10∶1和1∶10时，缓冲溶液的缓冲能力更小。

4.3.3.2　缓冲范围

缓冲溶液两组分浓度比在1∶10和10∶1之间，即为缓冲溶液有效的缓冲范围。该范围为

弱酸及其共轭碱缓冲体系（1 /10~10/1） $pH=pK_a\pm1$

弱碱及其共轭酸缓冲体系（1 /10~10/1） $pOH=pK\pm1$

例如，Hac–NaAc缓冲体系，$pK_a=4.74$，其缓冲范围是pH=4.74±1，即3.74~5.74。$NH_3\cdot H_2O$–NH_4Cl缓冲体系（$pK_b=4.74$），其缓冲范围为pH=9.26±1。

4.3.4　缓冲溶液的选择和配制

4.3.4.1　缓冲溶液的选择原则

选择缓冲溶液时，原则是：缓冲溶液对分析反应没有干扰，有足够的缓冲容量及其pH应在所要求稳定的酸度范围之内。表4–2列出了常用的酸碱缓冲溶液。

表4-2 常用的酸碱缓冲溶液

缓冲溶液的组成		共轭酸碱对	pK_a	pH范围
酸的组成	碱的组成			
盐酸	氨基乙酸	$^+NH_3CH_2COOH/^+NH_3CH_2COO^-$	2.35	1.0~3.7
甲酸	氢氧化钠	$HCOOH/HCOO^-$	3.77	2.8~4.6
乙酸	乙酸钠	HAc/Ac^-	4.74	3.7~5.7
盐酸	六亚甲基四胺	$(CH_2)_3N_4H^+/(CH_2)_6N_4$	5.13	4.2~6.2
磷酸二氢钠	磷酸氢二钠	$H_2PO_4^-/HPO_4^{2-}$	7.21	5.9~8.0
盐酸	三乙醇胺	$^+NH(CH_2CH_2OH)_3/N(CH_2CH_2OH)_3$	7.26	6.7~8.7
氯化铵	氨水	NH_4^+/NH_3	9.26	8.3~10.2
碳酸氢钠	碳酸钠	HCO_3^-/CO_3^{2-}	10.32	9.2~11.0
磷酸氢二钠	氢氧化钠	HPO_4^{2-}/PO_4^{3-}	12.32	11.0~13.0

4.3.4.2 缓冲溶液的配制

（1）普通缓冲溶液。

简单缓冲体系的配制方法可利用有关公式计算得到。

例4-4 欲配制 pH = 5.00 、$c(HAc)=0.20$ mol/L的缓冲溶液1L，需 $c(HAc)=1.0$ mol/L的HAc及$c(NaAc)=1.0$ mol/L的NaAc溶液各多少毫升？

解：已知pH=5.00，$c(HAc)=0.20$ mol/L，则

$$c\left(Ac^-\right) = \frac{K_a c(HAc)}{\left[H^+\right]} = \frac{1.8 \times 10^{-5} \times 0.20}{1.0 \times 10^{-5}} = 0.36 \text{ mol/L}$$

需浓度1.0 mol/L的HAc和NaAc体积分别为

$$V\left(HAc\right) = \frac{0.20 \times 1\,000}{1.0} = 200 \text{ mL}$$

$$V\left(\text{NaAc}\right) = \frac{0.36 \times 1\,000}{1.0} = 360 \text{ mL}$$

将200 mL浓度为1.0 mol/L的HAc溶液和360 mL浓度为1.0 mol/L的NaAc溶液混合后，用水稀释至1 000 mL，即得 pH = 5.00 的 HAc − NaAc 缓冲溶液。

（2）标准缓冲溶液。

标准缓冲溶液的 pH 是在一定温度下实验测得的 H⁺ 活度的负对数。几种常用的标准缓冲溶液列于表4−3中。

表4−3　几种常用的标准缓冲溶液

标准缓冲溶液	pH(25℃)
饱和酒石酸氢钾（0.034 mol/L）	3.56
邻苯二甲酸氢钾（0.05 mol/L）	4.01
0.025 mol/L KH$_2$PO$_4$–0.025 mol/L Na$_2$HPO$_4$	6.86
0.01 mol/L硼砂	9.18

4.3.5　缓冲溶液的应用

缓冲溶液在医药、生化、工农业生产和科学研究等领域有重要应用。

（1）缓冲溶液对生命体有十分重要的意义。

人体血液是一个缓冲体系。人体内血液或其他体液中化学反应必须在一定pH条件下进行。表4−4为人体各种体液pH。pH微小变化对人体生理功能将产生很大影响，pH变化必须控制在一个狭小范围内。只有在这个狭小范围内，人体机体各种功能活动才能正常进行。人体血液pH总是维持在7.35～7.45，如变化过大，会引起人体许多功能失调。如人体动脉血液pH正常值为7.45，小于6.8或者大于8.0，人只要几秒钟就会死亡。

表4-4　人体各种体液pH

体液	pH
血清	7.35 ~ 7.45
唾液	6.35 ~ 6.85
胰液	7.5 ~ 8.0
小肠液	~ 7.6
大肠液	8.3 ~ 8.4
乳汁	6.0 ~ 6.9
泪水	~ 7.4
脑脊液	7.35 ~ 7.45
婴儿胃液	0.9 ~ 1.5
成人胃液	5.0
尿液	4.8 ~ 7.5
胆液	7.8

（2）缓冲溶液用于物质的制备和提纯。

许多难溶金属氢氧化物、硫化物和碳酸盐的溶解度与pH有关，在制备过程中由于开始沉淀和完全沉淀时所需pH不同，为了使沉淀完全，要用缓冲溶液控制溶液pH。例如，对于含有杂质Fe^{3+}的$ZnSO_4$溶液进行分离，若单纯考虑除去Fe^{3+}，溶液pH越高，则Fe^{3+}沉淀越完全；但pH越高，Zn^{2+}会生成$Zn(OH)_2$沉淀，所以需要用缓冲溶液控制pH，既要保证Fe^{3+}沉淀完全，又要保证Zn^{2+}不生成沉淀。

（3）缓冲溶液在药物制剂生产中十分重要。

如维生素C水溶液（5 mg/mL）pH为3.0，若直接用于局部注射会产生难受刺痛，常用$NaHCO_3$（HCO_3^-为两性物质，即是缓冲溶液）调节其pH在5.5~6.0，可以减轻注射时刺痛，并能增加其稳定性。有些注射液经高温灭菌后，pH会发生较大变化，一般可采取适当缓冲溶液调整pH，加温灭菌后其pH仍保持恒定。

（4）在生化实验中常用缓冲溶液来维持实验体系酸碱度。

生物体内进行的各种生化过程都是在精确的pH下进行的。为了在实验条件下准确地模拟生物体内的环境，必须保持体外生化过程和体内过程具有完全相同的pH，因此在生化实验中分离和提纯蛋白质、微生物培养、组织切片和细菌染色、研究生物体内酶催化作用等都需要在一定pH缓冲溶液中进行。溶液pH变化往往直接影响到研究工作的成效。例如，酶只有在一定pH范围内才表现出活性，若溶液pH超出范围，酶的活性会下降甚至失活。胃蛋白酶最适宜pH为1.5~2.5，超过4.0时完全失去活性。生化实验室常用的缓冲溶液有磷酸盐、有机酸（甲酸、柠檬酸、醋酸等）、硼酸盐、氨基酸、碳酸、Tris（三羟甲基氨基甲烷）等。

（5）缓冲溶液在医学检测中发挥重要作用。

许多医学实验需要使溶液pH保持在一定范围内才能使反应正常进行，这需要使用相关的缓冲溶液。如血清丙氨酸氨基转移酶（ALT）的测定，要用到磷酸盐缓冲溶液；血清酸性磷酸酶（ACP）的测定，要用到醋酸缓冲溶液；蛋白电泳要用到巴比妥缓冲溶液等。

4.4　溶度积规则及其应用

4.4.1　溶度积常数

所谓的难溶性并不意味该物质的在溶液中不发生解离，只是其解离的程度很小。我们以$A_m B_n$代表任意一种难溶性的盐，虽然其溶解度较小但是在溶剂中还是有少量的解离。

$$A_m B_n \rightleftharpoons m A^{n+} + n B^{m-}$$

例如，在水溶液中固体 A_mB_n 表面上的阳离子 A^{n+} 和阴离子 B^{m-} 会与水分子相互吸引而生成水合的阳离子和水合的阴离子而进入溶液，随着溶解的进行，溶液中的水合阳离子和水合阴离子也会重新生成沉淀，最终溶解过程与沉淀过程达到动态平衡，如图4-2所示。

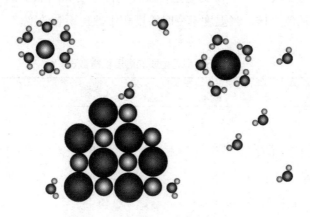

图4-2 A^{n+} 和 B^{m-} 离子的活度

根据强电解质溶液理论可知，反应的平衡常数表达式中应该使用两种 A^{n+} 和 B^{m-} 离子的活度来表示：

$$K_{sp}^{\ominus}(A_mB_n) = [a(A^{n+})]^m [a(B^{m-})]^n$$

但是由于 A_mB_n 的溶解度很小，所以溶液中的 A^{n+} 和 B^{m-} 的浓度很小，所以溶液的离子强度很小，对活度系数的影响很小，所以用浓度来代替活度所引起的误差很小。

$$K_{sp}^{\ominus}(A_mB_n) = [A^{n+}]^m [B^{m-}]^n$$

将此平衡常数称为 A_aB_b 的溶度积常数。

例如：$PbCl_2 \rightleftharpoons Pb^{2+} + 2Cl^-$

$$K_{sp}^{\ominus}(PbCl_2) = [Pb^{2+}][Cl^-]^2 = 1.7 \times 10^{-5}$$

$$Ca_3(PO_4)_2 \rightleftharpoons 3Ca^{2+} + 2PO_4^{3-}$$

$$K_{sp}^{\ominus}(Ca_3(PO_4)_2) = [Ca^{2+}]^3[PO_4^{3-}]^2 = 2.07 \times 10^{-29}$$

表4-5所示为常见物质的溶度积常数表，从中可以看出各种难溶性物质的溶度积一般都比较小，说明这些物质在溶液中有只有较少的一部分解离，和其他平衡常数一样，当温度不变时溶度积常数也不会改变。

表4-5　常见物质的溶度积常数表

化合物	$K_{sp}^{\ominus}$	化合物	$K_{sp}^{\ominus}$
AgCl	1.8×10^{-10}	FeS	6.3×10^{-18}
AgI	8.5×10^{-17}	Hg_2Cl_2	1.4×10^{-18}
Ag_2CrO_4	1.1×10^{-12}	Hg_2Br_2	6.4×10^{-23}
Ag_2S	6.3×10^{-50}	Hg_2I_2	5.2×10^{-27}
$BaCO_3$	2.6×10^{-7}	$Mg(OH)_2$	5.6×10^{-12}
$BaSO_4$	1.1×10^{-10}	MnS	2.5×10^{-13}
$BaCrO_4$	1.2×10^{-10}	$PbCO_3$	7.4×10^{-14}
$CaCO_3$	2.8×10^{-7}	$PbCrO_4$	2.8×10^{-13}
CaC_2O_4	2.3×10^{-7}	$Pb(OH)_2$	1.4×10^{-15}
CaF_2	5.3×10^{-7}	$PbSO_4$	2.5×10^{-8}
CuS	6.3×10^{-36}	PbS	8.0×10^{-28}
CuI	1.3×10^{-12}	ZnS	2.5×10^{-22}
$Fe(OH)_3$	2.8×10^{-37}	$Zn(OH)_2$	3×10^{-17}

4.4.2　溶度积规则

根据化学平衡移动原理可知，可以利用一个化学反应的反应Q与平衡常数$K^{\ominus}$的大小判断该反应进行的方向。

如果$Q < K^{\ominus}$，则化学反应正向进行。

如果$Q = K^{\ominus}$，则化学反应处于平衡，以可逆方式进行。

如果$Q > K^{\ominus}$，则化学反应逆向进行。

可以将此原理应用到沉淀溶解平衡当中：

$$A_m B_n \Longleftrightarrow m A^{n+} + n B^{m-}$$

如果$Q < K_{sp}^{\ominus}$，则溶液不饱和，若体系中有沉淀物，则沉淀物将发生溶解。

如果$Q = K_{sp}^{\ominus}$，则溶液饱和。

如果$Q > K_{sp}^{\ominus}$，则沉淀从溶液中析出。

这几条规则就是溶度积原理，利用它就可以判断某种沉淀是否能够生成。

例4-5　将等体积的2×10^{-3} mol/dm³ Ag₂SO₄与2×10^{-6} mol/dm³ BaCl₂的溶液混合，能否产生沉淀？已知$K_{sp}^{\ominus}(Ag_2SO_4) = 1.4 \times 10^{-5}$，$K_{sp}^{\ominus}(AgCl) = 1.8 \times 10^{-10}$，$K_{sp}^{\ominus}(BaSO_4) = 1.1 \times 10^{-10}$。

解：由已知条件可知2×10^{-3} mol/dm³ Ag₂SO₄溶液中：

$[Ag^+] = 4 \times 10^{-3}$ mol/dm³，$[SO_4^{2-}] = 2 \times 10^{-3}$ mol/dm³

反应商为：$Q = [Ag^+]^2[SO_4^{2-}] = (4 \times 10^{-3})^2 \times (2 \times 10^{-3}) = 3.2 \times 10^{-8}$

如果$Q < K_{sp}^{\ominus}(Ag_2SO_4) = 1.4 \times 10^{-5}$，这说明了题目中Ag₂SO₄溶液处于不饱和的状态。

当两溶液等体积混合后各自的浓度变为原来的一半：

Ag₂SO₄溶液的浓度为1×10^{-3} mol/dm³，则$[Ag^+] = 2 \times 10^{-3}$ mol/dm³，$[SO_4^{2-}] = 1 \times 10^{-3}$ mol/dm³。

BaCl₂溶液的浓度为1×10^{-6} mol/dm³，则$[Ba^{2+}] = 1 \times 10^{-6}$ mol/dm³，$[Cl^-] = 2 \times 10^{-6}$ mol/dm³。

当Ag₂SO₄与BaCl₂的溶液混合时可能发生下面的反应：

$$Ag_2SO_4 + BaCl_2 \Longrightarrow 2AgCl \downarrow + BaSO_4 \downarrow$$

判断是否能生成AgCl沉淀：

$$Q = [Ag^+][Cl^-] = (2 \times 10^{-3}) \times (2 \times 10^{-6}) = 4 \times 10^{-9}$$

因为 $Q > K_{sp}^{\ominus}(AgCl) = 1.8 \times 10^{-10}$，所以有AgCl沉淀生成。

判断是否能生成BaSO$_4$沉淀：

$$Q = [Ba^{2+}][SO_4^{2-}] = (1 \times 10^{-6}) \times (1 \times 10^{-3}) = 1 \times 10^{-9}$$

因为 $Q > K_{sp}^{\ominus}(BaSO_4) = 1.1 \times 10^{-10}$，所以也会有BaSO$_4$沉淀生成。

4.5 难溶电解质的沉淀溶解平衡

4.5.1 沉淀的生成

根据溶度积规则，若使溶液中的离子发生沉淀，必要的条件是 $Q > K_{sp}^{\ominus}$。也就是通常向溶液中加入沉淀剂，使离子积大于其溶度积 $K_{sp}^{\ominus}$，这时就会有这种物质的沉淀生成。例如在 $AgNO_3$ 溶液中加入NaCl溶液，当溶液中Ag$^+$和Cl$^-$的离子积 $= c(Ag^+) \cdot c(Cl^-) > K_{sp}^{\ominus}(AgCl)$ 时，平衡就向着生成沉淀的方向移动，就会有AgCl沉淀析出，直至溶液的离子积 $Q = K_{sp}^{\ominus}(AgCl)$，达到新的动态平衡为止。此处的NaCl叫作沉淀剂。

应用溶度积规则判断沉淀的生成在实际应用过程中应该注意以下几种情况。

（1）从原理上讲，只要 $Q > K_{sp}^{\ominus}$ 便有沉淀生成。但实际操作中，只有当每毫升含有10^{-5} g以上的固体时才会使水溶液浑浊，仅有极少量沉淀生成，肉眼是观察不出来的。

（2）有时由于生成过饱和溶液（supersaturation solution），虽然已经 $Q > K_{sp}^{\ominus}$，仍然观察不到沉淀的生成。

（3）由于副反应的发生，致使按照理论计算量加入的沉淀剂在实际过程中不会产生沉淀。

（4）有时虽加入过量的沉淀剂，但由于配位反应的发生，也不会产生沉淀。

例如在使用氨水使 Cu^{2+} 生成 $Cu(OH)_2$ 的操作中，如果向硫酸铜溶液中加入过量氨水后，由于生成水溶性的铜氨配离子，而不会观察到浅蓝色的 $Cu(OH)_2$ 沉淀。

$$Cu^{2+}(aq) + 2OH^-(aq) \rightleftharpoons Cu(OH)_2(s)$$
$$+$$
$$4NH_3$$
$$\Updownarrow$$
$$Cu(NH_3)_4^{2+}(aq) + 2OH^-(aq)$$

4.5.2 沉淀的溶解

$$A_mB_n \rightleftharpoons mA^{n+} + nB^{m-}$$

根据溶度积原理，若想使难溶盐 A_mB_n 溶解，可以加入能与 A^{n+} 或 B^{m-} 反应的物质，以降低 A^{n+} 或 B^{m-} 的浓度，最终能使满足 $Q < K_{sp}^{\ominus}$ 的条件，则沉淀物将发生溶解。

（1）生成弱电解质。

$$FeS + 2HCl \rightleftharpoons FeCl_2 + H_2S\uparrow$$

$$Mg(OH)_2 + 2NH_4Cl \rightleftharpoons MgCl_2 + 2NH_3 \cdot H_2O$$

$$Zn(OH)_2 + 2HCl \rightleftharpoons ZnCl_2 + 2H_2O$$

（2）发生氧化还原反应。

$$Ag_2S + 4HNO_3(浓) \xrightarrow{\Delta} 2AgNO_3 + 2NO_2 \uparrow + S \downarrow + 4H_2O$$

$$3HgS + 2HNO_3 + 12HCl \rightleftharpoons 3H_2[HgCl_4] + 3S \downarrow + 2NO \uparrow + 4H_2O$$

（3）生成配位化合物。

$$CuI + 2NH_3 \rightleftharpoons [Cu(NH_3)_2]^+ + I^-$$

$$AgCl + 2NH_3 \rightleftharpoons [Ag(NH_3)_2]^+ + Cl^-$$

例4-6 计算0.1 mol的MnS和CuS的分别溶于盐酸中，则所需要盐酸的最低浓度是多少？已知$K_{sp}^{\ominus}(MnS) = 2.5 \times 10^{-13}$，$K_{sp}^{\ominus}(CuS) = 6.3 \times 10^{-36}$，$K_1^{\ominus}(H_2S) = 1.1 \times 10^{-7}$，$K_1^{\ominus}(H_2S) = 1.3 \times 10^{-13}$。

解： 假设0.1 mol的MnS恰好能溶解于x mol/dm^{3}的盐酸中时能生成0.1 mol的Mn^{2+}，消耗0.2 mol的H^+生成0.1 mol的H_2S。

$$MnS + 2H^+ \rightleftharpoons H_2S + Mn^{2+}$$

初始时：　　　　x　　　0　　　0

平衡时：　　$x-0.2$　　0.1　　0.1

该反应的平衡常数为$K = \dfrac{[H_2S][Mn^{2+}]}{[H^+]^2} = \dfrac{0.1 \times 0.1}{(x-0.2)^2}$。

将该式中的分子分母同时乘以$[S^{2-}]$的浓度，并将公式整理后得：

$$K = \frac{[H_2S][Mn^{2+}]}{[H^+]^2} \times \frac{[S^{2-}]}{[S^{2-}]} = \frac{[Mn^{2+}][S^{2-}]}{\dfrac{[H^+]^2[S^{2-}]}{[H_2S]}} = \frac{K_{sp}^{\ominus}(MnS)}{K_1^{\ominus}K_2^{\ominus}}$$

$$K = \frac{K_{sp}^{\ominus}(\text{MnS})}{K_1^{\ominus} K_2^{\ominus}} = \frac{2.5 \times 10^{-13}}{1.1 \times 10^{-7} \times 1.3 \times 10^{-13}} = 1.75 \times 10^7$$

即

$$K = \frac{[\text{H}_2\text{S}][\text{Mn}^{2+}]}{[\text{H}^+]^2} = \frac{0.1 \times 0.1}{(x-0.2)^2} = 1.75 \times 10^7$$

解得 $x = 0.2 \ \text{mol/dm}^3$。

假设0.1 mol的CuS恰好能溶解于$y\,\text{mol/dm}^3$的盐酸中时能生成0.1 mol的Cu^{2+}，消耗0.2 mol的H^+生成0.1 mol的H_2S。

$$\text{CuS} + 2\text{H}^+ \rightleftharpoons \text{H}_2\text{S} + \text{Cu}^{2+}$$

初始时：　　　　　　 y　　　 0　　　　 0

平衡时：　　　　　 $x-0.2$　　 0.1　　　 0.1

采用类似的方法可以得以下方程：

该反应的平衡常数为：$K = \dfrac{[\text{H}_2\text{S}][\text{Cu}^{2+}]}{[\text{H}^+]^2} = \dfrac{0.1 \times 0.1}{(y-0.2)^2}$

$$K = \frac{K_{sp}^{\ominus}(\text{CuS})}{K_1^{\ominus} K_2^{\ominus}} = \frac{6.3 \times 10^{-36}}{1.1 \times 10^{-7} \times 1.3 \times 10^{-13}} = 4.41 \times 10^{-16}$$

$$K = \frac{[\text{H}_2\text{S}][\text{Cu}^{2+}]}{[\text{H}^+]^2} = \frac{0.1 \times 0.1}{(y-0.2)^2} = 4.41 \times 10^{-16}$$

解得 $y = 4.76 \times 10^6 \ \text{mol/dm}^3$，很明显要使盐酸达到这个值是不可能的，所以可以判断CuS沉淀不能溶于盐酸溶液。

例4-7 常温常压下，CO_2在水中的溶解度为$0.033 \ \text{mol/dm}^3$，求该条件下CaCO_3在饱和水溶液中的溶解度。已知$K_{sp}^{\ominus}(\text{CaCO}_3) = 2.8 \times 10^{-9}$，$K_1^{\ominus}(\text{H}_2\text{CO}_3) = 4.5 \times 10^{-7}$，$K_2^{\ominus}(\text{H}_2\text{CO}_3) = 4.7 \times 10^{-11}$。

解： 假设CaCO_3在饱和水溶液中的溶解度$s\,\text{mol/dm}^3$，则$[\text{Ca}^{2+}] = s\ \text{mol/dm}^3$，$[\text{HCO}_3^-] = 2s \ \text{mol/dm}^3$，而$\text{H}_2\text{CO}_3$虽然在反应中有消耗，但是空气中的$\text{CO}_2$却可以继续于水生成$\text{H}_2\text{CO}_3$作为补充，故可认为$[\text{H}_2\text{CO}_3] = 0.033 \ \text{mol/dm}^3$。

$$CaCO_3 + H_2CO_3 = Ca^{2+} + 2HCO_3^-$$

平衡时：　　　　　 0.033 　　 s 　　 $2s$

该反应的平衡常数为：$K^\ominus = \dfrac{[Ca^{2+}][HCO_3^-]^2}{[H_2CO_3]}$

将该方程的分子分母同时乘时$[CO_3^{2-}]$和$[H^+]$的浓度，并将公式进行整理可得到：

$$K^\ominus = \frac{[Ca^{2+}][HCO_3^-]^2}{[H_2CO_3]} \times \frac{[CO_3^{2-}]}{[CO_3^{2-}]} \times \frac{[H^+]}{[H^+]} = \frac{[Ca^{2+}][CO_3^{2-}]}{\dfrac{[CO_3^{2-}][H^+]}{[HCO_3^-]}} \times \frac{[H^+][HCO_3^-]}{[H_2CO_3]} = \frac{K_{sp}^\ominus \times K_{a1}^\ominus}{K_{a2}^\ominus}$$

即 $K^\ominus = \dfrac{K_{sp}^\ominus \times K_{a1}^\ominus}{K_{a2}^\ominus} = 2.68 \times 10^{-5}$。

此时可得到

$$K^\ominus = \frac{[Ca^{2+}][HCO_3^-]^2}{[H_2CO_3]} = \frac{s \times (2s)^2}{0.033} = 2.68 \times 10^{-5}$$

可解得 $s = 6.0 \times 10^{-3}\ mol/dm^3$。

4.5.3　分步沉淀

在一个酸性很强的溶液中也有少量的$[OH^-]$离子的存在，同样的道理虽然可以利用沉淀剂将溶液中的某一离子以沉淀的形式的析出，但是此种离子的浓度也不会是0。所以在化学中规定如果某种离子在溶液中的浓度小于$1.0 \times 10^{-5}\ mol/dm^3$，则该种离子已经被沉淀完全。

例4-8　在某混合溶液中Fe^{3+}和Zn^{2+}的浓度均为0.01 mol/dm^3，加入强碱调节pH值（忽略体积带来的变化），使Fe^{3+}离子完全沉淀，而使Zn^{2+}离子全部保留在溶液中，试计算应该控制溶液的pH值在什么范围。已知$K_{sp}^\ominus[Fe(OH)_3] =$

2.8×10^{-39}，$K_{sp}^{\ominus}\left[Zn(OH)_2\right] = 3 \times 10^{-17}$。

解：由已知 $K_{sp}^{\ominus}\left[Fe(OH)_3\right] < K_{sp}^{\ominus}\left[Zn(OH)_2\right]$，可知 $Fe(OH)_3$ 沉淀比 $Zn(OH)_2$ 更难溶解。

若要使 Fe^{3+} 完全沉淀，则 $[Fe^{3+}] \leqslant 1.0 \times 10^{-5}$ mol/dm³。

根据沉淀溶解平衡： $Fe(OH)_3 \rightleftharpoons Fe^{3+} + 3OH^-$

$$[Fe^{3+}][OH^-]^3 = K_{sp}^{\ominus}\left[Fe(OH)_3\right] = 2.8 \times 10^{-39}$$

$$[OH^-] \geqslant \sqrt[3]{\frac{K_{sp}^{\ominus}\left[Fe(OH)_3\right]}{[Fe^{3+}]}} \geqslant \sqrt[3]{\frac{2.8 \times 10^{-39}}{1 \times 10^{-5}}} = 6.5 \times 10^{-12} \text{ mol/dm}^3$$

即 $[OH^-] \geqslant 6.5 \times 10^{-12}$ mol / dm³。

$$pOH = -\log[OH^-] = 11.2 ， pH \geqslant 2.8。$$

溶液中的 $[OH^-]$ 不能超过能恰好使 Zn^{2+} 形成沉淀时的 $[OH^-]$ 的浓度：

根据沉淀溶解平衡： $Zn(OH)_2 \rightleftharpoons Zn^{2+} + 2OH^-$

$$[Zn^{2+}][OH^-]^2 = K_{sp}^{\ominus}\left[Zn(OH)_2\right] = 3 \times 10^{-17}$$

$$[OH^-]^2 \leqslant \sqrt{\frac{K_{sp}^{\ominus}\left[Zn(OH)_2\right]}{[Zn^{2+}]}} = \sqrt{\frac{3 \times 10^{-17}}{0.01}} = 5.5 \times 10^{-8} \text{ mol / dm}^3$$

$$pOH = -\log[OH^-] = 7.3 ， pH \leqslant 6.7。$$

所以要将溶液pH值控制在2.8~6.7范围才能将两种离子分开。

可见氢氧化物开始沉淀和沉淀完全不一定在碱性环境，不同的难溶氢氧化物的溶度积不同，因此它们沉淀所需的pH值也不同。可通过控制pH达到分离金属离子的目的。

再比如向一个含有浓度均为0.01 mol/dm³ Cd^{2+} 和 Fe^{2+} 的混合溶液中通入 H_2S 气体，通过计算可求得能使 Cd^{2+} 和 Fe^{2+} 两种离子刚开始沉淀时和完全沉淀时 $[S^{2-}]$ 的浓度（表4-6），可以看出当 Cd^{2+} 完全沉淀时 $[S^{2-}] = 8.0 \times 10^{-22}$ mol/dm³，该值还远小于令 Fe^{2+} 生成沉淀所需要的 $[S^{2-}] = 6.3 \times 10^{-16}$ mol/dm³浓度要求。

表4-6 $[S^{2-}]$的浓度的变化

浓度	Cd^{2+}（0.01 mol·dm^{-3}）	Fe^{2+}（0.01 mol·dm^{-3}）
溶度积	$K_{sp}^{\ominus}(CdS) = 8.0 \times 10^{-27}$	$K_{sp}^{\ominus}(FeS) = 6.3 \times 10^{-18}$
开始沉淀时所需$[S^{2-}]$/（mol/dm^3）	8.0×10^{-25}	6.3×10^{-16}
完全沉淀时所需$[S^{2-}]$/（mol/dm^3）	8.0×10^{-22}	6.3×10^{-13}

可以向混合溶液通入H_2S气体至饱和，并控制溶液$[H^+]$浓度的方法来调整溶液中$[S^{2-}]$的浓度将Cd^{2+}和Fe^{2+}两种离子分离。

$$H_2S \rightleftharpoons 2H^+ + S^{2-}$$

$$K_{sp}^{\ominus} = \frac{[H^+]^2[S^{2-}]}{[H_2S]} = K_1^{\ominus} \cdot K_2^{\ominus} = 1.4 \times 10^{-20}$$

$$[H^+] = \sqrt{\frac{K_1^{\ominus} \cdot K_2^{\ominus}[H_2S]}{[S^{2-}]}}$$

已知常温常压下H_2S气体在水中的饱和浓度约为0.10 mol/dm^3。

当Cd^{2+}完全沉淀时，$[S^{2-}]=8.0 \times 10^{-22}$ mol/dm^3，

$$[H^+] = \sqrt{\frac{K_1^{\ominus} \cdot K_2^{\ominus}[H_2S]}{[S^{2-}]}} = \sqrt{\frac{1.4 \times 10^{-20} \times 0.10}{8.0 \times 10^{-22}}} = 1.32 \text{ mol/dm}^3$$

Fe^{2+}生成沉淀所需要的$[S^{2-}]=6.3 \times 10^{-16}$ mol/dm^3，

$$[H^+] = \sqrt{\frac{K_1^{\ominus} \cdot K_2^{\ominus}[H_2S]}{[S^{2-}]}} = \sqrt{\frac{1.4 \times 10^{-20} \times 0.10}{6.3 \times 10^{-16}}} = 1.49 \times 10^{-3} \text{ mol/dm}^3$$

所以只要将溶液中$[H^+]$的浓度控制在1.47×10^{-3} ~ 1.32 mol/dm^{3}的范围内即可将Cd^{2+}和Fe^{2+}分离。

利用此用方法可以将溶度积有较大差别的各种硫化物进行分离，这也是分析化学中分离各种金属阳子的一种常用方法。表4-7给出了分析化学中各

种金属阳子分离的 $K_{sp}^{\ominus}$。

表4-7 金属阳子的 $K_{sp}^{\ominus}$

物质	$K_{sp}^{\ominus}$	物质	$K_{sp}^{\ominus}$
PbS	8.0×10^{-28}	FeS	6.3×10^{-18}
Bi_2S_3	1.0×10^{-97}	CoS	4.0×10^{-21}
CuS	6.3×10^{-36}	NiS	1.0×10^{-24}
CdS	8.0×10^{-27}	ZnS	2.5×10^{-22}
HgS	1.6×10^{-52}	MnS	2.5×10^{-10}

4.5.4 沉淀的转化

在含有沉淀的溶液中，加入适当的试剂，使一种沉淀转化为另一种沉淀的过程叫作沉淀的转化。例如在一个装有白色$PbSO_4$沉淀及其饱和溶液的试管中，加入Na_2S溶液将会观察到黑色PbS沉淀生成。而若在一个装有黑色PbS沉淀及其饱和溶液的试管中，加入Na_2SO_4溶液则不会观察到白色$PbSO_4$沉淀的生成。已知$K_{sp}^{\ominus}(PbSO_4) = 2.53 \times 10^{-8}$，$K_{sp}^{\ominus}(PbS) = 8.0 \times 10^{-28}$，$PbSO_4$和PbS属于同一种类型的沉淀，从溶度积常数可以知道PbS的溶解度小于$PbSO_4$。在一般情况下沉淀都会生成另外一种溶解度更小的沉淀方向转化。

$$PbSO_4 + Na_2S \Longrightarrow PbS + Na_2SO_4$$

若要实现这种转化对$[S^{2-}]$的浓度有什么要求呢？在$PbSO_4$沉淀的饱和溶液中存在以下平衡：

$$PbSO_4 \Longrightarrow Pb^{2+} + SO_4^{2-}$$

虽然此时溶液中的 $[Pb^{2+}]$ 和 $[SO_4^{2-}]$ 的浓度都很小，但是由于PbS的溶度积更小，所以只需要加入少量 S^{2-} 的离子，就可以满足 $[Pb^{2+}][S^{2-}] > K_{sp}^{\ominus}(PbS)$ 的条件，即可以生成PbS沉淀。与此同时 $[Pb^{2+}]$ 开始减少，又使得 $[Pb^{2+}][SO_4^{2-}] < K_{sp}^{\ominus}(PbSO_4)$，又会造成 $PbSO_4$ 的溶解，这样最终的结果就是白色 $PbSO_4$ 沉淀转化为黑色PbS沉淀。

假设若 $PbSO_4$ 和PbS两种沉淀溶解平衡同时存在：

$$PbS \Longrightarrow Pb^{2+} + S^{2-}$$

$$K_{sp}^{\ominus}(PbS) = [Pb^{2+}][S^{2-}] = 8.0 \times 10^{-28}$$

$$PbSO_4 \Longrightarrow Pb^{2+} + SO_4^{2-}$$

$$K_{sp}^{\ominus}(PbSO_4) = [Pb^{2+}][SO_4^{2-}] = 2.53 \times 10^{-8}$$

将两种相除可得 $\dfrac{[S^{2-}]}{[SO_4^{2-}]} = 3.2 \times 10^{-20}$，即 $[S^{2-}] = 3.2 \times 10^{-20}[SO_4^{2-}]$ 。

所以只要满足 $[S^{2-}] > 3.2 \times 10^{-20}[SO_4^{2-}]$ 的条件，就可以实现 $PbSO_4$ 沉淀到PbS沉淀的转化。这个条件是很容易达到的。

相反地只有满足 $[SO_4^{2-}] > 3.1 \times 10^{19}[S^{2-}]$ 的条件，才能实现PbS沉淀到 $PbSO_4$ 沉淀的转化。很明显这个是无法达到，所以很难通过这个办法将PbS沉淀转化 $PbSO_4$ 沉淀，但是可以采用氧化还原反应的方法来实验。

$$PbS + 4H_2O_2 = PbSO_4 \downarrow + 4H_2O$$

第5章 氧化还原反应及电化学

氧化还原反应是化学反应中很重要的一种反应类型，它在人们的生产、生活和社会发展中都有着重要的应用。人们对氧化还原反应的认识也逐渐深入，从最初的将得到氧原子或失去氧原子的作为是否为氧化还原反应的判断标准，逐渐认识到了电子的得失或电子对的偏移才是氧化还原反应的本质。

5.1 氧化还原反应基本概念

电子传递反应又称为氧化还原反应，无机化合物和有机化合物都可能发生氧化还原反应。此类反应在生物系统中也很重要，它们为生命体提供能量转换机制。它们还能制成各种电池提供能量。金属的腐蚀也是氧化还原反应的结果。氧化还原反应还是一类重要分析方法——氧化还原滴定法的基础。

5.1.1　氧化还原的基本概念

5.1.1.1　氧化还原的定义

氧化本来是指物质与氧化合，还原是指从氧化物中去掉氧恢复到被氧化前的状态的反应。例如：

$$Cu(s) + \frac{1}{2}O_2(g) = CuO(s)（铜的氧化）\tag{5-1}$$

$$CuO(s) + H_2(g) = Cu(s) + H_2O（l）（氧化铜的还原）\tag{5-2}$$

以后这个定义逐渐扩大，氧化不一定指和氧化合，和氯、溴、硫等非金属化合也称为氧化。随着电子的发现，氧化还原化的定义又得到了进一步的发展。

任何一个氧化还原反应都可看作是两个"半反应"（hall reaction）之和，一个半反应失去电子，另一个得到电子。例如前面提到的铜氧化的例子，在CuO晶体中，钢是以Cu^{2+}存在，而氧是以O^{2-}存在的，因此，铜的氧化反应可以看成是下面两个半反应的结果：

$$Cu(s) \longrightarrow Cu^{2+}(aq) + 2e^-\tag{5-3a}$$

$$\frac{1}{2}O_2(g) + 2e^- \longrightarrow O^{2-}\tag{5-3b}$$

它们的代数和即是总的反应。在式（5-3a）中，金属铜失去电子，变成铜离子，铜被氧化；氧得到电子，变成氧离子，氧被还原。因此，氧化和还原可定义为：氧化是失去电子，还原是得到电子。有失必有得，有得必有失，所以，这两个反应不能单独存在，而是同时并存的。需要指出的是，"失去"一词并不意味着电子完全移去。当电子云密度远离一个原子时，该原子即是氧化。类似地，化学键中电子云密度趋向于某一原子时即构成还原。这是氧化还原反应意义的进一步扩展。

式（5–3a）称为氧化半反应，式（5–3b）称为还原半反应。应该特别注意的是，在化学物种之间发生这种电子转移时，永远也没有多余的游离电子。我们观察到的只是总的反应，在总的配平方程式中不应当出现多余的电子。

当讨论酸碱反应时，根据质子的传递把一个酸与它的共轭碱称为共轭酸碱对。类似地，把一个还原型物种（电子给体）和一个氧化型物种（电子受体）称为氧化还原电对：

$$氧化型 + ze^- \rightleftharpoons 还原型$$

或

$$Ox + ze^- \rightleftharpoons Red$$

式中，z代表电极反应转移的电荷数。每个氧化还原半反应都包含一个氧化还原电对Ox/Red。因此，Cu^{2+}和Cu是一个氧化还原电对，写成电对Cu^{2+}/Cu。

在讨论酸碱反应时，我们还提到一类既能作为酸，又能作为碱的两性物质。水就是最重要的两性物质。类似地，一些物种有时能起氧化剂的作用，有时又能起还原剂的作用，亚铁离子Fe^{2+}就是这样一种物种。Fe^{2+}既出现在半反应的还原剂一侧：

$$Fe^{3+}(aq) + e^- \rightleftharpoons Fe^{2+}(aq)$$

又出现在半反应的氧化剂一侧：

$$Fe^{2+}(aq) + 2e^- \rightleftharpoons Fe(s)$$

综上所述，还原剂和氧化剂之间的反应是一个氧化还原反应。还原剂能还原其他物质，而它本身失去电子被氧化。在反应式（5–1）中，Cu是还原剂，O_2是氧化剂。Cu被O_2氧化成Cu^{2+}，而O_2被Cu还原成O_2。

5.1.1.2　元素的氧化数

氧化数又叫氧化值，它是以化合价学说和元素电负性概念为基础发展起来的一个化学概念，它在一定程度上标志着元素在化合物中的化合状态。人们对氧化还原反应的认识经历了得氧失氧、化合价升降、电子的转移由现象到本质的三个过程。氧化还原反应的特征是化合价的升降，实质是电子的转移。电子的转移必然引起原子的价电子层结构的变化，从而改变了原子的带电状态。许多反应并不发生电子得失，电子只是在元素的原子之间进行重排，例如：

$$CO + NO_2 \longrightarrow CO_2 + NO$$

为了描述氧化还原中发生的变化和书写正确的氧化还原平衡方程式，引进氧化数（oxidation number）的概念是很方便的。这样，我们就能用氧化数的变化来表明氧化还原反应，氧化数升高就是被氧化，氧化数降低就是被还原。在式（5-1）铜和氧生成氧化铜的反应中，铜的氧化数从0上升到+2，氧的氧化数从0降低到-2，因此，铜被氧氧化，氧被铜还原。

氧化数是指某元素一个原子的表观电荷数。计算表观电荷数时，假设把每个键中的电子指定给电负性更大的原子。例如，二氧化碳中的碳可以认为在形式上失去4个电子，表观电荷数是+4，每个氧原子形式上得到2个电子，表观电荷数是-2，这种形式上的表观电荷数表示原子在化合物中的氧化数。氧化数的概念与化合价不同，后者永远是整数，而氧化数可能为分数。

确定氧化数的一般原则是：

任何形态的单质中的元素的氧化数等于零。

多原子分子中，所有元素的氧化数之和等于零。

单原子离子的氧化数等于它所带的电荷数。多原子离子中所带氧化数之和等于该离子所带的电荷数。

在共价化合物中，可按照元素电负性的大小，把共用电子对归属于电负性较大的那个原子，然后再由各原子上的电荷数确定它们的氧化数，例如在CaO中，Ca（+2），O（-2）。

氢在化合物中的氧化数一般为+1，但在金属氢化物如NaH、CaH_2中，氢的氧化数为-1。氧在化合物中的氧化数一般为-2，但在过氧化物，如H_2O_2、BaO_2等中，氧的氧化数为-1。在超氧化物，如KO_2中，氧的氧化数为-1/2。在氟氧化物，如OF_2中，氧的氧化数为+2。氟在化合物中的氧化数皆为-1。

在Fe_3O_4中Fe的氧化数为$+\dfrac{8}{3}$，而实际上存在两种价态：+2和+3价，在Pb_3O_4中Pb的氧化数也为$+\dfrac{8}{3}$，而实际上存在两种价态：+2和+4价。在$S_2O_3^{2-}$中S元素的氧化数为+2，而从其结构中可以看出：

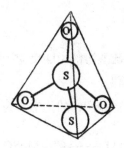

位于四面体中心的S元素的化合价为+6价，位于四面体顶点的O和S元素为–2价。

而过氧化铬$H_2S_2O_8$中的S元素的氧化数为+7，但是从其结构中可以看出：

$$\text{HO}-\overset{\overset{\text{O}}{\|}}{\underset{\underset{\text{O}}{\|}}{\text{S}}}-\text{O}-\text{O}-\overset{\overset{\text{O}}{\|}}{\underset{\underset{\text{O}}{\|}}{\text{S}}}-\text{OH}$$

存在两种不同类型的氧原子，位于两个S原子中的两个O原子的化合价为–1价，而其他的氧原子的化合价为–2价。

从以上的例子中可以看出，了解物质的结构对于判断元素的化合价有着重要的作用，能够反应化合物中的成键情况。而一些元素的氧化数超过该元素的理论最高化合价，不能反映出真实的成键情况，但是仍然可以利用氧化数进行氧化还原反应方程式的配平，并具有简单方便的优点。

5.1.2　氧化还原方程式的配平

配平氧化还原方程式，首先要知道在反应条件（如温度、压力、介质的酸碱性等）下，氧化剂的还原产物和还原剂的氧化产物是什么，然后再根据氧化剂和还原剂氧化数的变化相等的原则，或氧化剂和还原剂得失电子数相等的原则进行配平。前者称为氧化数法，后者称为离子电子法。

5.1.2.1 氧化数法

以高锰酸钾和氯化钠在硫酸溶液中的反应为例，表明用氧化数法配平氧化还原反应方程式的具体步骤。

（1）根据实验确定反应物和产物的化学式为

$$KMnO_4 + NaCl + H_2SO_4 \longrightarrow Cl_2 + MnSO_4 + K_2SO_4 + Na_2SO_4$$

找出氧化剂和还原剂，算出它们氧化数的变化。氯气以双原子分子的形式存在，因此，NaCl的化学计量数至少应为2。

氧化数降低5

$$\overset{+7}{K}MnO_4 + 2Na\overset{-1}{Cl} + H_2SO_4 \longrightarrow \overset{0}{Cl_2} + \overset{+2}{Mn}SO_4 + K_2SO_4 + Na_2SO_4$$

氧化数升高2

（2）根据氧化剂中氧化数降低的数值应与还原剂中氧化数升高的数值相等的原则，在相应的化学式之前乘以适当的系数：

氧化数降低5×2

$$\overset{+7}{K}MnO_4 + 2Na\overset{-1}{Cl} + H_2SO_4 \longrightarrow \overset{0}{Cl_2} + \overset{+2}{Mn}SO_4 + K_2SO_4 + Na_2SO_4$$

氧化数升高2×5

得到

$$2KMnO_4 + 10NaCl + 8H_2SO_4 \longrightarrow 5Cl_2 + 2MnSO_4 + K_2SO_4 + 5Na_2SO_4$$

（3）配平反应前后氧化数没有变化的原子数。一般先配平除氢和氧以外的其他原子数，然后检查两边的氢原子数。必要时可以加水进行平衡。上式中因右边没有氢原子，左边有16个氢原子，所以右边应加上8个水分子使氢和氧的原子数平衡，并将箭号改成等号：

$$2KMnO_4 + 10NaCl + 8H_2SO_4 = 5Cl_2 + 2MnSO_4 + K_2SO_4 + 5Na_2SO_4 + 8H_2O$$

最后核对氧原子数。该等式两边的氧原子数相等，说明方程式已配平。

5.1.2.2 离子电子法

仍以上例说明离子电子法配平氧化还原方程式的具体步骤。

$$KMnO_4 + NaCl + H_2SO_4 \longrightarrow Cl_2 + MnSO_4 + K_2SO_4 + Na_2SO_4$$

先将反应物和产物写成没有配平的离子方程式（其中包括发生氧化还原反应的物质）：

$$MnO_4^- + Cl^- \longrightarrow Cl_2 + Mn^{2+}$$

把离子方程式分成氧化和还原两个来配平的半反应式：

还原半反应：$MnO_4^- \longrightarrow Mn^{2+}$

氧化半反应：$Cl^- \longrightarrow Cl_2$

配平半反应式：使半反应两边的原子数和电荷数相等。

还原半反应：$\qquad MnO_4^- + 8H^+ + 5e^- \Longleftrightarrow Mn^{2+} + 4H_2O$ （1）

该式中产物Mn^{2+}比反应物MnO少4个氧原子，因该反应需要在酸性介质中进行，所以加8个H^+，生成4个H_2O。反应物MnO_4^-和$8H^+$的总电荷数为+7，而产物Mn^{2+}的总电荷数只有+2，故反应物中应加5个电子，使半反应两边的原子数和电荷数皆相等。

氧化半反应：$\qquad\qquad 2Cl^- \Longleftrightarrow Cl_2 + 2e^-$ （2）

原子结合成1个Cl_2分子，反应物电荷数为-2，所以在产物中加2个电子，使半反应配平。

根据氧化还原得到的电子数和还原剂失去的电子数必须相等的原则，把这两个半反应式合成一个配平的离子方程式：

（1）×2 $MnO_4^- + 8H^+ + 5e^- \rightleftharpoons Mn^{2+} + 4H_2O$

（2）×5 $2Cl^- \rightleftharpoons Cl_2 + 2e^-$

$$2MnO_4^- + 16H^+ + 10Cl^- = 2Mn^{2+} + 8H_2O + 5Cl_2$$

该反应是高锰酸钾和氯化钠在硫酸介质中进行的，故这个配平的离子方程式亦可改写成分子反应式：

$$2KMnO_4 + 10NaCl + 8H_2SO_4 = 5Cl_2 + 2MnSO_4 + K_2SO_4 + 5Na_2SO_4 + 8H_2O$$

离子电子法突出了化学计量数的变动是电子得失的结果，因此更能反映氧化还原反应的真实情况。值得注意的是，无论是在配平的离子方程式还是分子方程式中，都不应出现游离电子。

上述两种配平氧化还原方程式的方法各有特点。离子电子法突出了化学计量数的变化是电子得失的结果，但仅适用于在水溶液中进行的反应，氧化数法则不仅可用于在水溶液中进行的反应，在非水溶液中和高温下进行的反应也可应用，对有有机化合物参与的氧化还原反应的配平也很方便。

5.2　原电池

5.2.1　原电池的构造

原电池是借助自发进行的氧化还原反应，将化学能直接转变为电能的装置。当把锌片放入硫酸铜溶液中时，就会发生如下的氧化还原反应：

$$Zn + CuSO_4 = Cu + ZnSO_4$$

在这个反应过程中，由于锌和硫酸铜溶液直接接触，电子从锌原子直接转移到Cu^{2+}上。

这里电子的流动是无序的，随着反应的进行，溶液的温度有所升高，即反应时的化学能转变成为热能。例如，上述反应的$\Delta_r H_m^{\ominus} = -211.4kJ/mol$。要利用氧化还原反应构成原电池，使化学能转化为电能，必须满足以下三个条件才能使电荷定向移动，有秩序的交换：

（1）必须是一个可以自发进行的氧化还原反应。

（2）氧化反应与还原反应要分别在两个电极上自发进行。

（3）组装成的内外电路要构成通路。

根据以上条件，把上述反应装配成Cu-Zn原电池，如图5-1所示。在两个烧杯中分别盛装$ZnSO_4$和$CuSO_4$溶液，在盛有$ZnSO_4$溶液的烧杯中放入锌片，在盛有$CuSO_4$溶液的烧杯中放入铜片，将两个烧杯的溶液用盐桥连接起来（盐桥，其作用是接通内电路，中和两个半电池中的过剩电荷。使Zn溶解，Cu析出的反应得以持续进行。一般用饱和KCl溶液和琼脂制成凝胶状，以使溶液不至流出，而离子却可以在其中自由移动）；将两个金属片用导线连接，并在导线中串联一个电流表。这样装配以后，电子不能直接转移，而是使还原剂失去的电子沿着金属导线转移到氧化剂。这样把氧化反应和还原反应分别在两处进行，电子不直接从还原剂转移到氧化剂，而是通过电路进行传递，按一定方向流动，从而产生电流，使化学能转化为电能。按这个原理组装的实用铜锌电池称为丹尼尔电池（Daniell Cell）。这个电池在19世纪是普遍实用的化学电源。

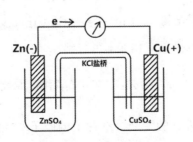

图5-1 丹尼尔电池结构示意图

5.2.2　电极、电池反应及电池符号

任意一个自发进行的氧化还原反应，选择适当电极便可组装成一个原电池，使电子沿一定方向流动产生电流。这里所说的电极绝非泛指一般电子导体，而是指与电解质溶液相接触的电子导体。它既是电子储存器，又是电化学反应发生的地点。电化学中的电极总是与电解质溶液联系在一起，而且电极的特性也与其上所进行的化学反应分不开。因此，电极是指电子导体与电解质溶液的整个体系。根据电极反应的性质，可以将电极分为：第一类电极，由金属浸在含有该金属离子的溶液中所构成，如 $Zn \mid Zn^{2+}$；第二类电极，由氢、氧、卤素等气体浸在含有该气体组成元素的离子溶液中构成的气体电极，如 $Pt(H_2) \mid H^+$；第三类电极，包括金属及该金属难溶盐电极和氧化还原电极，如 $Pt \mid Fe^{2+}$，Fe^{3+}。

原电池的两个电极之间存在着电势差。电势较高或电子流入的电极是正极。电势较低或电子流出的电极是负极。电化学中规定，无论是在原电池（自发电池）、电解池（非自发电池）还是腐蚀电池（自发电池）中，都将发生氧化反应的电极称为阳极，发生还原反应的电极称为阴极。但当原电池转变为电解池（例如蓄电池放电后的再充电）时，它们的正负极符号不变，原来的阴极变为阳极，而原来的阳极变为阴极。这当然是与电极反应的方向对应的，电极反应方向改变，阴、阳极名称随之改变。这也就是人们为什么总是愿意用正、负极来表示原电池中两个电极名称的原因。按此规定，在 Cu–Zn 原电池中电极名称、电极反应、电池反应为：

电极反应：负极（锌与锌离子溶液）：$Zn - 2e = Zn^{2+}$（氧化反应）

正极（铜与铜离子溶液）：$Cu^{2+} + 2e = Cu$（还原反应）

电池反应：两个电极反应相加即可得到

$$Zn + Cu^{2+} = Zn^{2+} + Cu（氧化还原反应）$$

在上述两极反应进行的瞬间，Zn 片上的原子变成 Zn^{2+} 进入硫酸锌溶液，使硫酸锌溶液因 Zn^{2+} 增加而带正电荷同时，由于 Cu^{2+} 变成 Cu 原子沉积在铜片

上，使硫酸铜溶液中因Cu^{2+}减少而带负电荷。这两种电荷都会阻碍原电池反应中得失电子的继续进行，以致实际上不能产生电流。当有盐桥存在时，负离子可以向$ZnSO_4$，溶液扩散，正离子则向$CuSO_4$，溶液扩散，分别中和过剩的电荷。从而保持溶液的电中性，使得失电子的过程持续进行，不断产生电流。

为了方便地表述原电他。1953年IUPAC协约用符号来表示原电池。原电池符号可按以下几条规则书写：

以化学式表示电池中各种物质的组成。并需分别注明物态（固、液、气等）。气体需注明压力，溶液雷注明被度，固体需注明晶型等。

以单竖线"│"表示不同物相之间的界面，包括电极与溶液界面，溶液与溶液界面等。用双竖线"‖"表示盐桥（消除液接电势）。

电池的负极（阳极）写在左方，正极（阴极）写在右方，由左向右依次书写。在书写电池符号表示式时，各化学式及符号的排列顺序要真实反应电池中各物质的接触顺序。

溶液中有多种离子时。负极按氧化态升高依次书写，正极按氧化态降低依次书写。

根据上述规则Cu–Zn原电池可用符号表示为

$$(-)\ Zn\ |\ ZnSO_4(c_1)\ \|\ CuSO_4(c_2)\ |\ Cu\ (+)$$

不仅两个金属和它"自己的"盐溶液构成的两个电极用盐桥连接能组成原电池，而且任何两种不同金属插入任何电解质溶液，都可组成原电池。其中较活泼的金属为负极，较不活泼的金属为正极。如伏特电池：

$$(-)Zn|H_2SO_4|Cu(+)$$

从原则上讲，任何一个可以自发进行的氧化还原反应，只要按原电池装置来进行。都可以组装成原电池，产生电流。例如，在一个烧杯中放入含Fe^{2+}和Fe^{3+}的溶液，另一烧杯中放入含Sn^{2+}和Sn^{4+}的溶液。分别插入铂片（或碳棒）作为电极，并用盐桥连接起来。再用导线连接两极后，就有电子从Sn^{2+}溶液中经过导线移向Fe^{3+}溶液而产生电流。电极反应分别为

电极反应：负极 $Sn^{2+}(aq) - 2e^- = Sn^{4+}(aq)$（氧化反应）

正极 $Fe^{3+}(aq) + e^- = Fe^{2+}(aq)$（还原反应）

电池反应：

$$Sn^{2+}(aq) + 2Fe^{3+}(aq) = Sn^{4+}(aq) + 2Fe^{2+}(aq)$$

该电池的符号为

$$(-)\ Pt\ \mid\ Sn^{2+}(c_1), Sn^{4+}(c_2)\ \|\ Fe^{3+}(c_3), Fe^{2+}(c_4)\mid Pt\ (+)$$
$$\text{（氧化反应）}\qquad\text{（还原反应）}$$

在这种电池中，Pt不参加氧化还原反应，仅起导体的作用。

在原电池的每个电极反应中都包含同一元素不同氧化数的两类物质，其中低氧化数的是可作还原剂的物质，叫作还原态物质。高氧化数的是可作氧化剂的物质，叫作氧化态物质。例如，在Cu-Zn电池的两个电极反应中：

$$Zn - 2e^- = Zn^{2+}(aq)$$
$$\text{还原态}\qquad\text{氧化态}$$

$$Cu^{2+}(aq) + 2e^- = Cu$$
$$\text{氧化态}\qquad\text{还原态}$$

每个电极的还原态和相应的氧化志构成氧化还原电对，简称电对。电对可用符号"氧化态/还原态"表示。例如，锌电极和铜电极的电对分别为Zn^{2+}/Zn和Cu^{2+}/Cu，不仅金属和它的离子可以构成电对，而且同一种金属的不同氧化态的离子或非金属的单质及其相应的离子都可以构成电对。例如，Fe^{3+}/Fe^{2+}，Sn^{4+}/Sn^{2+}，H^+/H_2，O_2/OH^-和Cl_2/Cl^-等。但在这些电对中，由于它们自身都不是金属导体，因此，必须外加一个能够导电而又不参加电极反应的惰性电极。通常以铂或石墨作惰性电极。这些电对所组成的电极可用符号表示为$Pt|Fe^{3+}, Fe^{2+}$；$Pt|Sn^{4+}, Sn^{2+}$（氧化还原电极）；$Pt(H_2)|H^+$；$Pt(O_2)|OH^-$和$Pt(Cl_2)|Cl^-$（非金属电极）。

5.3　电动势与电极电势

在原电池中用导线将两个电极连接起来，导线中就有电流通过，这说明两个电极间存在电势差。原电池两电极间有电势差，说明构成原电池的两个电极有着不同的电极电势。也就是说，原电池电流的产生，是由于两个电极的电极电势不同而引起的。那么，电极电势是怎样产生的呢？

5.3.1　电极电势

把金属Zn插入到$ZnSO_4$溶液以构成$Zn-Zn^{2+}$电极（也称为Zn电极），一些Zn原子会失去2个电子以Zn^{2+}的形式进入溶液，而$ZnSO_4$溶液中Zn^{2+}与金属Zn中的电子相结合而形成原子。

$$Zn = Zn^{2+} + 2e \tag{1}$$

$$Zn^{2+} + 2e = Zn \tag{2}$$

由于Zn的活泼性较强，反应（1）进行的程度较大，反应（2）进行的程度较小，达到平衡时溶液中的带有正电荷的Zn^{2+}较多，而Zn片上有负电荷的电子较多，这样就形成了具有相反电荷的双电层结构（图5-2）。

而将金属Cu插入到$CuSO_4$溶液中以构成$Cu-Cu^{2+}$电极（也称为Cu电极）时也会类似的两种化学过程：

$$Cu = Cu^{2+} + 2e \tag{3}$$

$$Cu^{2+} + 2e = Cu \tag{4}$$

由于Cu的活泼性较弱，反应（4）进行的程度较大，反应（3）进行的程度较小，达到平衡时Cu片上带有正电荷的Cu^{2+}较多，而溶液有负电荷的SO_4^{2-}较多，这样就形成了与Zn–Zn^{2+}电极不同的双电层结构（图5-3）。

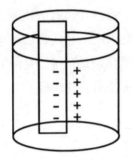
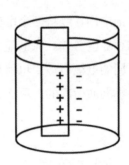

图5-2　Zn–Zn^{2+}电极双电层结构　　　　图5-3　Cu–Cu^{2+}电极双电层结构

双电层之间的电势差就是该电极的电极电势，用E表示。不同的电极材料所形成的双电层不同所以不同种类的电极的电极电势也不同。当电极反应中的各物质处于标准状态时的电极电势称为标准电极电势，前面章节已经提到溶液的浓度为1 mol/dm^3，气体的分压为100 kPa时这些物质的状态即是标准状态。当$ZnSO_4$和$CuSO_4$溶液为1 mol/dm^3时Zn电极和Cu电极的标准电极电势分别为–0.76 V和+0.34 V。可以表示为$E^{\ominus}_{(Zn^{2+}/Zn)} = -0.76$ V，$E^{\ominus}_{(Cu^{2+}/Cu)} = +0.34$ V。符号表示中的"$\ominus$"表明该电极中的物质处于标准状态。如果改变溶液的浓度则电极电势的值也会改变，具体内容会在后续内容中讲解。另外其中在括号中先列出氧化数较高的物质后，再加入斜线"/"后列出氧化数较低的物质。

5.3.2　原电池电动势

在使用盐桥将原电池中的两个半反应相连接以消除两种溶液之间的电势差的情况下，如果原电池的正负极中的各种物质均处于标准状态时，这时正负极的标准电极电势的差值即为原电池的标准电动势。

$$E_{电池}^{\ominus}=E_{+}^{\ominus} - E_{-}^{\ominus}$$

例如，铜锌原电池中各物质均处于标准状态时：

$$(-)\ Zn\ |\ Zn^{2+}\ (1\ mol/dm^3)\ //\ Cu^{2+}\ (1\ mol/dm^3)\ |\ Cu\ (+)$$

$$E_{电池}^{\ominus}=E_{(Cu^{2+}/Cu)}^{\ominus} - E_{(Zn^{2+}/Zn)}^{\ominus}=1.10\ V$$

如果原电池的正负极中的各种物质未处于标准状态时，这时正负极的电极电势的差值即为原电池的电动势。

$$E_{电池}=E_{+} - E_{-}$$

5.3.3 标准氢电极

由于单个电极的电极电势无法确定，为了获得各种电极的电极电势数值，通常以某种电极的电极电势作标准与其他各待测电极组成电池，通过测定电池的电动势，而确定各种不同电极的相对电极电势E值。

$$E_{电池}=E_{+} - E_{-}$$

1953年国际纯粹化学与应用化学联合会（IUPAC）建议，采用标准氢电极作为标准电极，并人为地规定标准氢电极的电极电势为零。

将镀有一层海绵状铂黑的铂片，浸入到H^+浓度为$1.0\ mol/dm^3$的酸性溶液中，不断通入压力为100 kPa的纯氢气，使铂黑吸附H_2至饱和，这样就构成了标准氢电极。这类电极也称为气体–离子电极（图5–4）。

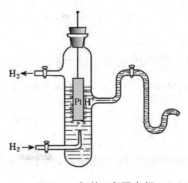

图5-4　气体-离子电极

其电池符号中可以表示为

$$Pt|H_2(100\ kPa)|H^+(1\ mol\ /\ dm^3)$$

其半电池反应为

$$2H^+ + 2e \Longrightarrow H_2$$

规定：
$$E^{\ominus}_{H^+/H_2} = 0\ V$$

在铂表面镀有铂黑（金属铂的极细粉末呈黑色，所以叫铂黑）是为了增大总的表面积，这会增大了反应的性能，加快反应速率。同时也能更好地吸附氢气到表面上，同样能够加快反应速率。

任何电极的电极电势就是该电极与标准氢电极所组成的电池的电势，这样就得到了"氢标"的电极电势。

例如，将标准铜电极作为正极，标准氢电极作为负极两者组成原电池，可测得电池的标准电动势为0.34 V：

$$(-)Pt|H_2(\ p^{\ominus})|\ H^+(1\ mol/dm^3)\ \|\ Cu^{2+}(1\ mol/dm^3)|Cu(+)$$

$$E^{\ominus}_{电池} = E^{\ominus}_+ - E^{\ominus}_- = E^{\ominus}_{(Cu^{2+}/Cu)} - E^{\ominus}_{H^+/H_2} = 0.34\ V$$

由规定可知 $E^{\ominus}_{H^+/H_2} = 0\ V$，即可求得

$$E^{\ominus}_{(Cu^{2+}/Cu)} = +0.34 \text{ V}$$

如将标准氢电极作为正极，标准锌电极作为负极，两者组成原电池，可测得电池的标准电动势为0.76 V：

$$(-)\,Zn|Zn^{2+}(\,1\ mol/dm^3\,) \parallel H^+(1\ mol/dm^3)|H_2(\,p^{\ominus}\,)\,|\,Pt(+)$$

$$E^{\ominus}_{电池} = E^{\ominus}_+ - E^{\ominus}_- = E^{\ominus}_{H^+/H_2} - E^{\ominus}_{(Zn^{2+}/Zn)} = 0.76 \text{ V}$$

由规定可知 $E^{\ominus}_{H^+/H_2} = 0$ V，即可求得

$$E^{\ominus}_{(Zn^{2+}/Zn)} = -0.76 \text{ V}$$

但是并不是能采用这个方法进行测定所有的电极的电极电势，例如 $E^{\ominus}_{(Na^+/Na)} = -2.71$ V就是采用热力学方法推导出来的。这是因为如果将金属Na置于Na$^+$的溶液时会发生如下的反应：

$$2Na + 2H_2O = 2NaOH + H_2\uparrow$$

这就是使Na电极无法与标准氢电池组电池，所以无法测定其电极电势。

另外在实际工作标准氢电极使用的也不是很多，这是因为：①氢气不易纯化；②压强不易控制；③铂黑容易中毒。而实际测量时经常使用的参比电极为使如甘汞电极、氯化银电极等。

5.3.4　甘汞电极和银–氯化银电极

甘汞电极在电极的分类中属于金属—金属难溶盐电极，它是由金属汞Hg及其难溶盐Hg$_2$Cl$_2$和KCl溶液组成的电极（图5-5）。与标准氢电极相比，甘汞电极具有重现性好、稳定等优点，经常用来作为参比电极使用。

甘汞电极其电极反应和电极符号分别为：

电极符号：   Pt |Hg(l)|Hg$_2$Cl$_2$(s)| KCl（浓度）

电极反应式：   Hg$_2$Cl$_2$ + 2e ══ 2Hg + 2Cl$^-$

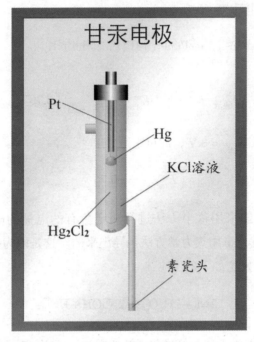

图5-5 甘汞电极

它的电极电势随氯离子的浓度不同而不同，当KCl溶液为标准浓度（1 mol/dm^{-3}）时，其标准电极电势为 $E^{\ominus}_{(HgCl_2/Hg)}$ = +0.28 V，当KCl溶液为饱和溶液（4.2 mol/dm^{-3}）时，其标准电极电势 $E^{\ominus}_{(HgCl_2/Hg)}$ = +0.24 V。

金属–金属难溶盐电极中典型的电极还有银–氯化银电极（图5-6），由表面覆盖有氯化银的多孔金属银浸在含Cl$^-$的溶液中构成的电极，其电极反应和电极符号分别为：

电极符号：   Ag(s)|AgCl(s)|Cl$^-$（浓度）

电极反应式：   AgCl + e$^-$ ══ Ag + Cl$^-$

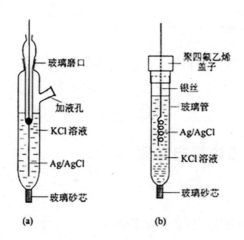

图5-6 银-氯化银电极的形式

该电极具有电势稳定，重现性很好，是常用的参比电极。它的标准电极电势为+0.222 4 V（25 ℃）。优点是在升温的情况下比甘汞电极稳定。通常有0.1 mol/dm³ KCl，1 mol/dm³ KCl和饱和KCl三种类型。此外，还可用作某些电极（如玻璃电极、离子选择性电极）的内参比电极。

5.3.5 氧化还原电极

这类电极的最大特点就是没有单质参加反应的电极，它是将惰性金属电极（经常使用铂）放入到同一种元素的两种不同氧化态的离子（如Fe^{3+}、Fe^{2+}或$Cr_2O_7^{2-}$、Cr^{3+}）的溶液中组成的，得失电子发生在同一种元素的两种不同氧化态的离子之间。

如： $$Fe^{3+} + e = Fe^{2+}$$

其电池符号可表示为：

$$Pt \mid Fe^{3+}（浓度），Fe^{2+}（浓度）$$

如： $$Cr_2O_7^{2-} + 14H^+ + 6e = 2Cr^{3+} + 7H_2O$$

其电池符号可表示为：

$$Pt|Cr^{3+}(浓度)，Cr_2O_7^{2-}(浓度)，H^+(浓度)$$

5.3.6 标准电极电势表

在实际工作中会使用到种类繁多的电极，人们将各极电极的标准电极电势按从小到大的顺序进行排列，就得到了标准电极电势表。通常分为酸表和碱表，划分依据为只要在电极反应中出现了H^+，就将该电极反应归为酸表中。相反地，只要电极反应中有OH^-出现，则将该电极反应归为碱表中。并且电极的标准电极电势都是还原电势，也就是说电极反应都按照氧化型（高氧化数）在左侧，还原型（低氧化数）在右侧的方式书写，即：氧化型+ne＝还原型。表5-2为标准电极电势表（酸表）。

表5-2 标准电极电势表(酸表)

电极反应	标准电极电势/V
$Li^+ + e = Li$	$E^\ominus_{Li^+/Li} = -3.04$
$Ba^{2+} + 2e = Ba$	$E^\ominus_{Ba^{2+}/Ba} = -2.91$
...	...
$MnO_4^- + 8H^+ + 5e = Mn^{2+} + 4H_2O$	$E^\ominus_{MnO_4^-/Mn^{2+}} = +1.51$
$H_2O_2 + 2H^+ + 2e = 2H_2O$	$E^\ominus_{H_2O_2/H_2O} = +1.77$
$F_2 + 2e = 2F^-$	$E^\ominus_{F_2/F^-} = +2.87$

其中某个电极的标准电极电势较大时，说明当电极反应中的各个物质处

于标准状态时，其氧化型的氧化能力较强，通过查表可以知道常见的氧化剂有$K_2Cr_2O_7$、$KMnO_4$和F_2等。如果电极的标准电势较小时，说明当电极反应中的各个物质处于标准状态时，其还原型的还原能力较强，常见的还原剂有碱金属和碱土金属等。但是如果电极反应中的某些物质未处于标准状态时，则该电极的电极电势就会发生改变，其氧化性或还原性就会发生改变。

使用标准电动势表时还应该注意如下事项：

（1）标准电动势值在标准状态下的水溶液中测定的，对非水溶液、高温下固相及液相反应不适用。例如工业上就是采用热还原法来制备金属钾。

$$Na(l) + KCl(l) \xrightarrow{850℃} NaCl(l) + K(g)$$

（2）本书为还原电势。

（3）标准电极电势与介质有关，故要注意酸表还是碱表。

（4）表中所列的标准电极电势不因书写方向的改变而改变。

$$Zn = Zn^{2+} + 2e \quad E^{\ominus} = -0.76\ V$$

$$Zn^{2+} + 2e = Zn \quad E^{\ominus} = -0.76\ V$$

（5）标准电极电势是强度性质，无加合性。

$$Ag^+ + e = Ag \qquad E^{\ominus} = +0.80\ V$$

$$2Ag^+ + 2e = 2Ag \quad E^{\ominus} = +0.80\ V$$

利用标准电极电势表我们可以判断一个氧化还原反应是否可以发生，例如：

$$Zn^{2+} + 2e = Zn \quad E^{\ominus}_{(Zn^{2+}/Zn)} = -0.76\ V$$

$$2H^+ + 2e = H_2 \qquad E^{\ominus}_{H^+/H_2} = 0\ V$$

$$Cu^{2+} + 2e = Cu \quad E^{\ominus}_{(Cu^{2+}/Cu)} = +0.34 \text{ V}$$

根据标准电极电势的大小顺序可以看出，Cu^{2+} 和 H^+ 的氧化能力强于 Zn^{2+}，而 Zn 的还原能力较强，所以 Cu^{2+} 和 H^+ 均可以将 Zn 氧化：

$$Zn + 2H^+ = Zn^{2+} + H_2 \uparrow$$

该原电池的标准电动势 $E^{\ominus}_{电池} = E^{\ominus}_{H^+/H_2} - E^{\ominus}_{(Zn^{2+}/Zn)} = 0.76$ V。

$$Zn + Cu^{2+} = Zn^{2+} + Cu$$

该原电池的标准电动势 $E^{\ominus}_{电池} = E^{\ominus}_{(Cu^{2+}/Cu)} - E^{\ominus}_{(Zn^{2+}/Zn)} = 1.10$ V。

那么这个反应 $Cu + 2H^+ \longrightarrow Cu^{2+} + H_2 \uparrow$ 是否能发生呢？

假如这个反应可以发生，则该原电池的标准电动势

$$E^{\ominus}_{电池} = E^{\ominus}_{H^+/H_2} - E^{\ominus}_{(Cu^{2+}/Cu)} = -0.34 \text{ V}$$

根据标准电极电势的大小顺序可以看出，Cu^{2+} 氧化能力强于 H^+，所以 Cu 不能被 H^+ 氧化，所以该反应不能发生。

所以我们可以根据 $E^{\ominus}_{电池}$ 的值来判断氧化还原发生的方向：

当 $E^{\ominus}_{电池} > 0$ 时：反应自发正向（向右）进行。

当 $E^{\ominus}_{电池} < 0$ 时：则反应逆向（向左）进行。

还有一个问题要注意，就是与反应速度无关，$E^{\ominus}_{电池}$ 是仅从热力学的角度衡量反应进行的可能性和进行的程度。它与平衡到达的快慢、反应速度的大小无关。

但是要特别指出的是，这是两个电极的标准电极势（各物质均处于标准状态）作出的判断，如果将把稀 HCl（1 mol/dm³）换成浓 HCl，则会影响氢电极电极电势的大小，则会有如下的反应发生：

$$2Cu + 2HCl(浓) = 2H[CuCl_2] + H_2 \uparrow$$

再比如从以下的两个电极反应可以看出：

$$MnO_2 + 4H^+ + 2e = Mn^{2+} + 2H_2O \qquad E^{\ominus}_{MnO_2/Mn^{2+}} = +1.22 \text{ V}$$

$$Cl_2 + 2e = 2Cl^- \qquad E^{\theta}_{Cl_2/Cl^-} = +1.36 \text{ V}$$

从这两个电极的标准电极电势来看，当电极反应中的各个物质均处于标准状态时，Cl_2的氧化能力强于MnO_2，所以MnO_2不能氧化HCl（1 mol/dm³）。但是如果把稀HCl换成浓HCl，则会影响两个电极的电极电势，会使 $Cl_2 + 2e = 2Cl^-$ 的电极电势变小，而使 $MnO_2 + 4H^+ + 2e = Mn^{2+} + 2H_2O$ 的电极电势变大，就可以用MnO_2将浓HCl氧化以制取Cl_2：

$$MnO_2 + 4HCl(浓) \xrightarrow{\Delta} MnCl_2 + Cl_2 \uparrow + 2H_2O$$

5.4 电极电势的应用

5.4.1 判断氧化剂和还原剂的强弱

前面已经提到氧化剂和还原剂的强弱可用有关电对的电极电势来衡量。某电对的标准电极电势越小，其还原型物种作为还原剂也越强；标准电极电势越大，其氧化型物种作为氧化剂也越强。

根据标准电极电势表可选择合适的氧化剂或还原剂。例如要把Fe^{2+}与Co^{2+}、Ni^{2+}分离，首先要把Fe^{2+}氧化为Fe^{3+}，然后使Fe^{3+}以黄钠铁矾$NaFe(SO_4)_2 \cdot 12H_2O$从溶液中沉淀析出，因而要选择一种只能将 Fe^{2+}氧化为Fe^{3+}，而不能氧化Co^{2+}和Ni^{2+}的氧化剂。从标准电极电势表查得下列标准电极电势：

半反应	$E^{\ominus}$ /V
$Fe^{3+} + e^- \rightleftharpoons Fe^{2+}$	0.771
$ClO_3^- + 6H^+ + 6e^- \rightleftharpoons Cl^- + 3H_2O$	1.451
$ClO^- + 2H^+ + 2e^- \rightleftharpoons Cl^- + H_2O$	1.482
$NiO_2 + 4H^+ + 2e^- \rightleftharpoons Ni^{2+} + 2H_2O$	1.678
$Co^{3+} + e^- \rightleftharpoons Co^{2+}$	1.83

从标准电极电势可以看出，$E^{\ominus}\left(ClO_3^- / Cl^-\right)$ 和 $E^{\ominus}\left(ClO^- / Cl^-\right)$ 大于 $E^{\ominus}\left(Fe^{3+} / Fe^{2+}\right)$，而小于 $E^{\ominus}\left(NiO_2 / Ni^{2+}\right)$ 和 $E^{\ominus}\left(Co^{3+} / Co^{2+}\right)$，因此，可在酸性溶液中使用氯酸钠或次氯酸钠作为氧化剂，Fe^{2+} 可被氧化，而 Ni^{2+} 和 Co^{2+} 则不能。发生的氧化还原反应是

$$NaClO_3 + 6FeSO_4 + 3H_2SO_4 = NaCl + 3Fe_2\left(SO_4\right)_3 + 3H_2O$$

$$NaClO + 2FeSO_4 + H_2SO_4 = NaCl + Fe_2\left(SO_4\right)_3 + H_2O$$

从化学计量关系看，1 mol $NaClO_3$ 可以氧化6 mol $FeSO_4$，而1 mol $NaClO$ 只能氧化2 mol$FeSO_4$，显然用$NaClO_3$较合适。

从上面的例子，我们可以归纳出一条规律，一般地说，处于标准电极电势表左下方的氧化剂可氧化右上方的还原剂；反之，则不能反应，称为对角线规则。

5.4.2 判断氧化还原反应进行的方向

前面说到用标准电极电势 $E^{\ominus}$ 判断氧化还原的方向：在标准状态下，标

准电极电势数值大的电对中的氧化型物种（氧化剂）氧化标准电极电势数值小的电对中的还原型物种（还原剂）。也就是通常讲的对角线方向相互反应：凡是右上方的还原型物种，能自发地和左下方的氧化型物种发生氧化还原反应。例如：

$$Zn^{2+} + 2e^- = Zn \;; \quad E^{\ominus}\left(Zn^{2+}/Zn\right) = -0.762 \text{ V}$$

$$Cu^{2+} + 2e^- = Cu \;; \quad E^{\ominus}\left(Cu^{2+}/Cu\right) = 0.342 \text{ V}$$

Cu^{2+}可氧化Zn，这是因为凡是按上述对角线方向进行的反应，其原电池的标准电动势$E^{\ominus}$总是正值，这种反应可自发地进行。反之，如果按另一对角线方向进行反应，则$E^{\ominus} < 0$，一般地说，反应不能自发进行。这里，我们用$E^{\ominus}$来判断反应的方向。当然，原则上应该用E判断。但是因为浓度对电极电势的影响并不是很大，一般当两个电对标准电势之差大于0.2 V时，就很难依靠改变浓度而使反应逆转。因此，为方便起见，一般仍可用标准电极电势来估计反应进行的方向。

5.4.3 判断氧化还原反应进行的程度

一个反应的完全程度可用平衡常数来判断。氧化还原反应的平衡常数与有关电对的标准电极电势有关。

设两个半反应分别为

$$Ox_1 + z_1e^- \rightleftharpoons Red_1; E_1 = E_1^{\ominus} + \frac{0.059}{z_1}\lg\frac{[Ox_1]}{[Red_1]}$$

$$Ox_2 + z_2e^- \rightleftharpoons Red_2; E_2 = E_2^{\ominus} + \frac{0.059}{z_2}\lg\frac{[Ox_2]}{[Red_2]}$$

两式分别乘以z_2和z_1，得到总的氧化还原反应：

$$z_2 \text{Ox}_1 + z_1 \text{Red}_2 \Longrightarrow z_2 \text{Red}_1 + z_1 \text{Ox}_2$$

当反应达到平衡时，$\Delta G_{(1)} = 0$，$E_1 = E_2$，因此

$$E_1^\ominus + \frac{0.059}{z_1} \lg \frac{[\text{Ox}_1]}{[\text{Red}_1]} = E_2^\ominus + \frac{0.059}{z_2} \lg \frac{[\text{Ox}_2]}{[\text{Red}_2]}$$

$$E_1^\ominus - E_2^\ominus = \frac{0.059}{z_2} \lg \frac{[\text{Ox}_2]}{[\text{Red}_2]} - \frac{0.059}{z_1} \lg \frac{[\text{Ox}_1]}{[\text{Red}_1]}$$

$$= \frac{0.059}{z_1 z_2} \lg \frac{[\text{Ox}_2]^{z_1} [\text{Red}_1]^{z_2}}{[\text{Ox}_1]^{z_2} [\text{Red}_2]^{z_1}}$$

因为平衡时

$$\frac{[\text{Ox}_2]^{z_1} [\text{Red}_1]^{z_2}}{[\text{Ox}_1]^{z_2} [\text{Red}_2]^{z_1}} = K^\ominus$$

所以

$$\lg K^\ominus = \frac{z_1 z_2 \left(E_1^\ominus - E_2^\ominus \right)}{0.059} \tag{5-3}$$

式中，z_2 和 z_1 是两个半电池反应电子的化学计量数（得失电子数）的最小公倍数。若 $z_2 = z_1 = z$，氧化还原反应为

$$\text{Ox}_1 + \text{Red}_2 \Longrightarrow \text{Red}_1 + \text{Ox}_2$$

$$\lg \frac{[\text{Ox}_2][\text{Red}_1]}{[\text{Ox}_1][\text{Red}_2]} = \lg K^\ominus = \frac{z \left(E_1^\ominus - E_2^\ominus \right)}{0.059} \tag{5-4}$$

可见，氧化还原反应平衡常数 $K^\ominus$ 值的大小是直接由氧化剂和还原剂两电对的标准电极电势之差决定的，相差越大，$K^\ominus$ 值越大，反应也越完全。

从氧化还原滴定分析的要求来看，两个电对的电极电势值相差多少才可用于定量分析呢？对于不同类型的氧化还原反应，要求也不一样。

5.4.4　元素电势图

许多非金属元素和过渡元素存在着三种或三种以上氧化数，这些物质可以组成不同的电对，且都有相应的标准电极电势。例如，铁有0，+2，+3等氧化数，所组成的电对及相应的电极电势为：

$$E^{\ominus}_{Fe^{3+}/Fe^{2+}} = 0.771\ V \quad E^{\ominus}_{Fe^{2+}/Fe} = -0.44\ V$$

为了表明同一元素各不同氧化数物质的氧化或还原能力及它们相互间的关系可将元素各种不同氧化数物质按氧化数降低的顺序从左到右排列，每相邻两种物质之间用线段相连，并在线上标出相应氧化还原电对的标准电极电势值。这种表明元素各种氧化数物质间标准电极电势关系的图叫作元素标准电势图，简称元素电势图。

$$Fe^{3+} \xrightarrow{0.771} Fe^{2+} \xrightarrow{-0.44} Fe$$

5.4.4.1　计算未知电对的标准电极电势

通过已知相邻的标准电极电势，可以计算另一个电对的标准电极电势。

$$A \overset{E^{\ominus}_1}{\underset{z_1}{\quad}} B \overset{E^{\ominus}_2}{\underset{z_2}{\quad}} C \cdots\cdots X \overset{E^{\ominus}_n}{\underset{z_n}{\quad}} Y$$
$$\underline{\qquad E^{\ominus} \qquad}$$
$$z = z_1 + z_2 + \cdots\cdots + z_n$$

我们用A、B、C……X和Y来表示某一元素从高到低的各种价态物质，其中A代表含有该元素的最高价态物质，Y代表含有该元素的最低价态物质。

可以写出下面的电极反应式：

$$A + z_1 e = B \quad 标准电极电势为\ E^{\ominus}_1$$

$$B + z_2 e = C \quad 标准电极电势为\ E^{\ominus}_2$$

$$\vdots$$

$$X + z_n e = Y \quad 标准电极电势为 E_n^{\ominus}$$

那么在已知这些的条件下如何求得下面电对的标准电极电势 $E^{\ominus}$ 呢?

$$A + (z_1 + z_2 + \cdots + z_n)e = Y$$

我们可以利用 $\Delta_r G_m^{\ominus} = -z \, E^{\ominus} F$ 在来进行求解:

$$A + z_1 e = B \qquad \Delta_r G_m^{\ominus}(1) = -z_1 E_1^{\ominus} F$$

$$B + z_2 e = C \qquad \Delta_r G_m^{\ominus}(2) = -z_2 E_2^{\ominus} F$$

$$\vdots$$

$$X + z_n e = Y \qquad \Delta_r G_m^{\ominus}(n) = -z_n E_n^{\ominus} F$$

而反应 $A + (z_1 + z_2 + \cdots + z_n)e = Y \quad \Delta_r G_m^{\ominus} = -z \, E^{\ominus} F \quad (z = z_1 + z_2 + \cdots + z_n)$ 可以由以上的几个电极电反应相加得到,

$$\Delta_r G_m^{\ominus} = \Delta_r G_m^{\ominus}(1) + \Delta_r G_m^{\ominus}(2) + \cdots + \Delta_r G_m^{\ominus}(n)$$

$$-(z_1 + z_2 + \cdots + z_n)E^{\ominus}F = (-z_1 E_1^{\ominus} F) + (-z_2 E_2^{\ominus} F) + \cdots + (-z_n E_n^{\ominus} F)$$

$$E^{\ominus} = \frac{z_1 E_1^{\ominus} + z_2 E_2^{\ominus} + \cdots + z_n E_n^{\ominus}}{z_1 + z_2 + \cdots + z_n}$$

5.4.4.2 判断某种物质的稳定性

已知 Br 的一部分元素电势图 $BrO^- \xrightarrow{+0.455} Br_2 \xrightarrow{+1.065} Br^-$ ($E_{Br}^{\ominus} / V$) 可以写出以下的电极反应:

$$BrO^- + H_2O + e = \frac{1}{2}Br_2 + 2OH^- \qquad E_1^{\ominus} = 0.455$$

$$\frac{1}{2}Br_2 + e = Br^- \qquad E_2^{\ominus} = 1.065$$

根据电极电势的大小关系可知，第二个电极反应中的氧化型物质Br_2可以与第一个电极反应中的还原型物质Br_2发生氧化还原反应，即Br_2在碱性条件下会发生歧化反应。

$$Br_2 + 2OH^- = Br^- + BrO^- + H_2O$$

该原电池的$E^{\ominus}_{电池} = 1.065 - 0.455 = 0.61V$

用A、B、C来表示某一元素从高到低的3种价态物质，若该元素的电势图存在如下：

$$A \xrightarrow{\quad E^{\ominus}_{左} \quad} B \xrightarrow{\quad E^{\ominus}_{右} \quad} C$$

若$E^{\ominus}_{右} > E^{\ominus}_{左}$，则发生B物质的歧化反应：

$$B \longrightarrow A+C$$

例如Cu元素的电势图$Cu^{2+} \xrightarrow{+0.159} Cu^+ \xrightarrow{+0.521} Cu$，可以判断$Cu^+$在溶液不稳定会歧化成$Cu^{2+}$和Cu。

若$E^{\ominus}_{右} < E^{\ominus}_{左}$时，会有什么反应发生呢？

$$Hg^{2+} \xrightarrow{+0.911} Hg_2^{2+} \xrightarrow{+0.796} Hg$$

$$Hg_2^{2+} + 2e = 2Hg \qquad E^{\ominus}_2 = 0.796$$

$$2Hg^{2+} + 2e = Hg_2^{2+} \qquad E^{\ominus}_1 = 0.911$$

根据电极电势的大小关系可知，第二个电极反应中的氧化型物质Hg^{2+}可以与第一个电极反应中的还原型物质Hg发生逆歧化（归中）反应生成Hg_2^{2+}。

$$Hg^{2+} + Hg = Hg_2^{2+}$$

$$A \xrightarrow{\quad E^{\ominus}_{左} \quad} B \xrightarrow{\quad E^{\ominus}_{右} \quad} C$$

所以若 $E_{右}^{\ominus} < E_{左}^{\ominus}$ 时，能发生逆歧化（归中）反应：

$$A + C \longrightarrow B$$

再比如Fe元素的电势图如下：

$$Fe^{3+} \xrightarrow{+0.771} Fe^{2+} \xrightarrow{-0.44} Fe$$

根据电极 $E_{右}^{\ominus} < E_{左}^{\ominus}$ 可以判断出会有如下的反应：

$$2Fe^{3+} + Fe = 3Fe^{2+}$$

5.5 电解

5.5.1 电解

电解是使用直流电促使热力学非自发的氧化还原反应发生的过程。相应的装置称为"电解池"，即把"电能"转化为"化学能"的装置。

与直流电源正极相连的电解池电极称为"阳极"，"阳极"表面总是发生氧化反应；与直流电源负极相连的电解池电极称为"阴极"，"阴极"表面总是发生还原反应。在电解池外电路，电子流动产生电流，而在电解池内部，则是正离子和负离子的定向运动。

以水的电解为例，说明"电解"的原理。水的分解反应为

$$H_2O(l) = H_2(g) + \frac{1}{2}O_2(g)$$

298.15 K该反应的标准自由能变化为

$$\Delta_r G_m^{\ominus} = +273 \text{kJ/mol}$$

可见，标准态下，该反应是热力学非自发的反应，由 $\Delta_r G_m^{\ominus} = -nFE^{\ominus}$，得

$$E^{\ominus} = -1.23 \text{V}$$

理论上说，只要对上述系统施加大于1.23V的外加直流电压，这个反应就可以向上行。这种由 $\Delta_r G^{\ominus}$ 或 $E^{\ominus}$ 作理论上计算的、使热力学非自发的氧化还原反应得以进行的最外加电压，称为"理论分解电压"。但是，用铂作电极时，实验测得的分解电压约1.7V，实验测得的分解电压称为"实际分解电压"。改变电极材料，"实际分解电压"会发生变化。例如，用石墨作电极时，"实际分解电压"约为2.02V，而用铅作电极时，"实际分解电压"约为2.2V。

对于同一个电解系统，"实际分解电压"与"理论分解电压"的差异起因于电池内（$R_{内}$）引起的电压降（$V = IR_{内}$）以及产生"过电势"，属于"反应延缓"引起的动力学问题。"过电势"的出现使阳极实际电极电势更大，而阴极实际电极电势小，因而实际分解电压大于理论分解电压。

过电势的大小还与所使用的电极材料有关。对于同一电解液、在同一电流密度下，用不同的电极材料，产生的过电势的大小不同。

为了减少电解液的内阻，通常往水里加入低浓度的酸或碱电解质，如 H_2SO_4 或NaOH等。不过，电解时，SO_4^{2-} 或Na^+并不放电。

H_2O–H_2SO_4体系的电解反应为阳极反应：

$$H_2O(l) = \frac{1}{2}O_2(g) + 2H^+(aq) + 2e^-$$

阴极反应：

$$2H^+(aq) + 2e^- = H_2O(g)$$

阳极反应式和阴极反应式相加，得电解总反应：

$$H_2O(l) = H_2(g) + \frac{1}{2}O_2(g)$$

如果是H_2O–NaOH体系，则电解反应为
阳极反应：

$$2OH^-(aq) = \frac{1}{2}O_2(g) + H_2O(l) + 2e^-$$

阴极反应：

$$2H_2O(l) + 2e^- = H_2(g) + 2OH^-(aq)$$

阳极反应式和阴极反应式相加，得电解总反应：

$$H_2O(l) = H_2(g) + \frac{1}{2}O_2(g)$$

可见，电解H_2O–H_2SO_4体系和电解H_2O–NaOH体系的总反应相同，均是$H_2O(l)$分解为$H_2(g)$和$O_2(g)$。H_2SO_4和NAOH作为电解质，起着降低电解池内阻的作用。

5.5.2 电镀

电镀是应用电解原理在某些金属表面镀上一薄层其他金属或合金的过程。在电镀时，将需要镀层的金属零件作为阴极，而用作镀层的金属（如Cu、Zn、Ni等）作为阳极，网极置于预镀金属的盐落液中，外接直流电源。

如用金属锌作阳极，阴极为一需要镀锌的零件，对$ZnCl_2$溶液进行电解。在阳极上，由于Zn比OH^-和Cl^-容易氧化，因而OH^-和Cl^-并不放电，而是Zn溶解成为Zn^{2+}。在阴板，Zn^{2+}比H^+更容易得到电子，所以析出金属锌而不是氢气,析出的金属锌即镀在零件上。

阳极反应：

$$Zn(s) \rightleftharpoons Zn^{2+}(aq) + 2e^-$$

阴极反应：

$$Zn^{2+}(aq) + 2e^- \rightleftharpoons Zn(s)$$

5.5.3 电解抛光

电化学抛光是金属表面精加工方法之一，工业上用来增加金属表面的亮度。电解抛光时，将待抛光金属（如钢铁）做阳极。以铅板做阴极，在含有磷酸、硫酸和铬酐（CrO_3）的电解液中进行电解，钢铁表面被氧化而溶解，生成的Fe^{2+}被溶液中的$Cr_2O_7^{2-}$进一步氧化为Fe^{3+}，并与溶液中的HPO_4^{2-}和SO_4^{2-}生成$Fe_2(HPO_4)_3$和$Fe(SO_4)_3$等盐。随着这种盐的浓度在阳极附近不断地增加，在金属表面就会形成有黏性的液膜。

工件的表面本来是粗糙的，凸出的部分由于电流比较集中，溶解得快些形成黏性的液膜以后，液膜在不平的表面上分布是不均匀的，凸起部分液胶较薄。凹陷部分液膜较厚，这使凸起部分的电阻较小，电流更集中，溶解就更快些，终于使表面逐渐得以平整。

电化学抛光主要用于形状不复杂的铝、不锈钢制品的表面装饰，其生产效率高，易操作。与机械抛光相比，电化学抛光有许多优点，如加工过程中不会发生制件变形，且劳动强度低。电化学抛光的缺点是批光不同金属需不同的溶液，应用范围有限，而且无法除去工件表面的宏观划痕、麻点等，例如用于低碳钢抛光的溶液就不能用于高碳钢的抛光，造成很大浪费。

5.5.4　阳极氧化

阳极氧化是用电化学的方法使金属表面形成氧化膜以达到防腐蚀目的的一种工艺。有的金属疑露在空气中就能形成氧化膜，但这种自然形成的氧化膜很薄，耐腐蚀性不强。用化学氧化剂处理金属形成的氧化膜，耐腐蚀性较天然氧化膜大大提高，但也仅限于温和条件下能起保护作用。用电化学氧化处理金属表面得到的氧化膜，不仅膜厚，而且能与金属结合得很牢固，因而可提高金属的耐腐蚀性和耐磨性，并可提高金属表面的电绝缘性。

例如，锌合金的阳极氧化保护使锌合金压铸件可用于更严酷的环境。锌的阳极氧化电解，是在磷酸铬、铬酸盐和氟化物溶液中形成铬酸锌和磷酸锌络合物多孔表面复层，封闭了锌的表面，其厚度在一定值时，其分散力可使深孔和凹部获得均匀的复层，其表面为暗绿色，极易接受有机涂层，可用于压缩空气设备、船舶要件、户外电器要件及其他方面。

5.6　金属的腐蚀

金属容易受外界环境或介质的化学或电化学作用引起变质或损坏，这种现象称为金属腐蚀。如钢铁在潮湿空气中生锈，加热锻造时产生的氧化皮，金属银失光泽，地下金属管道遭受腐蚀而穿孔等。金属腐蚀按其作用特点可分为化学腐蚀和电化学腐蚀。

5.6.1　金属腐蚀的类型

5.6.1.1　化学腐蚀

金属与干燥气体或电解质液体发生化学反应而造成腐蚀，称为化学腐蚀。化学腐蚀的特点是在反应过程中没有电流产生，全部作用直接在金属表面上发生。化学腐蚀受温度影响很大。大多数金属与空气接触后，会被氧化。在干燥空气及低温的条件下，金属的氧化过程很快就进展至几乎停止状态，在较高温度下，大多数金属的氧化会加快。例如，金属与接触到的物质（如O_2、Cl_2、SO_2等）发生化学腐蚀时，当温度升高，会加快化学反应速率，加速其腐蚀。如家用燃气灶，由于经常升温加热，腐蚀很快，而放在南极的食品罐头瓶，即使过100年也能保存完好。

又如，钢材在常温和干燥的空气里并不易腐蚀，但在高温下就容易被氧化，生成一层氧化皮，从内到外依次是FeO、Fe_3O_4、Fe_2O_3。同时，毗邻的未氧化的钢层发生脱碳现象，形成脱碳层。钢铁表面由于脱碳致使钢铁表面硬度和内部强度降低，从而降低了工件的使用性能。

化学腐蚀除氧化外，有的金属也能与空气中的氮作用生成氮化物层，也可与H_2S或其他含硫气体发生化学作用。

5.6.1.2　电化学腐蚀

当金属在潮湿空气中或与电解质溶液接触时，由于电化学作用而引起的腐蚀称为电化学腐蚀。和化学腐蚀不同，电化学腐蚀是由于形成了原电池而产生的。例如钢铁在电解质溶液中的腐蚀、在大气及海水中的腐蚀都是电化学腐蚀。

在电化学腐蚀中，阴极反应主要有析出氢气和吸收氧气两类，因而分别称为析氢腐蚀和吸氧腐蚀。

在潮湿的空气中，钢铁表面会吸附一层薄薄的水膜，如果这层水膜酸性较强，H^+得电子析出氢气，这种电化学腐蚀称为析氢腐蚀；如果这层水膜呈弱酸性或中性，能溶解的主要原因，其反应如下：

阳极反应(Fe)：$Fe \rightleftharpoons Fe^{2+} + 2e$

阴极反应：$O_2 + 2H_2O + 4e \rightleftharpoons 4OH^-$

总反应：$2Fe + O_2 + 2H_2O = 2Fe(OH)_2$

析氢腐蚀与吸氧腐蚀生成的 $Fe(OH)_2$ 被氧所氧化，生成 $Fe(OH)_3$，脱水生成 Fe_2O_3 铁锈。

又如，烧过菜的铁锅如果未及时洗净（残留液中含有 NaCl），第二天便出现红棕色锈斑，反应如下：

阳极反应(Fe)：$Fe \rightleftharpoons Fe^{2+} + 2e$

$$Fe^{2+} + 2H_2O(l) \rightleftharpoons Fe(OH)_2 + 2H^+$$

阴极反应（杂质）：$2H^+ + 2e \rightleftharpoons H_2$

电池反应：

$$Fe + 2H_2O \rightleftharpoons Fe(OH)_2 + H_2$$

$Fe(OH)_2$ 被氧化成 $Fe(OH)_3$，而 $Fe(OH)_3$ 脱水就会生成 $Fe_2O_3 \cdot nH_2O$，产生铁锈。

5.6.2 金属腐蚀的防护

5.6.2.1 制备耐腐蚀合金

工业上选用金属材料时，使用最多的是耐蚀合金，如铁合金、铜合金、钛合金等。合金提高电极电势，减少阳极活性，从而使金属的稳定性大大提高。

不锈钢是一种广泛应用的耐蚀合金材料，在大气中、水中或具有氧化性的酸中完全耐蚀，但在氧化物介质中易腐蚀。

5.6.2.2　采用保护层

在金属表面覆盖某种保护层，把金属和腐蚀介质分开，使金属不被腐蚀介质腐蚀。金属保护层是用耐蚀性较强的金属或合金把容易腐蚀的金属表面完全遮盖起来。覆盖方法有电镀、浸镀、化学镀、喷镀等。例如在铁上镀铬、镀锌和镀锡。

无机保护层主要包括搪瓷保护层、硅酸盐水泥保护层和化学转化膜层。常见的化学转化膜有氧化膜和磷化膜。钢铁的氧化处理也称氧化发蓝（或发黑），它是将钢铁制件在含有氧化剂的碱液中进行处理，使钢铁表面生成一层蓝黑色的致密的四氧化三铁薄膜，膜厚一般可达$0.6\sim1.5\ \mu m$。

金属经含有磷酸锌的溶液处理后，在基底金属表面形成磷化膜 $Zn_3(PO_4)_2\cdot4H_2O$和$Zn_2Fe(PO_4)_2\cdot4H_2O$，该磷化膜闪烁有光，灰色多孔，通常厚度为$0.1\sim50\ \mu m$。

有机保护层是在金属表面涂敷油漆或塑料。

5.6.2.3　添加缓蚀剂

缓蚀剂是指添加到腐蚀性介质中，能阻止金属腐蚀或降低金属腐蚀速率的物质。缓蚀剂的种类很多，习惯上常根据缓蚀剂化学组成，把缓蚀剂分为无机缓蚀剂和有机缓蚀剂两类。

无机缓蚀剂的作用主要是在金属表面形成氧化膜或难溶物质。具有氧化性的物质如铬酸钾、重铬酸钾、硝酸钠、亚硝酸钠等作为缓蚀剂时，在溶液中能使钢铁钝化，在表面形成钝化膜Fe_2O_3，使金属与介质隔开，从而减缓腐蚀。非氧化性物质，如氢氧化钠、碳酸钠、硅酸钠、磷酸钠等，作为缓蚀剂时的缓蚀原理是它们能与金属表面阳极部分溶解下来的金属离子结合成难溶产物，覆盖在金属表面形成保护膜。硅酸盐不是与金属本身，而是由SiO_2与Fe的腐蚀产物相互作用，以吸附机制来成膜的。

无机缓蚀剂通常是在碱性或中性介质中使用。在酸性介质中，通常使用有机缓蚀剂，如荼胺、乌洛托品、琼脂、醛类等。有机缓蚀剂的缓蚀机理较复杂，一般认为缓蚀剂吸附在金属表面，增加了氢的过电位，阻碍了H^+放电，减少了析氢腐蚀。例如胺类能与H^+作用生成正离子$[RNH_3]^+$，这种正离子被带负电的金属表面吸附后，金属的析氢腐蚀就受到阻碍。例如，铜缓蚀剂MBT（水溶性巯基苯骈噻唑）主要依靠和金属铜表面上的活性铜离子产生一种化学吸附作用，或进而发生整合作用从而形成一层致密而牢固的保护膜。

5.6.2.4 阴极保护法

阴极保护法就是将被保护的金属作为腐蚀电池的阴极保护起来。常用的有牺牲阳极法和外加电流法。

在牺牲阳极法中，把较活泼的金属或合金与被保护的金属连接，较活泼的金属或合金成为腐蚀电池的阳极而被腐蚀，从而使被保护金属免遭腐蚀。常用的牺牲阳极材料有铝、镁、锌和它们的合金。牺牲阳极的面积通常是被保护金属表面积的1%~5%，分散分布在被保护金属的表面上。

在外加电流法中，被保护金属与另一附加电极作为电解池的两个极。外加直流电源的负极接被保护金属（阴极），另用一废钢铁作正极。这种保护法广泛用于防止土壤、海水及河水中金属设备的腐蚀。

第6章 非金属元素及其
化合物的应用

从元素周期表可以看出，在已发现的118种元素中，非金属元素共有16种，除氢元素外，其他非金属元素都分布在周期表中从硼到砹连线的右上方。非金属元素在日常生活、化学工业、环境保护和医药卫生等方面具有重要的意义。本章主要介绍常见的非金属元素及其化合物。

6.1 非金属元素概述

目前已知的22种非金属元素大都集中在周期表右上方，除H位于s区外都集中在p区，分别位于周期表ⅢA~ⅥA及O族（现也叫ⅧA），其中砹和氢为放射性元素。

非金属元素与金属元素的根本区别在于原子的价电子构型不同。金属元素的价电子少，它们倾向于失去这些电子；而非金属元素倾向于得到电子。非金属元素大多有可变的氧化数，最高正氧化数在数值上等于它们所处的族数n。由于电负性比较大，所以它们还有负氧化数，其最低负氧化数的绝对值等于8。

除稀有气体以单原子分子存在外，所有其他非金属单质都至少由两个原子通过共价键结合在一起。

6.2 卤素

6.2.1 卤素的通性

6.2.1.1 卤素的基本性质

卤族元素又称为卤素，是周期系ⅦA族元素，即氟（F）、氯（Cl）、溴（Br）、碘（I）、砹（At）的总称。卤素的希腊文原意为成盐元素。在自然界，氟主要以萤石（CaF_2）和冰晶石（Na_3AlF_6）等矿物存在；氯、溴、碘主要以钠、钾、钙、镁的无机盐形式存在于海水中，碘因被海藻类植物所吸收而富集；砹为放射性元素，仅以微量且短暂地存在于铀和钍的蜕变物中。有关卤族元素的一些基本性质列于表6-1中。

表6-1　卤族元素的基本性质

元素	F	Cl	Br	I
原子序数	9	17	35	53
价层电子构型	$2s^2 2p^5$	$3s^2 3p^5$	$4s^2 4p^5$	$5s^2 5p^5$

续表

元素	F	Cl	Br	I
主要氧化数	–1、0	–1、0、+1、+3、+5、+7	–1、0、+1、+3、+5、+7	–1、0、+1、+3、+5、+7
原子半径/pm	64	99	114	133
第一电离能/ $(kJ \cdot mol^{-1})$	1681	1251	1140	1008
电子亲合能/ $(kJ \cdot mol^{-1})$	–327.9	–349	–324.7	–295.1
电负性	4.0	3.0	2.8	2.5

6.2.1.2 卤素单质的化学性质

卤素单质为非极性双原子分子，分子之间以色散力相结合。F_2、Cl_2、Br_2、I_2随着相对分子质量的增大，色散力依次增大，熔、沸点依次升高。常温下，F_2、Cl_2分别为浅黄色和黄绿色气体，Br_2为红棕色液体，I_2为紫黑色晶体。它们都易溶于有机溶剂，而在水中溶解度很小（F_2在水中与水发生剧烈反应例外）。I^-的存在可以增大I_2在水中的溶解度，此时I_2与I^-结合成 I_3^-：

$$I_2 + I^- \rightleftharpoons I_3^-$$

卤素单质均有刺激性气味，能强烈刺激眼、鼻、喉、气管的黏膜。空气中含有0.01%的氯气时，就会引起中毒。此时可吸入酒精和乙醚的混合气体解毒。皮肤上沾到液溴会造成难以痊愈的灼伤，使用时要特别小心。

卤素原子的外层电子构型为ns^2np^5，与稀有气体的8电子稳定结构相比仅缺少1个电子，因此卤素原子都有获得1个电子成为卤离子（X^-）的强烈趋势，卤素单质最突出的化学性质是具有氧化性，氧化性按F_2、Cl_2、Br_2、I_2的次序降低。其中氟是周期表中氧化性最强的单质，只能用电解的方法来制备。

由于氟的电负性最大，因此通常不能表现出正氧化态。而氯、溴、碘在同电负性更大的元素结合时，则可表现出+1、+3、+5、+7氧化态，它们的最高氧化数与族数相一致。

由于F_2的氧化性最强，因此不仅能将所有金属直接氧化成高价氟化物（其中与Cu、Ni、Mg作用表面生成氟化物致密保护膜而终止反应），而且几乎能与所有的非金属元素（除氧、氮外）直接化合，还可以将水氧化放出O_2。

$$2F_2+2H_2O \Longrightarrow 4HF+O_2\uparrow$$

Cl_2也能与各种金属和大多数非金属化合（干燥的Cl_2与Fe化合除外），但作用程度不如氟剧烈。Cl_2与水作用时，只有在光照下才能缓慢将其氧化放出O_2。

Br_2、I_2在常温下可以和活泼金属作用，与其他金属的反应则需要加热，也可与许多非金属作用，反应不如F_2、Cl_2剧烈，一般多形成低价化合物。

常温下Cl_2、Br_2、I_2在水中可发生下面两类歧化反应：

$$X_2+H_2O \Longrightarrow HX+HXO \tag{1}$$

$$3X_2+3H_2O \Longrightarrow 5HX+HXO_3 \tag{2}$$

上述反应均很不完全。其中Cl_2主要按式（1）反应，Br_2、I_2主要按式（2）反应，加碱均可使反应进行得比较彻底。

卤素之间也能发生置换反应。根据$E^\ominus(X_2/X^-)$可知，卤素的氧化能力为$F_2>Cl_2>Br_2>I_2$，卤离子的还原能力为$F^-<Cl^-<Br^-<I^-$。因此，前面的卤素单质可以将后面的卤素从它们的卤化物中置换出来。

$$Cl_2+2Br^- = 2Cl^-+Br_2$$

$$Cl_2+2I^- = 2Cl^-+I_2$$

$$Br_2+2I^- = 2Br^-+I_2$$

工业上常用这类反应制备单质溴和碘。但制碘时氯气不可通入过量，否则会将I_2继续氧化为IO_3^-。

　　卤素的用途十分广泛。氟大量用于制造有机氟化物，如制冷剂氟利昂（因对臭氧层有破坏作用，已禁止使用）、聚四氟乙烯（一种性能优异的工程塑料，俗称特氟隆）等。氯是一种重要的工业原料，在有机合成中常作为氧化剂和取代试剂，如生产聚氯乙烯等，也用于饮水消毒和造纸纸浆及纤维织物的漂白。溴主要用于生产有机溴化物，溴化银被用作照相中的感光剂，溴化锂则是近年来广为使用的一种制冷剂，其特点是不会有氟利昂带来的污染，所以很有发展前景。碘广泛用于有机合成、制药、照相等行业中，碘和碘化钾的酒精溶液（碘酒）在医药上用作消毒剂，在食盐中添加少量碘酸钾可预防甲状腺肿大的发生，碘化银用于人工降雨和人工防雹，其效能比干冰高数百倍。

6.2.2　卤化氢与氢卤酸

6.2.2.1　卤化氢和氢卤酸的性质递变

　　卤素和氢的化合物统称为卤化氢。它们的水溶液显酸性，统称为氢卤酸，其中氢氯酸常用其俗名盐酸。

　　卤化氢都是无色的气体，有一定的刺激气味，在空气中同水汽结合而发烟，极易溶于水，它们的水溶液除氢氟酸外都是强酸。表6-2给出了卤化氢和氢卤酸的一些性质。

表6-2　卤化氢和氢卤酸的一些性质

	HF	HCl	HBr	HI
熔点/℃	−83.57	−114.18	−86.87	−50.8
沸点/℃	19.52	−85.05	−66.71	−35.1
核间距/pm	92	127	141	161
偶极距/(10^{-30}C·m)	6.37	3.57	2.76	1.40

续表

	HF	HCl	HBr	HI
熔化焓/(KJ·mol⁻¹)	19.6	2.0	2.4	2.9
汽化焓/(KJ·mol⁻¹)	28.7	16.2	17.6	19.8
键能/(KJ·mol⁻¹)	570	432	366	298
$\Delta_f H_m^{\ominus}$/(KJ·mol⁻¹)	−271.1	−92.3	−36.4	−26.5
$\Delta_f G_m^{\ominus}$/(KJ·mol⁻¹)	−273.2	−95.3	−53.4	1.70
溶解度(298 K, 101 kPa)/%	35.3	42	49	57

从表中可以看出，卤化氢的性质依HCl→HBr→HI的顺序呈规律地变化。但是氟化氢在很多性质上表现反常，它的熔点、沸点都特别高，这与其分子中存在氢键、形成缔合分子有关。

在氢卤酸中，氢氟酸是弱酸，其 $K_\alpha^{\ominus}=6.9\times10^{-4}$。这归于HF分子间以氢键缔合成(HF)$_x$，这就影响了氢氟酸的解离，如0.1 mol/L氢氟酸的解离度约为8%。在较浓的氢氟酸溶液中，一部分F⁻与HF按下式结合：

$$HF+F^- \longrightarrow HF_2^-$$

由于存在着这一反应，F⁻的浓度降低，从而促使氢氟酸的解离。因此，氢氟酸与一般的酸不同，其解离度随着溶液的增大而增大。在HF中，HF与F⁻也以氢键结合，可以表不为[F⋯HF]⁻。由于有 HF_2^- 的存在，氢氟酸可以生成酸式盐，如氟化氢钾（KHF_2）等。

除氢氟酸外，其他氢卤酸均为强酸，酸性依HF→HCl→HBr→HI增强。

除氢氟酸没有还原性外，其他氢卤酸都具有还原性。卤化氢或氢卤酸的还原性从HF→HCl→HBr→HI依次增强，盐酸可以被高锰酸钾、重铬酸钾、二氧化铅、铋酸钠等氧化为Cl₂，而空气中的氧气就能氧化氢碘酸。

$$4I^-+4H^++O_2 \longrightarrow 2I_2+2H_2O$$

在光照下反应速率明显增大。氢溴酸和氧的反应比较缓慢，而盐酸在通常条件下则不能被氧气氧化。在升高温度和催化剂存在下，HCl可以被空气中的氧气氧化为氯气。

氢氟酸能与SiO_2或硅酸盐反应，生成气态的SiF_4，所以不能用玻璃容器来盛装氢氟酸。

$$SiO_2 + 4HF \longrightarrow SiF_4 + 2H_2O$$

6.2.2.2 卤化氢和氢卤酸的制备

卤化氢可采用氢与卤素直接合成、金属卤化物与酸发生复分解反应以及非金属卤化物的水解等方法制取。在这些方法中要根据卤负离子X^-的还原性和卤素单质X_2的氧化性不同而具体选择。

（1）直接合成。

由氢和卤素可直接合成卤化氢：

$$H_2 + X_2 == 2HX$$

由于F_2的活性很大，反应太激烈甚至发生爆炸，因此用这种方法制取氟化氢实际上是不可能的。溴和碘与氢直接合成卤化氢需要在加温和铂作催化剂条件下进行，而且对碘化氢还是可逆反应，因此这种方法无工业生产价值。直接合成法有实际意义的是制取氯化氢，反应是氢在氯气中燃烧，由于反应强烈放热，因此需要有特定的燃烧装置和吸收系统。

$$H_2(g) + Cl(g) == 2HCl(g) \qquad \Delta_r H_m^\ominus = -184.1 \text{ kJ} \cdot \text{mol}^{-1}$$

（2）酸与金属卤化物作用。

卤化氢有挥发性，可用酸与金属卤化物作用制取卤化氢，这是实验室制取卤化氢的主要方法。由于Br^-、I^-具有明显的还原性，因此对酸的要求不仅要考虑酸的强度、挥发性，还要考虑酸是否具有氧化性。对于制取氟化氢、氯化氢选用浓硫酸，对于制取溴化氢、碘化氢只能选用浓磷酸。

CaF_2与浓H_2SO_4作用是吸热反应，反应需要加热（200~250℃）并持续一定的时间（30～60 min）：

$$CaF_2 + H_2SO_4 = CaSO_4 + 2HF \uparrow$$

NaCl与浓H_2SO_4作用也是吸热反应，需要加热：

$$NaCl + H_2SO_4 \xrightarrow{150℃} NaHSO_4 + HCl \uparrow$$

$$NaCl + NaHSO_4 \xrightarrow{540-600℃} Na_2SO_4 + HCl \uparrow$$

溴化氢、碘化氢的制取不能用浓硫酸，否则将发生氧化还原反应：

$$NaBr + H_2SO_4 = NaHSO_4 + HBr$$

$$2HBr + H_2SO_4 = SO_2 + Br_2 + 2H_2O$$

$$NaI + H_2SO_4 = NaHSO_4 + HI$$

$$8HI + H_2SO_4 = H_2S + 4I_2 + 4H_2O$$

用无氧化性、沸点高的中强酸浓磷酸制取溴化氢和碘化氢：

$$NaBr + H_3PO_4 \xrightarrow{\Delta} NaH_2PO_4 + HBr \uparrow$$

$$NaI + H_3PO_4 \xrightarrow{\Delta} NaH_2PO_4 + HI \uparrow$$

（3）非金属卤化物水解。

这种方法适用于制取溴化氢和碘化氢：

$$PBr_3 + 3H_2O = H_3PO_3 + 3HBr \uparrow$$

$$PI_3 + 3H_2O = H_3PO_3 + 3HI \uparrow$$

实际上不需要先制取三卤化磷。将溴滴加到红磷和少许水的混合物中或将水滴加在红磷和碘的混合物上，即可连续制取溴化氢和碘化氢：

$$2P+3Br_2+6H_2O = 2H_3PO_3+6HBr \uparrow$$

$$2P+3I_2+6H_2O = 2H_3PO_3+6HI \uparrow$$

6.2.2.3　卤化氢和氢卤酸的化学性质

卤化氢的水溶液是氢卤酸，酸性和卤离子的还原性是其主要性质。

（1）酸性。

氢卤酸酸性从 HF → HCl → HBr → HI 依次增强，除HF外都是强酸。

HF和氢氟酸具有特殊性。是因为H–F键能特别大，F的电子亲和能又反常地小，溶液中形成方向性氢键等因素都使得HF在水中的解离度减小。

可以用氢卤酸在解离过程中的标准吉布斯自由能的变化来说明HX在水中解离难易程度。

氢卤酸按下式进行解离：

$$HX(aq) \Longrightarrow H^+(aq)+X^-(aq)$$

因为

$$\Delta_r G_m^\ominus = -RT\ln K_a^\ominus$$

在298 K时

$$\ln K_a^\ominus = -\Delta_r G_m^\ominus / (5.71 \text{ kJ} / \text{mol})$$

这说明HX解离倾向越大，HX酸酸性越强。因而可以通过 $\Delta_r G_m^\ominus$ 算出的氢卤酸的解离常数 $K_a^\ominus$ 的大小来判断氢卤酸的酸性。

又因 $\Delta_r G_m^\ominus = \Delta_r H_m^\ominus - T\Delta_r S_m^\ominus$，所以可以将解离过程分解成若干步骤，并设计一个玻恩–哈伯热化学循环，通过各步的能量变化求出解离过程的 $\Delta_r H_m^\ominus$ 值，通过 $S_m^\ominus$ 求出 $\Delta_r G_m^\ominus$ 和解离常数 $K_a^\ominus$。

$$\text{HX(aq)} \xrightarrow{\Delta_r H_m^{\ominus}(\text{HX, aq})} \text{H}^+(\text{aq}) + \text{X}^-(\text{aq})$$

（上部反应循环图）

HX(aq) ——$\Delta_r H_m^{\ominus}$(HX, aq)——→ H$^+$(aq)   +   X$^-$(aq)

$-\Delta_{hyd}H_m^{\ominus}$(HX, g) $\Delta_{hyd}H_m^{\ominus}$(H$^+$, g) $\Delta_{hyd}H_m^{\ominus}$(X$^-$, g)

H$^+$(g)   +   X$^-$(g)

$\Delta_I H_m^{\ominus}$(H, g) $\Delta_A H_m^{\ominus}$(X, g)

HX(g) ——$\Delta_D H_m^{\ominus}$(X−H)——→ H(g)   +   X(g)

$$\Delta_r H_m^{\ominus}(\text{HX，aq}) = \Delta_D H_m^{\ominus}(\text{X}-\text{H}) + \Delta_I H_m^{\ominus}(\text{X，g}) + \Delta_A H_m^{\ominus}(\text{X，g})$$
$$+ \Delta_{hyd}H_m^{\ominus}(\text{H}^+\text{，g}) + \Delta_{hyd}H_m^{\ominus}(\text{X}^-\text{，g}) - \Delta_{hyd}H_m^{\ominus}(\text{HX，g})$$

式中，$\Delta_{hyd}H_m^{\ominus}$、$\Delta_r H_m^{\ominus}$、$\Delta_I H_m^{\ominus}$ 和 $\Delta_A H_m^{\ominus}$ 分别为水合焓、解离能、电离能和电子亲和能。通过查阅各步热效应的数值，以及通过计算得到的相应过程的熵变化、吉布斯自由能变化。

计算得出的 $\Delta r G_m^{\ominus}$ 或   说明卤化氢水溶液的酸度是

$$\text{HI} > \text{HBr} > \text{HCl} \gg \text{HF}$$

氢氟酸是一种弱酸，但当其浓度大于 5 mol/L 时，酸度反而变大，这是因为存在下列平衡：

$$\text{HF} + \text{H}_2\text{O} \rightleftharpoons \text{H}_3\text{O}^+ + \text{F}^-$$

$$\text{HF} + \text{F}^- \rightleftharpoons \text{HF}_2^-$$

$$2\text{H F} \rightleftharpoons \text{HF}_2^- + \text{H}^+$$

随着 HF 浓度的增加，电离产生的 F$^-$ 与未电离的 HF 分子形成稳定的 HF$_2^-$，降低了溶液中 F$^-$ 的浓度，使 HF 电离度增大，酸性增强。

（2）还原性。

卤化氢和氢卤酸的还原性能按 HF → HCl → HBr → HI 的顺序增加。其还原性的差异可由它们与浓硫酸的反应看出来：

$$\text{NaCl} + \text{H}_2\text{SO}_4(\text{浓}) = \text{HCl}\uparrow + \text{NaHSO}_4$$

$$2HBr + H_2SO_4(浓) = SO_2 \uparrow + 2H_2O + Br_2$$

$$2HI + H_2SO_4 = SO_2 \uparrow + 2H_2O + I_2$$

$$6HI + H_2SO_4(较浓) = S + 4H_2O + 3I_2$$

$$8HI + H_2SO_4(浓) = H_2S + 4H_2O + 4I_2$$

可见，HI与浓硫酸的反应比较复杂，条件不同，产物也不同。此外，HI可以同$FeCl_3$反应，HCl、HBr就不能。

$$2HI + 2FeCl_3 = 2FeCl_2 + 2HCl + I_2$$

氢碘酸溶液因长时间放置而含有碘，这是因为发生了下面的反应的缘故：

$$4HI + O_2 = 2H_2O + 2I_2$$

$\varphi_A^\ominus(O_2/H_2O) = 1.23\ V$，大于$\varphi_A^\ominus(I_2/I^-) = 0.535\ V$，所以水中的$O_2$能氧化HI。在光照情况下可以加速氧化反应的进行，因此HI溶液应储存于棕色瓶中。要除去HI溶液中的I_2，可以加入铜屑：

$$2Cu + I_2 = 2CuI \downarrow$$

过滤除去CuI沉淀，即可得不含I_2的HI溶液。

虽然$\varphi_A^\ominus(O_2/H_2O) = 1.23\ V$，也大于$\varphi_A^\ominus(Br_2/Br^-) = 1.065\ V$，但由于$O_2$对$Br^-$的氧化速率极慢，因此HBr只是缓慢的被氧化。又因为$\varphi_A^\ominus(Cl_2/Cl^-) = 1.358\ V$，大于$\varphi_A^\ominus(O_2/H_2O) = 1.23\ V$，因此HCl不能被$O_2$氧化。

6.2.2.4　卤化氢和氢卤酸的用途

盐酸是重要的化工原料，常用来制备金属氯化物、苯胺和染料等产品，在冶金工业、石油工业、印染工业、皮革工业、食品工业以及轧钢、焊接、电镀、搪瓷、医药等部门也有广泛的应用。

氟化氢或氢氟酸可用来刻蚀玻璃或溶解各种硅酸盐，还可用于电解铝工业（合成冰晶石）、铀生产、石油烷烃催化剂、不锈钢酸洗、制冷剂及其他无机物的制备。

氢氟酸的蒸气有毒，当皮肤接触氢氟酸时会引起不易痊愈的灼伤，因此使用氢氟酸。

6.2.3　卤化物

6.2.3.1　卤化物的晶体类型及熔点、沸点

卤素与其他元素所组成的二元化合物称为卤化物。除He、Ne、Ar外，其他元素都能与卤素形成卤化物。按键型可将卤化物分成离子型卤化物和共价型卤化物。

一般来说，若组成卤化物的两个元素电负性相差很大，则形成离子型卤化物；若两元素的电负性相差不大，则形成共价型卤化物。

总的来看，非金属卤化物都是共价型卤化物，金属卤化物情况则比较复杂。其中，碱金属（除锂外）、碱土金属（除铍外）以及比较活泼的过渡金属、镧系和锕系元素的低价态卤化物基本上属于离子型卤化物，大多数金属的高价态卤化物基本上属于共价型卤化物。对于同一金属而言，氟化物多为离子型，而碘化物多为共价型。

卤化物的晶体类型大致与键型变化相对应。键型与晶体类型的变化直接影响化合物的熔点、沸点。一般来说，离子晶体熔点、沸点较高，而分子晶体熔点、沸点较低；过渡型的链状或层状晶体熔点、沸点介于离子晶体和分子晶体之间。图6-1中列出了一些氯化物的熔点。从图6-1可以看出，同一周期，从左向右（大约到ⅣA族），最高价氯化物的熔点依次降低，表明键型从离子型逐渐过渡到共价型；p区同一族，从上往下，氯化物的熔点依次升高，表明键型从共价型逐渐过渡到离子型。

I A	II A	III B	IV B	V B	VI B	VII B	VIII			I B	II B	III A	IV A	V A	VI A
HCl −114.8															
LiCl 605	BeCl₂ 405											BCl₃ −107.3	CCl₄ −23	NCl₃ <−40	Cl₂O₇ −91.5
NaCl 801	MgCl₂ 714											AlCl₃ 190*	SiCl₄ −70	PCl₅ 166.8d / PCl₃ −112	SCl₄ −30
KCl 770	CaCl₂ 782	ScCl₃ 939	TiCl₄ −25 / TiCl₃ 440d	VCl₄ −28	CrCl₃ 1150 / CrCl₂ 824	MnCl₂ 650	FeCl₃ 306 / FeCl₂ 672	CoCl₂ 724	NiCl₂ 1001	CuCl₂ 620 / CuCl 430	ZnCl₂ 283	GaCl₃ 77.9	GeCl₄ −49.5	AsCl₃ −8.5	SeCl₄ 205
RbCl 718	SrCl₂ 875	YCl₃ 721	ZrCl₄ 437*	NbCl₅ 204.7	MoCl₅ 194		RuCl₃ >500d	RhCl₃ 475d	PdCl₂ 500d	AgCl 455	CdCl₂ 568	InCl₃ 586	SnCl₄ −33 / SnCl₂ 246	SbCl₅ 2.8 / SbCl₃ 73.4	TeCl₄ 224
CsCl 645	BaCl₂ 963	LaCl₃ 860	HfCl₄ 319s	TaCl₅ 216	WCl₆ 275 / WCl₅ 248		OsCl₃ 550d	IrCl₃ 763d	PtCl₄ 370d	AuCl₃ 254d / AuCl 170d	HgCl₂ 276 / Hg₂Cl₂ 400s	TlCl₃ 25 / TlCl 430	PbCl₄ −15 / PbCl₂ 501	BiCl₃ 231	

注：*表示在加压条件下，d 表示分解，s 表示升华。

图6-1　一些氯化物的熔点(单位：℃)

氟、溴、碘的化合物与氯化物的情况大体相似。

上述卤化物晶体类型与熔点的变化规律可用离子极化理论加以说明。

6.2.3.2　卤化物的主要化学性质

（1）卤化物的水解反应。

高价金属卤化物在水中会发生不同程度的水解，绝大部分水解生成碱式盐或氢氧化物和氢卤酸：

$$SnCl_2 + H_2O = Sn(OH)Cl \downarrow + HCl$$
$$SbCl_3 + H_2O = SbOCl \downarrow + 2HCl$$
$$BiCl_3 + H_2O = BiOCl \downarrow + 2HCl$$
$$GeCl_4 + 4H_2O = Ge(OH)_4 + 4HCl$$

为了抑制水解，在配制上述氯化物溶液时，常加入一定量的盐酸。有些金属氯化物可完全水解，产生沉淀，欲配制它们的澄清溶液，只能将它们溶于浓盐酸，再用水稀释至所需浓度。

许多非金属卤化物都能完全水解生成氢卤酸和含氧酸。例如：

$$BCl_3+3H_2O == H_3BO_3+F_3HCl$$

$$PCl_5+4H_2O == H_3PO_4+5HCl$$

$$SiF_4+3H_2O == H_2SiO_3+4HF$$

它们极易水解，在潮湿的空气中也能因水解而冒烟（酸雾），必须密封保存。

（2）卤离子的配位作用。

卤离子X^-可以与许多金属离子形成配离子，如$[FeCl_4]^-$、$[HgI_4]^{2-}$、$[SiF_6]^{2-}$等。同一金属离子和不同卤离子形成配离子的配位数，与卤离子的半径有关。例如，Fe^{3+}能与半径小的F^-形成配位数为6的$[FeF_6]^{3-}$，而与半径大一些的Cl^-则只能形成配位数为4的$[FeCl_4]^-$。

一些难溶卤化物能在过量X–存在下溶解，如

$$PbCl_2+2Cl^- == [PbCl_4]^{2-}$$

$$HgI_2（红色）+2I^- == [HgI_4]^{2-}（无色）$$

利用卤离子对金属离子的配位作用，可以进行有关的分离。例如，在分析化学中，Co^{2+}、Ni^{2+}用经典方法是难以分离的，但Co^{2+}能与Cl^-形成$[CoCl_3]^-$、$[CoCl_4]^{2-}$，而Ni^{2+}却不能，再应用离子交换法即可将Co^{2+}和Ni^{2+}分离开来。

有些反应由于有配离子的形成而更容易进行。例如，Au在浓硝酸中仍然很稳定，但却可溶于王水中，其原因就在于Cl^-与Au^{3+}形成配离子从而提高了Au的还原性：

$$Au+HNO_3+4HCl == H[AuCl_4]+NO\uparrow+2H_2O$$

6.2.3.3　氟化物的特殊性

氟的电负性最大，离子半径很小，因而氟化物有许多不同于其他卤化物的特点。

（1）F^-半径小，不易变形，金属的氟化物比其他卤化物表现出更强的离

子性特征，固态时以离子晶体形式存在，晶格能较大，具有更高的熔点和沸点。

（2）氟化物与其他卤化物在水中的溶解性不一致。例如，CaF_2难溶于水，$CaCl_2$、$CaBr_2$、CaI_2却易溶于水；AgF易溶于水，$AgCl$、$AgBr$、AgI却难溶于水。前一种情况是由于氟化物比其他卤化物晶格能大的缘故；而后一种情况则是由于F^-比其他卤离子的变形性小，氟化物主要以离子键结合，其他卤化物由于离子极化作用增强导致离子键向共价键过渡的结果。

（3）F^-易与氧化数高、半径小的阳离子形成配位数高、稳定性大的配离子，但与半径大的阳离子往往难以形成稳定的配离子，其他卤离子形成配离子的情况则与氟离子有很大不同。例如，Al^{3+}、Fe^{3+}与F^-形成的配离子，配位数为6，稳定性较高，而与Cl^-形成的配离子，配位数为4，稳定性较低；但是$[HgF_4]^{2-}$的稳定性却比其他卤离子形成的$[HgX_4]^{2-}$低得多。

6.2.4　卤素的含氧化物

除氟外，其他卤素均可形成正氧化数的含氧酸及其盐。氯可形成氧化数为+1、+3、+5和+7四种含氧酸，分别为$HClO$（次氯酸）、$HClO_2$（亚氯酸）、$HClO_3$（氯酸）和$HClO_4$（高氯酸）。在酸性介质中，各种含氧酸均有较强的氧化性。

6.2.4.1　卤素的氧化物

卤素与电负性比它更大的氧（除氟外）能形成正氧化态的氧化物。卤素的氧化物大多数是不稳定的，受到撞击或受光照即可爆炸分解。在已知的卤素氧化物中，碘的氧化物最稳定。

（1）氟的氧化物。

氟具有最大的电负性，氟与氧的化合物是氧的氟化物而不是氟的氧化物，如OF_2和O_2F_2中氧的氧化态为+2和+1。

二氟化氧OF_2为无色气体，可由F_2与2%的氢氧化物水溶液反应制备：

$$2F_2 + 2OH^- = OF_2 + 2F^- + H_2O$$

生成的OF_2气体要尽快导出，防止其在碱性条件下氧化水：

$$OF_2 + 2OH^- = O_2 + 2F^- + H_2O$$

OF_2的氧化性比F_2弱，但也是强的氧化剂和氟化剂，可与多数金属反应形成金属氟化物和氧化物。也可与非金属单质和化合物反应，形成高价氟化物和氟氧化物。例如，与S反应形成SO_2和SF_4。

（2）氯的氧化物。

表6-3为氧化物中氯原子的不同氧化态。

表6-3 氯的氧化物

氧化态	+ I	+IV	+ VI	+ VII
化学式	Cl_2O	ClO_2	ClO_3	Cl_2O_7
状态和颜色	棕黄色气体	黄色气体	暗红色液体	无色油状液体
$\Delta r G_m^{\ominus}$ /（KJ/mol）	97.9	120.6		

一氧化二氯Cl_2O为棕黄色气体，有刺激性气味，极易溶于水生成HOCl，因此，Cl_2O就是HOCl的酸酐。

$$Cl_2O + H_2O = 2HOCl$$

Cl_2O可由新沉淀的干燥HgO上通入Cl_2来制得：

$$2Cl_2 + 2HgO = Cl_2O + HgCl_2 \cdot HgO$$

大量制取Cl_2O是用Cl_2和湿润的Na_2CO_3反应：

$$2Cl_2 + 2Na_2CO_3 + H_2O = Cl_2O + 2NaHCO_3 + 2NaCl$$

许多工业制备的Cl_2O是用来制备次氯酸盐，特别$Ca(ClO)_2$。

在OF_2和Cl_2O中，氧原子均采用sp^3杂化，分子结构为V形。

二氧化氯ClO_2是发现最早的氯的氧化物，室温下是黄色气体，冷凝时为红色液体，熔点214 K，沸点283 K。ClO_2是奇电子分子，中心氯原子采取sp^2杂化，分子构型为V形。Cl—O键长（149 pm）介于单键和双键之间，这与分子中存在的离域π键（Π_3^5）有关。该分子具有顺磁性和很高的化学活性。

实验室中可用草酸还原$KClO_3$得到ClO_2：

$$2ClO_3^- + C_2O_4^{2-} + 4H^+ = 2ClO_2 + 2CO_2 + 2H_2O$$

工业上常采用氯气氧化亚氯酸盐的方法来大量制取ClO_2：

$$2NaClO_2 + Cl_2 = 2ClO_2 + 2NaCl$$

ClO_2是唯一大量生产的卤素氧化物，制备方法是在强酸性溶液中还原ClO_3^-：

$$ClO_3^- + Cl^- + 2H^+ = ClO_2 + (1/2)Cl_2 + H_2O$$

$$2ClO_3^- + SO_2 = 2ClO_2 + SO_4^{2-}$$

ClO_2是强吸热化合物，要保持在稀释状态以防爆炸性分解，而且要现合成现使用。ClO_2溶于水，在碱性溶液中剧烈水解，生成亚氯酸盐和氯酸盐的混合物；在中性溶液中受光照迅速分解，生成氯酸和盐酸的混合物，所以ClO_2是混合酸的酸酐。ClO_2主要用途是纸浆漂白、污水杀菌和饮用水净化。

（3）溴与碘的氧化物。

溴的氧化物有Br_2O、BrO_2、BrO_3或Br_3O_8等，它们对热都不稳定。Br_2蒸气与新制出的HgO反应可制得Br_2O，与制备Cl_2O的方法相同。

碘的氧化物中I_2O_5具有代表性。Cl_2O、ClO_2和I_2O_5的结构分别如下：

473 K时在干燥空气的气流中使碘酸失水即得I_2O_5：

$$2HIO_3 \xrightarrow{473K} I_2O_5 + H_2O$$

继续加热至573 K左右I_2O_5分解为I_2和O_2。I_2O_5是容易吸潮的白色固体，吸水后重新形成母体酸HIO_3。I_2O_5作氧化剂，可以氧化NO、C_2H_4、H_2S、CO等：

$$I_2O_5 + 5CO = I_2 + 5CO_2$$

用碘量法测定所生成的单质碘，就可以确定CO的含量，因此该反应可用来定量测定大气或其他气态混合物中的CO的含量。例如合成氨厂就是用此方法测定合成气中的一氧化碳含量的。

6.2.4.2 次氯酸及其盐

（1）次氯酸。

氯气和水作用生成次氯酸和盐酸：

$$Cl_2 + H_2O = HCl + HClO$$

上述反应为可逆反应，所得的次氯酸浓度很低，如往氯水中加入能和HCl作用的物质（如HgO、Ag_2O、$CaCO_3$等），则可使反应继续向右进行，从而得到浓度较大的次氯酸溶液。

$$2Cl_2 + 2HgO + H_2O \longrightarrow HgO \cdot HgCl_2 \downarrow + 2HClO$$

次氯酸是较弱的酸（$K=2.9 \times 10^{-3}$），比碳酸还弱，且很不稳定，只存在于稀溶液中，受热或光照很容易发生以下两种方式的分解：

$$2HClO \xrightarrow{\text{光}} 2HCl + O_2 \uparrow$$

$$3HClO \xrightarrow{\Delta} 2HCl + HClO_3$$

将氯气通入冷的碱溶液中，可生成次氯酸盐。

（2）漂白粉。

漂白粉是次氯酸钙和碱式氯化钙的混合物，有效成分是次氯酸钙

$Ca(ClO)_2$。次氯酸盐的漂白作用主要是基于次氯酸的氧化性。漂白粉中的 $Ca(ClO)_2$使用时必须加酸，使其转变成HClO后才有氧化性，才能发挥其漂白、消毒作用。例如棉织物的漂白是先将其浸入漂白粉液，然后再用稀酸溶液处理。

二氧化碳也可以从漂白粉中将HClO置换出来：

$$Ca(ClO)_2 + CaCl_2 \cdot Ca(OH)_2 \cdot H_2O + 2CO_2 \longrightarrow 2CaCO_3 \downarrow + CaCl_2 + 2HClO + H_2O$$

因此浸泡过漂白粉的织物，在空气中晾晒也能产生漂白作用。

6.2.4.3　亚氯酸及其盐

$HClO_2$的酸性（$K=1.0 \times 10^{-2}$）强于HClO，但不稳定，容易分解放出 ClO_2：

$$11HClO_2 \longrightarrow 4ClO_2 + 4ClO_3^- + 3Cl + 7H^+ + 2H_2O$$

与亚氯酸对应的盐是$NaClO_2$，$NaClO_2$在中性溶液中较稳定，可用于漂白织物，也可以用来制备ClO_2，用于饮用水的消毒。

6.2.4.4　氯酸及其盐

用氯酸钡与稀硫酸反应可制得氯酸：

$$Ba(ClO_3)_2 + H_2SO_4 \longrightarrow BaSO_4 + 2HClO_3$$

氯酸不太稳定，只能存在于较稀的溶液中，当溶液中氯酸含量高达40%时即发生分解，含量再高，就会迅速分解并发生爆炸：

$$3HClO_3 \longrightarrow 2O_2 \uparrow + Cl_2 \uparrow + HClO_4 + H_2O$$

氯酸既是强酸，又是强氧化剂。最常用的氯酸盐是氯酸钠和氯酸钾，它们是无色透明晶体。在催化剂存在时，200℃下$KClO_3$即可分解为氯化钾和

氧气:

$$2KClO_3 \xrightarrow[\Delta]{MnO_2} 2KCl + 3O_2 \uparrow$$

如果没有催化剂, 400℃左右才能分解, 产物是高氯酸钾和氯化钾。

固体KClO₃是强氧化剂, 与易燃物质(如硫、磷、碳)混合后, 经摩擦或撞击就会爆炸, 因此可用来制造炸药、火柴及烟火等。但氯酸盐通常在酸性溶液中显氧化性。

6.2.4.5　高氯酸及其盐

用浓硫酸与高氯酸钾作用, 可制得高氯酸:

$$KClO_4 + H_2SO_4 \longrightarrow KHSO_4 + HClO_4$$

高氯酸盐则较稳定, KClO₄的热分解温度高于KClO₃。高氯酸盐一般是可溶的, 但 K^+、Rb^+、Cs^+、NH_4^+才的高氯酸盐溶解度却很小。有些高氯酸盐有较显著的水合作用而可用作干燥剂, 如无水高氯酸镁$[Mg(ClO_4)_2]$是一种高效干燥剂。

6.3　氧族元素

周期系第ⅥA族元素包括氧(O)、硫(S)、硒(Se)、碲(Te)和钋(Po)五个元素, 统称为氧族元素。

氧族元素原子的价层电子构型为ns^2np^4, 有夺取或共用两个电子以达到稀有气体的稳定电子结构的倾向, 在化合物中常见的氧化值为-2, 但与卤素相比, 它们结合电子形成稳定电子层结构并不像卤素那么容易, 因而本族元素的非金属属性弱于卤素。

6.3.1 氧及其化合物

6.3.1.1 氧

（1）氧在自然界中的分布。

氧是地壳中分布最广和含量最多的元素，它以单质氧和臭氧存在于大气中，氧约占大气总质量的23.15%。以化合物的形式存在于岩石层中（约占地壳总质量的46%），这些化合物主要包括二氧化硅、硅酸盐、各类氧化物和含氧酸盐等。氧还以水的形式存在于海洋和地球的表面（约占水层总质量的85%）。另外，海洋和地球的表面水中还溶有一定数量的氧。

氧是生命的起源，是生物体不可缺少的，生物体吸收并消耗氧，呼出二氧化碳，在太阳光作用下，绿色植物的光合作用又将水和二氧化碳转变为氧和碳氢化物，从而使氧在自然界中得以循环。

$$6H_2O+6CO_2 \underset{hv}{\overset{叶绿素}{=\!=\!=}} C_6H_2O_6+6O_2$$

氧有三种稳定同位素，即 ^{16}O、^{17}O 和 ^{18}O，以原子百分数计算，它们分别为99.763%、0.037%和0.200%。这三种同位素在自然界中的含量可能由于地区环境的不同而有所不同，^{17}O 的变化范围是0.035%~0.041%，^{18}O 的变化范围是0.188%~0.209%。

用人工方法可将 ^{17}O、^{18}O 浓集，如分级蒸馏或电解水、氧热扩散等物理化学方法。工业或商业用重水，其同位素 ^{18}O、^{18}O 的含量可达20%和98%，而对于氧气，浓集的 ^{17}O 和 ^{18}O 可达95%和98%。同位素 ^{18}O 对研究反应动力学和反应机理是非常有意义的。

（2）氧的制备。

工业上大量的氧是从空气中制得的，它是应用热力学原理用物理方法将空气液化，然后根据氧和氮的沸点不同，经多级分馏将其分离。将除去灰尘、水蒸气和二氧化碳的纯净空气等温压缩到 2×10^4 kPa，然后绝热膨胀到压强为100 kPa，温度可降低50℃左右（绝热膨胀时，压强每减小100 kPa，温度可降低– 0.25℃），经过多级的等温压缩和绝热膨胀，可使空气液化。现在设计出的等熵膨胀装置其致冷效果更好。

氮的沸点（–195.8℃）比氧的沸点（–183.0℃）低，因此，氮比氧易于挥发。当液态空气在特定设备中多级分馏时，易挥发的氮逐步浓集在蒸气相中，而氧浓集在液相中。空气中极易挥发的氢、氦、氖混合在氮蒸气相中；挥发性较小的氪、氙混合在氧中；挥发性处于氮和氧之间的氩单独分离出来。

分馏出的氮和氧分别压入高压钢瓶中储存、备用。

选用何种方法制取氧取决于所需氧的数量和纯度。电解水可以制得一定湿度的纯氧，它是以镍作电极电解30％的KOH溶液。在铂–镍箔上催化分解30％的H_2O_2也可制取氧。

很多含氧酸盐加热分解生成氧，其中最重要的是在150℃左右以MnO_2作催化剂加热分解$KClO_3$：

$$2KClO_3 \xrightarrow[MnO_2]{150℃} 2KCl+3O_2\uparrow$$

加热分解$KMnO_4$，可以制取较为纯净的氧：

$$2KMnO_4 \xrightarrow{215\sim235℃} K_2MnO_4 +MnO_2 +O_2\uparrow$$

（3）氧的结构和性质。

氧分子O_2是唯一的具有顺磁性偶数电子气态双原子分子。O_2分子的结构式可表示为

$$:\overset{..}{O}—\overset{..}{O}: \quad 或 \quad :O\overset{...}{=}O:$$

氧是无色、无味的气体，标准状态时，100 dm^3 20℃的水可溶解3.08 dm^3氧，50℃时为2.08 dm^3。在盐水中，氧的溶解度降低，但足以满足海洋中生物体对氧的需求。氧在有机溶剂中的溶解度比水中大，如100 cm^3 25℃的溶剂乙醚（Et_2O）、四氯化碳（CCl_4）、丙酮（Me_2CO）和苯（C_6H_6）分别可溶

解氧45.0 cm^3，30.2 cm^3、28.0 cm^{3}和22.3 cm^3。因此，在有机溶剂中进行化学反应时，应注意氧的影响。

氧的临界温度是-118.4℃，临界压力为5.080 2×10^3 kPa，-183℃时，氧凝聚为浅蓝色顺磁性液体。液态氧的颜色是由于O$_2$分子中处于基态的电子（两个 π^* 轨道中两个自旋平行的电子，以 $^3\sum_g^-$ 表示）向激发态（两个 π^* 轨道的电子占据一个 π^* 轨道，且自旋相反，以 $^1\Delta_g$ 表示，或分占两个 π^* 轨道，但自旋相反，以 $^1\sum_g^+$ 表示）跃迁的结果：

$$2O_2\left(^3\sum_g^-\right) + h\nu \longrightarrow 2O_2\left(^1\Delta_g\right)$$

$$\bar{\nu} = 15\,800\ cm^{-1}, \quad \lambda = 631.2\ nm$$

$$2O_2\left(^3\sum_g^-\right) + h\nu \longrightarrow O_2\left(^1\Delta_g\right) + O_2\left(^1\sum_g^+\right)$$

$$\bar{\nu} = 21\,000\ cm^{-1}, \quad \lambda = 473.7\ nm$$

上述电子跃迁，对于气态O$_2$分子是禁止的，因此，气态氧不显色。

尽管O$_2$分子键能大（493 kJ/mol），但仍然很活泼，在室温或加热条件下能与许多元素直接化合，而且反应通常是放热，一旦引发，反应就能自发进行，甚至引起爆炸，如氧和氢的反应。在合适的条件下，氧能与许多无机化合物和几乎所有的有机化合物反应。

氧是强的氧化剂，在不同的酸碱介质中，其有关电极电势为

$$O_2 + 4H^+ + 4e \Longrightarrow 2H_2O \quad \varphi_A^\ominus = 1.229\ V$$

$$O_2 + 2H_2O + 4e \Longrightarrow 4OH^- \quad \varphi_B^\ominus = 0.401\ V$$

$$O_2 + 4H^+\left(10^{-7}\ mol/dm^3\right) + 4e \Longrightarrow 2H_2O \quad \varphi^\ominus = 0.815\ V$$

由电极电势可以看出：在酸性和中性介质中，氧是很好的氧化剂。例如，Cr^{2+}在空气饱和的水中能迅速地被氧化，Fe^{2+}在无氧的水中是相当稳定的，但在有空气的情况下，易被氧化为 Fe^{3+}，在碱性介质中的氧化速率比在酸性

介质中快。

氧还可以O_2分子作为单元形成O_2^{2-}、O_2^-，即生成离子型过氧化物和超氧化物。

离子型过氧化物可以直接由氧与某些金属作用，或H_2O_7与金属盐反应生成：

$$Ba+O_2 \Longrightarrow BaO_2$$
$$MgSO_4+H_2O_2 \Longrightarrow MgO_2+H_2SO_4$$

碱金属钾、铷、铯可以形成超氧化物，超氧化物可以在干态由氧与金属单质作用生成。

氧是人类生存不可缺少的，还主要用于钢铁工业、漂白纸浆、医疗以及乙炔焊等。

6.3.1.2　臭氧

臭氧是浅蓝色气体，因它有特殊的鱼腥臭味，故名臭氧。空气中放电或电焊时，都会有部分氧气转变成臭氧。

（1）臭氧的结构。

臭氧O_3是氧的另一种同素异形体，它是不稳定的蓝色抗磁性气体。

O_3分子是角形的，键角为116.8°，中心O原子与端基O原子的核间距为127.8 pm，由此可推得两个端基O原子的核间距为218 pm。分子结构如图6-2所示。

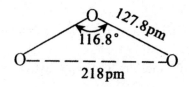

图6-2　臭氧分子结构

O_3分子的键合作用可用价键法和分子轨道法处理。

价键法处理可用共振结构描述：

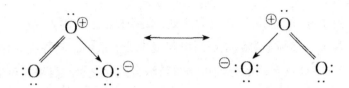

　　共振结构显示：中心O原子带正的形式电荷，一个端基O原子带负的形式电荷，所以，O_3为极性分子，但偶极矩很小（$\mu=0.54D$）。

　　分子轨道法处理：O_3分子中每个O原子以sp^2杂化，中心O原子杂化轨道中有两个成单电子，端基O原子杂化轨道中各有一个成单电子，中心O原子与两个端基O原子形成π键。由于O_3为角形分子，三个O原子处于同一平面，三个对称性相同的$p\pi$（如p_z）轨道可以组合为分子轨道，分别为成键分子轨道（π_b）、非键分子轨道（π_n）和反键分子轨道（π_a）。中心O原子的p_z轨道有两个电子，两个端基O原子的p_z轨道各有一个电子，根据分子轨道能量的高低和电子填充规则，4个电子分别填充在π_b和π_n分子轨道，形成三中心—四电子（3c–4e）离域π键，以Π_3^4表示。成键作用主要是π_b轨道上的两个电子，但π_n轨道上的两个电子对键的稳定性是有影响的。O_3分子中p_z轨道组合为离域Π_3^4分子轨道示意图如图6–3所示。

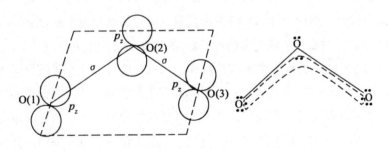

图6–3　臭氧分子 Π_3^4 形成示意图

　　分子轨道处理结果表明：Π_3^4的键级为1，因此，两个键合O原子的键级为$1\frac{1}{2}$（1个σ键和$\frac{1}{2}\pi$键），所以，O_3分子的键长（127.8 pm）比O_2分子的键长（120.7 pm）长，键能比O_2分子的键能低。由于分子中π成单电子，因此臭氧是抗磁的。

在一定条件下，氧可以转化为臭氧，最明显的是雷雨天气由于大气中放电而产生臭氧。实际上臭氧是通过臭氧发生器制取的，其浓度为10%左右，经过对液态O_3-O_2混合物的分馏可制得较浓且纯的臭氧。臭氧发生器是通过静电放电将干燥的氧转变为臭氧：

$$3O_2(g) \xrightarrow{\text{静电}} 2O_3(g) \qquad \Delta_r H_m^{\ominus}=284 \text{ kJ/mol}$$

臭氧发生器的示意图如图6-4所示。

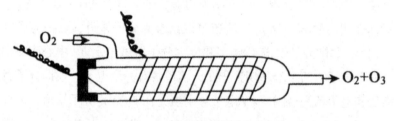

图6-4　臭氧发生器示意图

臭氧发生器由两个玻璃套管组成，内外管的壁上镶有金属薄片（如锡箔），当接上低频（50～500 Hz）、高压（10～20 kV）电时，两管的管壁间发生无声放电，部分干燥的氧转变为臭氧。这种转变可能是通过金属表面的O原子与激发的O_2^*分子或电离的离子O_2^+的重新结合而生成臭氧。

-111.9℃时，臭氧凝为深蓝色液体，-192.512℃时变为紫黑色固体，颜色的产生是由于在红色光区 500～700 nm有强的吸收（λ_{max}=601.9 nm），液态和固态的臭氧是极不稳定的，会发生爆炸性的分解。气态的臭氧也是热力学不稳定的（$\Delta_f H_m^{\ominus}$和$\Delta_f G_m^{\ominus}$分别为192.7 kJ/mol和163.2 kJ/mol），会分解放出O_2，其分解能被许多金属（如Ag、Pt、Pd）催化，所以臭氧不能长时间储存。不过无催化剂和紫外光照射时，其分解速率慢。

$$3O_2(g) = 2O_3(g) \qquad \Delta_r H_m^{\ominus}=-284 \text{ kJ/mol}$$

$$\Delta_r G_m^{\ominus} = -326 \text{ kJ/mol}$$

臭氧具有强的氧化性，其氧化能力仅次于氟。在水溶液中的电极电势为

$$O_3 + 2H^+ + 2e \Longrightarrow O_2 + H_2O \quad \varphi_A^{\ominus} = 2.07 \text{ V}$$

$$O_3 + H_2O + 2e \Longrightarrow O_2 + 2OH^- \quad \varphi_B^{\ominus} = 1.24 \text{ V}$$

$$O_3 + 2H^+ \left(10^{-7} \text{ mol/dm}^3\right) + 2e \Longrightarrow O_2 + H_2O \quad \varphi^{\ominus} = 1.65 \text{ V}$$

臭氧在酸性溶液中的分解速率比在碱性溶液中快得多，如在1 mol/dm³ NaOH溶液中，O_3分解的半衰期为2 min左右，而在5 mol/dm³ NaOH溶液中，其分解的半衰期为40 min左右。

在硼砂缓冲溶液中（pH≈9），O_3与KI反应生成I_2，然后用碘量法测定I_2，可以定量测定O_3的含量：

$$O_3 + 2I^- + H_2O = O_2 + I_2 + 2OH^-$$

该反应说明臭氧的氧化性和转移O原子形成O_2的能力。

臭氧的强氧化性还可由下列反应说明：

$$PbS + 4O_3 = PbSO_4 + 4O_2$$
$$2CO^{2+} + O_3 + 2H^+ = 2CO^{3+} + O_2 + H_2O$$

对有机物的氧化，易使C=C双键断裂，如反应

$$CH_3CH=CHCH_3 \xrightarrow{O_2} 2CH_3CHO$$

臭氧可以形成臭氧化物，如干燥的臭氧与粉状的氢氧化钾在−10 ℃以下可制得臭氧化钾：

$$5O_3 + 2KOH = 2KO_3 + 5O_2 + H_2O$$

KO_3为褐色顺磁性固体（μ=1.67B.M.）。

臭氧既是强氧化剂，也是漂白剂、消毒剂。可用作纸浆、棉麻、油脂、

面粉等的漂白剂，用于饮水的消毒及废水、废气的净化等。

近年来，由于人类大量使用了矿物燃料（如汽油、柴油）和氯氟烃，引起臭氧过多分解，使在离地面20～40 km高度的臭氧层遭到破坏。因此，应采取积极措施来保护臭氧层。

6.3.1.3 过氧化氢

（1）过氧化氢的结构与性质。

纯的过氧化氢（H_2O_2）是一种淡蓝色的黏稠液体，其密度为1.465 g/cm，熔点为272 K，沸点为423 K。269 K时固态H_2O_2的密度为1.643 g/cm。由于H_2O_2分子间存在较强的氢键，所以具有较高的熔点（272 K）和沸点（423 K）。H_2O_2能以任意比例与水混合，它的水溶液俗称为双氧水。

H_2O_2分子不是直线形的，其分子结构如图6-5所示。在H_2O_2分子中存在一个过氧链—O—O—，两个氧原子均采取sp^3杂化后成键，每个氧原子上各连着一个氢原子。两个氢原子位于像半展开书本的两页纸上，两页纸面的夹角为94°，氧原子处在书的夹缝上，O—H键与O—O键间的夹角为97°。

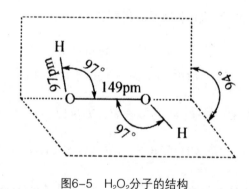

图6-5　H_2O_2分子的结构

高纯度的H_2O_2在低温下比较稳定。当加热到426 K以上，便发生爆炸性分解：

$$2H_2O_2(1) \longrightarrow 2H_2O(1) + O_2(g) \quad \Delta_r H_m^{\ominus} = -196.4 \text{ kJ/mol}$$

上述分解反应实质上是H_2O_2的歧化反应。浓度高于65%的H_2O_2和某些有机物接触时，容易发生爆炸。H_2O_2在碱性介质中的分解速率远比在酸性介质中大。当溶液中含有一些重金属离子或某些微量杂质，如Mn^{2+}、Cu^{2+}、Fe^{2+}、Cr^{3+}等或MnO_2，都能大大加速H_2O_2的分解。波长为320～380 nm的光也能使H_2O_2的分解速率加大。因此，H_2O_2应储存在棕色瓶中，并置于阴凉处。微量的锡酸钠、焦磷酸钠或8-羟基喹啉等能对H_2O_2毒起到稳定作用。

（2）过氧化氢参与的化学反应。

H_2O_2是一种极弱的二元酸，298 K时，$K_{a1}^{\ominus}=2.0\times10^{-12}$，$K_{a2}^{\ominus}\approx10^{-25}$。浓的$H_2O_2$能与某些金属氢氧化物起中和反应生成过氧化物。例如，

$$H_2O_2 + Ba(OH)_2 \longrightarrow BaO_2 + 2H_2O$$

H_2O_2分子中氧的氧化值为-1，处于中间价态，因此它既有氧化性，又有还原性。

H_2O_2在酸性、中性或碱性溶液中均是强的氧化剂。例如，

$$2I^- + H_2O_2 + 2H^+ \longrightarrow I_2 + 2H_2O$$

$$PbS(黑) + 4H_2O_2 \longrightarrow PbSO_4(白) + 4H_2O$$

$$2\left[Cr(OH)_4\right]^- + 3H_2O_2 + 2OH^- \longrightarrow 2CrO_4^{2-} + 8H_2O$$

H_2O_2的还原性较弱，只有当H_2O_2与强氧化剂作用时，才能被氧化而放出O_2。例如，

$$Cl_2 + H_2O_2 \longrightarrow 2HCl + O_2$$

$$2KMnO_4 + 5H_2O_2 + 3H_2SO_4 \longrightarrow 2MnSO_4 + 5O_2 + K_2SO_4 + 8H_2O$$

在酸性溶液中，H_2O_2能与重铬酸盐反应生成蓝色不稳定的过氧化铬（CrO_5）。CrO_5在乙醚或戊醇中比较稳定。

（3）过氧化氢的制备及用途。

工业上制备过氧化氢的方法有：

①电解硫酸氢盐溶液[也可用K_2SO_4或（NH_4）$_2SO_4$在50%H_2SO_4中的溶液]。电解时在阳极（铂极）上HSO_4^-被氧化生成过二硫酸盐，而在阴极（石墨或铅极）产生氢气：

阳极：$2HSO_4^- = S_2O_8^{2-} + 2H^+ + 2e^-$

阴极：$2H^+ + 2e^- = H_2\uparrow$

将电解产物过二硫酸盐进行水解，便得到H_2O_2溶液：

$$S_2O_8^{2-} + 2H_2O = H_2O_2 + 2HSO_4^-$$

②乙基蒽醌法是以Raney镍或载体上的钯和2-乙基蒽醌为催化剂，由氢气和氧气直接合成过氧化氢。2-乙基蒽醌先被H_2还原为2-乙基蒽醇，而2-乙基蒽醇同氧反应即得过氧化氢，同时，2-乙基蒽醌又产生出来并可循环使用。

此时得到的仅为过氧化氢的稀溶液。减压蒸馏可得质量分数为30%的H_2O^2溶液；减压下进一步分级蒸馏，H_2O_2的质量分数可达85%。

H_2O_2的主要用途是作为氧化剂，与其他氧化剂相比，其优点是反应产物为H2O，不会给反应体系引入其他杂质。H_2O_2在工业上被用做漂白剂，医药上用稀H_2O_2作为消毒杀菌剂。纯的H_2O_2可作为火箭燃料的氧化剂。H_2O_2在环境保护中的应用也越来越多，如氧化氰化物及恶臭有毒的硫化物等。

$$KCN + H_2O_2 = KOCN + H_2O$$

$$KOCN + 2H_2O_2 = KHCO_3 + NH_3\uparrow + O_2\uparrow$$

实验室通常使用的：是浓度为30%和稀的（3%）H_2O_2溶液。需要注意的是，浓度大的H_2O_2水溶液有强氧化性，能灼伤皮肤，使用应特别小心。

6.3.1.4　氧化物

（1）氧化物的性质。

周期表中大部分元素（除了较轻的稀有气体外）都能形成氧化物。它们从难以冷凝的气体如CO（沸点为-191.5℃）到耐火氧化物如ZrO_2（熔点为2680℃），从最好的绝缘体（如MgO），经半导体（如NiO），变为金属良导体（如ReO_3），在性质上跨越了很大的范围。因此，对氧化物的分类也有不同方法。

氧化物按酸碱性分类为酸性氧化物、碱性氧化物、两性氧化物、中性氧化物。大多数非金属氧化物和某些高氧化态的金属氧化物均显酸性，如CO_2、SO_3、P_2O_5、Cl_2O_7和CrO_3等；大多数金属氧化物如K_2O、CaO、MgO和Fe_2O_3等显碱性；一些金属氧化物（如Al_2O_3、ZnO、Cr_2O_3、Ga_2O_3等）和少数非金属氧化物，如As_4O_6、Sb_4O_6、TeO_2等显两性；不显酸、碱性即呈中性的氧化物有NO、CO等。氧化物酸碱性的变化有着周期性的规律。同周期各元素最高氧化态的氧化物，从左到右由碱性经两性到酸性（例如，Na_2O、MgO、Al_2O_3、…、Cl_2O_7）。而且，同一元素若能形成几种氧化态的氧化物，其酸性随氧化数的升高而增强。主族中，同族元素随原子序数增大，其氧化物的碱性增强。稀土元素从La到Lu随着原子序数增大，其氧化物的碱性减弱。

氧化物按键型可分为离子型、共价型两种。活泼金属的氧化物一般为离子型氧化物，如碱金属、碱土金属以及稀土等的氧化物。非金属氧化物、8电子构型的高氧化态金属、18及18+2电子构型的金属氧化物一般为共价型氧化物，如Ag_2O、SnO、TiO_2、Mn_2O_7等均属于共价型。但是，有些离子型氧化物也含部分共价性质，如Al_2O_3、CuO等，而有些主要为共价型的氧化物也具有部分离子性，如Ag_2O、GeO_2等。

根据与水的作用情况，氧化物可分为四类：溶于水但与水无显著化学反应的氧化物；难溶于水也不与水发生显著化学作用的氧化物；与水作用生成可溶性酸或碱的氧化物；与水作用生成难溶性氢氧化物的氧化物等。

（2）氧化物的制备。

氧化物的制备方法主要有以下几种：

①单质与空气或纯氧气化合。例如：

$$S + O_2 \xrightarrow{\text{点燃}} SO_2$$

$$2Mg + O_2 \xrightarrow{\text{点燃}} 2MgO$$

氢氧化物或含氧酸盐的热分解。例如：

$$Cu(OH)_2 \xrightarrow{\Delta} CuO + H_2O$$

$$CaCO_3 \xrightarrow{\Delta} CaO + CO_2 \uparrow$$

$$2\,Pb(NO_3)_2 \longrightarrow 2PbO + 4NO_2 \uparrow + O_2 \uparrow$$

高价氧化物的热分解或含氧酸盐被还原。例如：

$$2PbO_2 \xrightarrow{500°C} 2PbO + O_2 \uparrow$$

$$Na_2Cr_2O_7 + S \xrightarrow{\Delta} Na_2SO_4 + Cr_2O_3$$

单质与浓硝酸反应。例如：

$$C + 4HNO_3(\text{浓}) \xrightarrow{\Delta} CO_2 + 4NO_2 \uparrow + 2H_2O$$

$$Sn + 4HNO_3(\text{浓}) = SnO_2 + 4NO_2 \uparrow + 2H_2O$$

6.3.2　硫及其化合物

6.3.2.1　硫

硫俗称为硫黄，属分子晶体，很松脆，不溶于水。硫的导电性、导热性很差。单质硫有几种同素异形体，可以相互转化。天然硫为黄色固体，称为正交硫（菱形硫），密度为2.06 g/cm，在温度低于94.5℃下稳定，94.5℃时正交硫转变成单斜硫。单斜硫呈浅黄色，密度为1.99 g/cm，在94.5～115℃（熔点）范围内稳定。当温度低于94.5℃时，单斜硫又慢慢转变成正交硫。因此，94.5℃是正交硫和单斜硫这两种同素异形体的转变温度。

硫的同素异形体比任何其他元素多而且复杂，据报道已达50多种。这一方面是由于—S—S—链形成的分子是可变的，另一方面是由于分子在晶体中有不同的排列方式。事实上，S—S键是可变的，键长的变化范围为180～260 pm，这取决于其复键的程度，键角∠SSS的变化范围是90°～180°，两面角∠SSS-SSS的变化范围为0°～180°。

已知有三种稳定的单质硫，其中最常见的是斜方硫和单斜硫。

斜方硫和单斜硫都是由结构单元S_8分子组成，S_8分子中每个硫原子以sp^3不等性杂化形成两个共价单键，S—S键长为206 pm，键角∠SSS为108°，两面角∠SSS-SSS为98.3°，如图6-6所示。

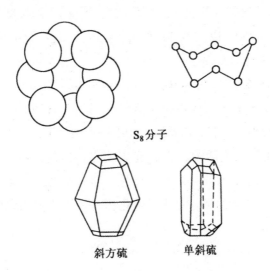

S_8分子

斜方硫　　　单斜硫

图6-6 S_8分子和斜方、单斜硫晶体

常温下，斜方硫是稳定的，呈黄色，它是电和热的绝缘体，密度为2.069 g/cm^3，熔点为112.8℃。在非极性有机溶剂中的溶解度较大，在常见有

机溶剂中的溶解度如下：

溶剂　　　　　　 CS_2　Me_2CO　C_6H_6　CCl_4　Et_2O　EtOH

溶解度/g·100 g　　 35.5　25　2.1　　0.86　0.283　0.065

95.5℃时，斜方硫转变为单斜硫，不过转变速率非常慢：

$$S(斜方) \xrightarrow{95.5℃} S(单斜) \qquad \Delta H_m^{\ominus} = 0.40 \ kJ/mol$$

单斜硫虽也是由S分子组成，但环有些弯曲，密度降低（1.94~2.01 g/cm^3），熔点为119℃。

将熔化的硫放入冰水中得到弹性硫，但它不溶于二硫化碳等有机溶剂，可以缓慢地转化为斜方硫。

硫熔化后，首先变为黄色透明易流动的液体，160℃左右时，变为褐色具有粘滞性的液体，200℃左右时，液体的黏度最大，当达到沸点（444.6℃）时，又转变为深红色易流动的液体。上述液态硫的黏度和颜色的变化原因是：虽然直到193℃时，液态硫仍可保持为S_8分子，但环可以断裂形成其他S_n环分子，从而导致黏度的变化。颜色的变化是由于随温度的不同，硫环、S_n的大小不同，如250℃以上为红色的S_3和S_4分子，这些分子对不同的光有最大吸收，从而显现不同的颜色。

气态硫包括S_n物类（n=2~10），大约600℃以下以S_8分子为主，720℃以上以S_2分子为主。S_2分子形成强的双键 S=S，键长为189 pm，键能为422 kJ/mol。在高温（2200℃以上）和低压（10.1 Pa）条件下，可以形成硫原子。

硫的化学性质比较活泼，它既能表现出一定的氧化性，形成氧化数为-2的化合物，又能表现出一定的还原性，形成氧化数为+4、+6的化合物。

硫能与大多数元素直接作用生成硫化物，呈现出它的氧化性，如

$$S + Fe \xrightarrow{\Delta} FeS$$

$$S + Hg \longrightarrow HgS$$

硫与电负性大的非金属化合时，表现出它的还原性，如

$$S + 3F_2 \longrightarrow SF_6$$

$$S + O_2 \longrightarrow SO_2$$

硫与盐酸不反应，但能与具有氧化性的热浓硫酸及浓硝酸反应：

$$S + 2H_2SO_4 \longrightarrow 3SO_2 + 2H_2O$$

$$2HNO_3 + S \longrightarrow H_2SO_4 + 2NO\uparrow$$

硫在热碱溶液中发生歧化反应：

$$3S + 6OH^- \xrightarrow{\Delta} 2S^{2-} + SO_3^{2-} + 3H_2O$$

当硫过量时，将继续进行如下两个反应：

$$S^{2-} + (n-1)S \longrightarrow S_x^{2-} \quad (n=2 \sim 6)$$

$$SO_3^{2-} + S \longrightarrow S_2O_3^{2-}$$

硫的最大用途是制造硫酸。硫在造纸工业、橡胶工业、火柴、焰火和黑火药的制造等方面也得到广泛应用。此外，硫在医药上用于治疗癣疥等皮肤病，在农业上用于消灭害虫及细菌。

6.3.2.2 硫化氢

硫化氢（H_2S）是一种无色、剧毒的气体。空气中H_2S的含量达到0.05%时，即可闻到其腐蛋臭味。工业上允许空气中H_2S的含量不超过0.01 mg/L。H_2S不仅刺激眼膜及呼吸道，而且还能与各种血红蛋白中的Fe^{2+}结合生成FeS沉淀，从而使Fe^{2+}失去原来的生理作用。空气中H_2S浓度达0.1%时，人就会迅速感到头痛眩晕等症状，继而导致昏迷或死亡。

H_2S分子与水分子具有相似的结构，也呈V形，但由于硫原子半径比氧原子半径大很多，所以H—S键长（136 pm）比H—O键长略长，而键角$\angle HSH$（92°）比$\angle HOH$小。由于S的电负性较O小，所以H_2S分子的极性比H_2O弱。

H_2S的沸点为213 K，熔点为187 K，比同族的H_2O、H_2Se、H_2Te都低。H_2S稍溶于水，在20℃时1体积的水能溶解2.5体积的H_2S，其饱和浓度约为0.1 mol/L。硫化氢的水溶液称为氢硫酸。氢硫酸是一种酸性很弱的二元酸，其$K_{a1}^{\ominus}=1.3 \times 10^{-7}$，$K_{a2}^{\ominus}=7.1 \times 10^{-5}$。氢硫酸能形成正盐（硫化物）和酸式盐（硫氢化物）。

H_2S中的硫处于最低氧化态（-2），容易失去电子，所以H_2S是一种还原剂。干燥的H_2S在室温下不与空气中的氧发生作用，但点燃时能在空气中燃烧，呈淡蓝色火焰，生成水和二氧化硫：

$$2H_2S + 3O_2 \xrightarrow{\text{点燃}} H_2O + 2SO_2$$

如氧气不充足时，燃烧得到单质硫：

$$2H_2S + O_2 \longrightarrow 2S + 2H_2O$$

这说明H_2S气体在高温时有一定还原性。

氢硫酸的还原性比H_2S气体强。如将氢硫酸在常温下在空气中放置，容易被空气中的氧所氧化而析出单质硫，使溶液变混浊：

$$2H_2S + O_2 \longrightarrow 2S\downarrow + 2H_2O$$

在酸性溶液中，一些氧化剂，如Fe^{3+}、Br_2、I_2、MnO_4^-、$Cr_2O_7^{2-}$、HNO_3等均能将氢硫酸氧化，并且通常被氧化为单质硫：

$$H_2S + 2Fe^{3+} \longrightarrow 2Fe^{2+} + 2H^+ + S\downarrow$$

$$3H_2S + Cr_2O_7^{2-} + 8H^- \longrightarrow 2Cr^{3+} + 3S\downarrow + 7H_2O$$

当氧化剂的氧化性很强，用量又多时，可将H_2S氧化成亚硫酸根或硫酸根，如

$$H_2S + 4Cl_2 + 4H_2O \longrightarrow H_2SO_4 + 8HCl$$

6.3.2.3 硫化物

氢硫酸的酸式盐均易溶于水，而正盐中除碱金属（包括 NH_4^+）的硫化物和BaS易溶于水外，其他金属硫化物大多难溶于水，并具有特征的颜色。根据硫化物在酸中的溶解情况，将金属硫化物分为四类。

（1）不溶于水但溶于稀盐酸的硫化物。

MnS、FeS、CoS、NiS、ZnS等此类硫化物的K_{sp}较大，与稀盐酸反应生成H_2S，有效地降低S^{2-}浓度而使之溶解。例如：

$$ZnS + 2H^+ \longrightarrow Zn^{2+} + H_2S\uparrow$$

（2）不溶于水和稀盐酸，但溶于浓盐酸的硫化物。

SnS、PbS、CdS等此类硫化物与浓盐酸作用，主要因为生成了配合物，降低了金属离子的浓度而使之溶解。例如：

$$PbS + 4HCl \longrightarrow H_2[PbCl_4] + H_2S\uparrow$$

（3）不溶于水和盐酸，但溶于浓硝酸的硫化物。

CuS、Cu_2S、Ag_2S、Bi_2S_3等此类硫化物的K_{sp}较小，与浓硝酸发生氧化还原反应，溶液中的S^{2-}被氧化为S，S^{2-}浓度大为降低而导致硫化物的溶解。例如：

$$3CuS + 8HNO_3 \longrightarrow 3Cu(NO_3)2 + 3S\downarrow + 2NO + 4H_2O$$

（4）仅溶于王水的硫化物。

对于K_{sp}非常小的硫化物如HgS，用既有氧化能力又有配位作用的"王水"才能使之溶解：

$$3HgS + 2HNO_3 + 12HCl \longrightarrow 3H_2[HgCl_4] + 3S\downarrow + 2NO\uparrow + 4H_2O$$

由于氢硫酸是弱酸，故这些硫化物在水溶液中都有不同程度的水解，而使溶液显碱性。例如Na_2S溶于水，因水解而使溶液呈强碱性。因此工业上可用廉价的Na_2S代替$NaOH$作为碱使用：

$$S_2 + H_2O \longrightarrow SH^- + OH^-$$

某些氧化数较高的金属硫化物如Al_2S_3、Cr_2S_3等遇水发生完全水解：

$$Al_2S_3 + 6H_2O \longrightarrow 2Al(OH)_3 \downarrow + 3H_2S \uparrow$$

$$Cr_2S_3 + 6H_2O \longrightarrow 2Cr(OH)_3 \downarrow + 3H_2S \uparrow$$

因此，制备这些硫化物必须用干法，如用金属铝粉和硫粉直接化合生成Al_2S_3。

6.3.2.4　硫酸及其盐

硫酸（H_2SO_4）是重要的化工产品，大约有上千种化工产品需要硫酸为原料。硫酸近一半的产量用于化肥生产，此外还大量用于农药、染料、医药、化学纤维，以及石油、冶金、国防和轻工业等领域。

H_2SO_4呈四面体形，S—O键的键长显著地比共价单键的键长要短。原因是硫与氧形成σ键的同时，中心硫原子的d轨道与氧原子的p轨道互相重叠，形成附加的（p—d）π键，使S—O键具有某种程度的双键性质。

中心硫原子的3s、3p轨道上的成对电子中的1个被激发，同时进行sp^3杂化，4个sp^3杂化轨道与4个氧原子形成4个σ键，其中未与H相连的2个氧原子还可与硫原子的3d电子形成（p—d）π键。这2个氧原子与硫之间的键可近似地看作双键，即1个σ键、1个（p—d）π键。

含氧酸根ClO_4^-、PO_4^{3-}、SiO_4^{4-}等的结构与SiO_4^{2-}的结构类似。

纯硫酸是无色油状液体，10.4℃时凝固，98%的硫酸沸点是338℃，利用浓硫酸沸点高的性质，与某些挥发性酸的盐共热，可以将挥发性酸置换出来。例如，浓硫酸分别与固体硝酸盐、氯化物反应，可以制备挥发性的硝酸和盐酸：

$$NaNO_3(s) + H_2SO_4 \xrightarrow{\Delta} NaHSO_4 + HNO_3 \uparrow$$

H_2SO_4是二元酸中酸性最强的。它的第一步解离是完全的，第二步解离并不完全，HSO_4^-相当于中强电解质：

$$H_2SO_4 \longrightarrow H^+ + HSO_4^-$$

在含氧酸中H_2SO_4是比较稳定的，在一般温度下并不分解，但在其沸点以上的高温下可分解为SO_3和H_2O。

浓H_2SO_4有强吸水性。它与水混合时，形成水合物并放出大量的热，可使水局部沸腾而飞溅，所以要配制稀硫酸时，只能在搅拌下将浓H_2SO_4慢慢倒入水中，切不可将水倒入浓H_2SO_4中。

利用浓H_2SO_4的吸水能力，可用来干燥不与其起反应的各种气体，如氯气、氢气、二氧化碳等。浓H_2SO_4不仅可以吸收气体中的水分，而且还能从一些有机化合物中夺取与水分子组成相当的氢和氧，使这些有机物炭化。例如，蔗糖被浓硫酸脱水：

$$C1_2H_{22}O_{11} \longrightarrow 12C + 11H_2O$$

热、浓H_2SO_4是较强的氧化剂，可与许多金属或非金属反应，一般被还原为SO_2。例如：

$$Cu + 2H_2SO_4(浓) \longrightarrow CuSO_4 + SO_2 \uparrow + 2H_2O$$

但Al、Fe、Cr在冷、浓H_2SO_4中被钝化。以上所说的浓H_2SO_4具有氧化性，是指成酸元素中硫的氧化性，而稀H_2SO_4的氧化作用是由于H_2SO_4中所解离出来的H^+夺电子所致，故稀H_2SO_4只能与电极电势顺序在氢以前的金属如Zn、Mg、Fe等反应放出H_2。

H_2SO_4是二元酸，所以能生成两种盐：正盐和酸式盐。在酸式盐中，仅最活泼的碱金属元素（如Na、K）才能形成稳定的固态酸式硫酸盐。例如，在硫酸钠溶液内加入过量的硫酸，即结晶析出硫酸氢钠：

$$Na_2SO_4 + H_2SO_4 \longrightarrow 2NaHSO_4$$

酸式硫酸盐大部分易溶于水。硫酸盐中除$BaSO_4$、$PbSO_4$、$CaSO_4$、$SrSO_4$等难溶、Ag_2SO_4稍溶于水外，其余都易溶于水，可溶性硫酸盐从溶液中析出时常带有结晶水，如$CuSO_4 \cdot 5H_2O$、$FeSO_4 \cdot 7H_2O$等。

6.4　碳族元素和硼族元素

在元素周期表中第ⅣA族元素称为碳族元素，包括碳（C）、硅（Si）、锗（Ge）、锡（Sn）、铅（Pb）五种元素。第ⅢA族元素称为硼族元素，包括硼（B）、铝（Al）、镓（Ga）、铟（In）、铊（Tl）五种元素。

6.4.1　碳族元素和硼族元素的通性

在碳族和硼族元素中，碳、硅和硼是非金属元素。碳、硅和硼在地壳中分别占0.023%、29.5%和1.2×10^{-3}%，硅的含量在所有元素中居第二位，它以大量硅酸盐矿和石英矿存在于自然界。碳的含量虽然不多，但它是地球上化合物最多的元素。大气中有二氧化碳；矿物中有各种碳酸盐、金刚石、石墨和煤；石油和天然气等是碳氢化合物；动植物体中的脂肪、蛋白质、淀粉和纤维素等也都是碳的化合物，如果说硅是构成地球上矿物界的主要元素，那么碳就是组成生物界的主要元素。硼在自然界中的含量不多，它同硅一样，主要存在于含氧化合物的矿石中。

像周期表中所有的主族元素一样，从上至下，碳族和硼族元素的非金属性递减，金属性递增。碳、硅是非金属元素，锗、锡、铅是金属元素；硼族元素中，硼是非金属元素，其他都是金属元素。总之，在长周期中，这两族元素处于金属元素和非金属元素区的交界处，元素由非金属转变为金属的性质更为突出。同时，这两族元素中一些元素及某些化合物的性质也比较相近。例如，碳、硅、硼都有同素异性体，都有很强的自相结合成键的能力，都以形成共价键为主要成键特征，它们的含氧酸都是弱酸等。

碳族元素的原子最外电子层有4个价电子，在化合物中碳的常见氧化数是+4和+2，硅的主要氧化数是+4，硼的氧化数为+3。

6.4.2 碳族元素和硼族元素及其化合物

6.4.2.1 碳的单质

药用炭是具有高吸附能力的单质碳。这种单质碳通常由木炭经特殊活化处理（除去孔隙间的杂质、增大表面积）而制得的。药用炭是药物合成、天然药物有效成分分离提取、药品生产和药物制剂过程中常用的吸附剂。医药上药用炭常用作止泻吸附药，能吸附各种化学刺激物和胃肠内各种有害物质，服用后可减轻肠内容物对肠壁的刺激，减少肠蠕动而起到止泻作用。可用于各种胃肠胀气、腹泻和食物中毒的治疗。药用炭在制糖工业、空气净化、净水和防毒装置中也有广泛的应用。

6.4.2.2 碳酸和碳酸盐

碳酸（H_2CO_3）是碳唯一的无机含氧酸。二氧化碳溶于水即形成碳酸。碳酸是二元弱酸，具有酸的通性。碳酸的电离是分步进行的，电离常数是K_{a1}=4.3 × 10^7，K_{a2} =5.6 × 10^{-11}。

碳酸可形成两类盐，即碳酸盐和碳酸氢盐。下面介绍碳酸盐的溶解性、碳酸根离子（CO_3^{2-}）的沉淀反应、可溶性碳酸盐的酸碱性和热稳定性。

（1）溶解性。

碳酸氢盐均能溶于水。碳酸盐中只有碱金属碳酸盐和碳酸铵易溶于水。

（2）遇酸分解。

所有碳酸盐遇强酸均分解，放出二氧化碳气体（CO_2）。因此，难溶性碳酸盐能溶解在强酸溶液中：

$$CO_3^{2-} + 2H^+ = CO_2\uparrow + H_2O$$

这是碳酸盐最主要的化学性质，也是鉴定碳酸根离子的特效反应。

（3）碳酸根离子。

CO_3^{2-}与Ca^{2+}、Ba^{2+}等离子作用生成碳酸盐沉淀。钙、钡等金属的氢氧化物为强碱，溶解度比其碳酸盐的溶解度大得多。因此，Ca^{2+}、Ba^{2+}等金属离子与CO_3^{2-}作用时生成碳酸盐沉淀。例如

$$Ca^{2+} + CO_3^{2-} = CaCO_3\downarrow$$

（4）可溶性碳酸盐和碳酸氢盐的酸碱性。

可溶性碳酸盐和碳酸氢盐溶于水时均发生质子传递反应，溶液显碱性。

$$CO_3^{2-} + H_2O = HCO_3^- + OH^-$$

$$HCO_3^- + H_2O = H_2CO_3 + OH^-$$

碳酸盐溶于水时以第一步反应为主，盐的浓度越大，溶液的碱性越强。所以，Na_2CO_3被称为纯碱，是重要的化工原料。

0.1 mol/LNa_2CO_3溶液的pH=11：6碳酸氢钠溶于水时，因碳酸氢根离子（HCO_3^-）获得质子的倾向大于释放质子的倾向，溶液显弱碱性。重要的碳酸氢盐是碳酸氢钠（$NaHCO_3$），俗称小苏打。

0.1 mol/L $NaHCO_3$溶液的pH=8.3。

（5）热稳定性。

碳酸盐受热易分解。一般情况下，碳酸氢盐的热稳定性小于碳酸盐。碳酸根离子（CO_3^{2-}）在溶液中对热稳定，而碳酸氢根离子（HCO_3^-）在溶液中不稳定，长期放置或受热易分解，放出CO_2并转化成CO_3^{2-}，溶液的碱性增强。因此，在配制$NaHCO_3$注射液时，要往配制好的溶液中通入CO_2使其

达到准饱和状态，灌封时还要以 CO_2 驱逐容器中的空气，使热压灭菌时分解了的 HCO_3^- 冷却后能再生成。

6.4.2.3 二氧化硅和硅酸钠

（1）二氧化硅。

二氧化硅（SiO_2）又称为硅石，天然的二氧化硅有晶态和无定形两种类型。石英为常见的二氧化硅晶体，耐高温，能透过紫外光。无色透明的纯石英叫水晶，常用于制造耐高温仪器和光学仪器。硅藻土则属于无定形二氧化硅。

二氧化硅是酸性氧化物，化学性质很不活泼，除 F_2、HF 和强碱外，常温下一般不与其他物质发生反应。强碱和熔融态的碳酸钠与二氧化硅的反应为

$$SiO_2 + 2NaOH = Na_2SiO_3 + H_2O$$

$$SiO_2 + Na_2CO_3 = Na_2SiO_3 + CO_2$$

生成的 Na_2SiO_3 能溶于水，因此，含有 SiO_2 的玻璃能被强碱腐蚀。

（2）硅酸钠。

硅酸钠（Na_2SiO_3）是最常见的可溶性硅酸盐。

SiO_3^- 碱性强，使溶液显强碱性，产物易聚合为二硅酸钠或多硅酸钠。

$$2Na_2CO_3 + H_2O = Na_2Si_2O_5 + 2NaOH$$

多硅酸钠俗称水玻璃，又名泡花碱，为黏稠状液体，是多种多硅酸盐的混合物。可溶性硅酸盐与酸反应生成硅酸。

$$SiCO_3^{2-} + 2H^+ = H_2SiO \downarrow$$

硅酸经过老化、洗涤、烘干即得到硅胶。变色硅胶在实验室中用作干燥

剂，用于分析天平和精密仪器的防潮，吸潮后根据硅胶的颜色变化判断硅胶的吸水程度。经供干后仍可继续使用

6.4.2.4 硼酸和硼砂

（1）硼酸。

硼酸（H_3BO_3）是无色的晶体，微溶于水，在热水中溶解度增大。当硼酸加热至100℃时脱去一分子水而成偏硼酸。

$$H_3BO_3 = H_3BO_2 + H_2O$$

硼酸能够接受水电离出的OH^-而产生一个H^+，因此，硼酸是一种一元弱酸。

$$H_3BO_3 + H_2O \rightleftharpoons B(OH)_4^- + H^+$$

硼酸与甘油或其他多元醇作用，生成稳定的配合物，可使酸性增强，生成的配合物是一个较强的一元酸。

（2）硼砂。

四硼酸钠（$Na_2B_4O_7$）是常见的硼酸盐，它的水合物（$Na_2B_4O_7 \cdot 10H_2O$）俗称硼砂。硼砂因无吸湿性，容易制得纯品，分析化学中用作标定盐酸溶液的基准物质。铁、钴、镍、铬等金属氧化物或盐类与硼砂一起灼烧，生成偏硼酸复盐并显出特殊的颜色，常用于鉴定金属离子。

6.4.3 常用的含碳族元素和硼族元素药物

6.4.3.1 药用炭

药用炭为植物药用炭，吸附药。内服用于治疗腹泻、胃肠胀气、生物碱

中毒和食物中毒。

6.4.3.2　碳酸氢钠

碳酸氢钠（$NaHCO_3$），俗称小苏打，为吸收性抗酸药。内服能中和胃酸及碱化尿液，5%$NaHCO_3$注射液用于治疗酸中毒。

6.4.3.3　硼酸和硼砂

硼酸（H_3BO_3）具有杀菌作用，1%~4%的硼酸溶液用于冲洗眼睛、膀胱和伤口。4.5%~5.5%的硼酸软膏常用于治疗皮肤溃疡和褥疮。硼酸甘油滴耳剂用于治疗中耳炎。

硼砂（$Na_2B_4O_7 \cdot 10H_2O$）又名盆砂，外用时的作用与硼酸相似。内服能刺激胃液分泌。

硼砂也是治疗咽喉炎及口腔炎的冰硼散和复方硼砂含漱剂的主要成分。

6.4.3.4　氢氧化铝

氢氧化铝[$Al(OH)_3$]内服用于中和胃酸，其产物$AlCl_3$还具有收敛和局部止血作用。

$Al(OH)_3$是较好的抗酸药，常制成氢氧化铝凝胶或氢氧化铝片剂，作用缓慢而持久。

$Al(OH)_3$凝胶能保护溃疡面并具有吸附作用。

6.4.3.5　明矾

明矾[$KAl(SO_4)_2 \cdot 12H_2O$]，中药称白矾，经煅制加工后称苦矾或枯矾、炙白矾。白矾内服有祛痰燥湿、敛肺止血的功效。外用多为枯矾，有收湿止痒和解毒的功效。0.5%~2%的溶液可用于洗眼或含漱。外科用煅明矾作伤口的收敛性止血剂，也可用于治疗皮炎或湿疹。

6.4.3.6 铅丹

铅丹又名黄丹，主要成分为Pb_3O_4，具有直接杀灭细菌、寄生虫和抑制黏液分泌的作用。

主要用于配制外用膏药，具有收敛、消炎和生肌的作用。

第7章　金属元素及其化合物的应用

在目前已知的元素中，大部分是金属元素。在周期表中，从硼和铝之间到碲和钋之间划出一阶梯线就可以看到，位于线的右上方均为非金属元素，而位于阶梯左下方的均是金属元素（H除外）。金属在工业和日常生活中，都起着非常重要的作用。

7.1　金属元素概述

金属元素的化学活泼性差异很大，按化学活泼性，可分为活泼金属（在s区及ⅠB族）、中等活泼金属（在d、ds、p区）和不活泼金属（在d、ds区）。在工程技术上常把金属分为黑色金属和有色金属两大类。黑色金属包括铁、锰、铬及其合金，主要是铁碳合金（钢铁）；有色金属包括除黑色金属之外的所有金属及其合金。

金属按其在元素周期表中的位置可分为主族金属元素及过渡（副族）金

属元素。主族金属元素位于周期表的s区和p区，它们在形成化合物时只有最外层的价电子参与成键。元素周期系中d区和ds区统称为过渡元素或副族元素，位于第4、5、6周期的中部。

由于各种金属的化学活泼性相差较大，因而它们在自然界中存在的形式各不相同。少数化学性质不太活泼的金属元素，在自然界中以游离单质存在，其余大多数金属以化合物状态存在。可溶性的化合物，大多溶解在海水、湖水中，少数埋藏于不受水冲刷的岩石下面。难溶的化合物则形成五光十色的岩石，构成坚硬的地壳。

我国金属矿藏的储量极为丰富，如铀、锡、钛、钒、汞、铅、锌、铁、金、银、菱镁矿等均居世界前列，铜、铝、锰等矿的储量也在世界上占有重要地位，钨、钼、硒、锑和稀土的储量都占世界首位。我国是世界上已知矿种比较齐全的少数国家之一，这将为我国社会主义现代化建设提供雄厚的物质基础。但我国人口众多，人均资源在世界上则居于后列，从长远的观点看，矿产资源总是有限的，为了可持续发展，我们必须十分爱惜地使用这些有限的宝藏，因而除了不断地提高矿物的利用率外，还必须重视海洋资源的开发。现已查明，不仅海底有丰富的矿藏，而且海水中也含有80多种元素（除了钾、钠、钙、镁外，还含有各种稀有金属，如铷、铀、锂等）。海水中金属浓度虽低，但因海水量十分巨大，所含的金属总量仍是十分可观的。例如，海水中含铀的总量在40亿吨以上，相当于陆地铀储量的400倍。另外，海水中约有500万吨金、8 000万吨镍、16 000万吨银、8万吨钼等。因此，广阔的海洋实在是一个巨大的矿产资源"百宝盆"。绝大多数金属在自然界中都是以它们的化合物或盐的形式存在的。

7.2　碱金属和碱土金属

碱金属元素的化学性质均非常活泼，所以在自然界中不存在碱金属元素的单质，它们只能以化合态存在于一些矿物和海水中。随着元素原子序数的增大，碱金属的金属性依次增强，单质的密度依次上升，熔点和沸点逐渐降低。碱金属单质都具有银白色金属光泽，而且硬度很小，用小刀就可以很容易地把它们切开。由于碱金属性质活泼，在空气中极易氧化，所以一般保存在煤油中。

7.2.1　碱金属与碱土金属概述

元素周期系的ⅠA族金属元素称为碱金属，包括锂、钠、钾、铷、铯、钫6种元素。ⅡA族包括铍、镁、钙、锶、钡、镭6种元素，这些金属称为碱土金属。钫和镭是放射性元素，钫的半衰期仅21.8分钟，镭具有与钡相似的性质，下面不对这两种放射性元素作深入的介绍。

这两族元素的价电子组态分别为ns^1和ns^2，次外层为稀有气体的稳定电子结构。由于每一周期从碱金属元素开始新增一个电子层，故每种碱金属元素都是同周期中原子半径最大的元素，而第一电离能则是同周期中最小的，其第二电离能则很大。碱土金属与相邻的碱金属相比增加了一个核电荷和一个电子，作用于最外层电子上的有效核电荷增加，原子半径减小，第一电离能比碱金属大得多，但第二电离能则比碱金属小得多。因此碱金属具有稳定的+1氧化态，而碱土金属则具有稳定的+2氧化态。

这两族元素的许多性质的变化都是很有规律的。例如，在同一族内，从上到下原子半径依次增大，电离能和电负性依次减小，表明金属的活泼性从上到下依次增加。

7.2.1.1　碱金属元素的基本性质

碱金属元素的原子价电子构型通式为ns^1。碱金属元素通常只有+1氧化态（也有Na^-），最外层只有一个电子，次外层为8电子（Li为2电子）。由于次外层电子对核电荷吸引作用产生屏蔽效应，因此碱金属最外层价电子容易失去。与同周期的元素比，碱金属的第一电离能较低。因为其离子半径最大，只有一个成键的电子，所以在形成金属晶体时，金属键较弱。碱金属的熔点、沸点、硬度、升华热随原子序数的增加而下降，而电离能和电负性也依次降低，见表7-1。

表7-1　碱金属元素的基本性质

性质	锂	钠	钾	铷	铯
元素符号	Li	Na	K	Rb	Cs
原子序数	3	11	19	37	55
相对原子质量	6.941	22.99	39.10	85.47	132.9
价电子构形	$2s^1$	$3s^1$	$4s^1$	$5s^1$	$6s^1$
常见氧化态	+1	+1	+1	+1	+1
原子半径/pm	123	154	203	216	235
离子半径/pm	60	95	133	148	169
第一电离能/（kJ/mol）	520	496	419	403	376
第二电离能/（kJ/mol）	7 298	4 562	3 051	2 633	2 230
电负性	1.0	0.9	0.8	0.8	0.7
M^+水合能/（kJ/mol）	519	406	322	293	264
$E^\ominus$/V	-3.045	-2.710	-2.931	-2.925	-2.923

　　碱金属元素在形成化学键时，多以形成离子键为特征，但在某些情况下也可显共价性，如气态双原子分子Na_2、Cs_2等就是以共价键结合的。锂化合物的共价成分最大，从Li→Cs的化合物，共价倾向逐渐减小。某些碱金属的有机物也具有共价特征。例如，四聚甲基锂，分子式为$Li_4（CH_3）_4$，其结构式如图7-1所示。

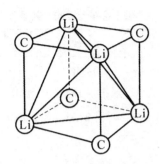

图7-1　四聚甲基锂结构式

7.2.1.2　碱土金属元素的基本性质

元素周期表中的ⅡA族包括铍、镁、钙、锶、钡、镭六种元素，因其氧化物性质介于"碱性的"碱金属氧化物和"土性的"氧化铝之间，故称其为"碱土金属"。其中，镭为放射性元素。

铍最重要的矿物是绿柱石，$Be_2Al_2Si_6O_{18}$，若其中含有2％的铬即为祖母绿。

镁的矿物丰富，如白云石（$MgCO_3·CaCO_3$）、菱镁矿（$MgCO_3$）、泻盐（$MgSO_4·7H_2O$）、光卤石（$KCl·MgSO_4·6H_2O$）、尖晶石（$MgAl_2O_4$）、无水钾镁矾（$K_2SO_4·MgSO_4$）、滑石$[Mg_3Si_4O_{10}(OH)_2]$。

钙在地壳中的分布排在第5位，主要矿物有方解石（$CaCO_3$）、石膏（$CaSO_4·2H_2O$）、萤石（CaF_2）、磷灰石$[Ca_5（PO_4）_3F]$等。珊瑚、贝类和珍珠的主要成分是$CaCO_3$。

锶主要矿物有天青石（$SrSO_4$）和菱锶矿（$SrCO_3$）。

钡主要矿物有重晶石（$BaSO_4$）和毒重石（$BaCO_3$）。

碱土金属的价电子构型为ns^2，原子半径比相邻的碱金属小。与碱金属相比，由于碱土金属的半径减小，价电子数增多，在金属晶体中形成的金属键增强，因此碱土金属的熔点、沸点和硬度均较碱金属高，而导电性低于碱金属，金属活泼性也不如碱金属。碱土金属的基本性质见表7-2。

表7-2　碱土金属元素的一些基本性质

性质	铍	镁	钙	锶	钡
元素符号	Be	Mg	Ca	Sr	Ba
原子序数	4	12	20	38	56
相对原子质量	9.012	24.31	40.08	87.62	137.3
价电子构形	$2s^2$	$3s^2$	$4s^2$	$5s^2$	$6s^2$
常见氧化态	+2	+2	+2	+2	+2
原子半径/pm	89	136	174	191	198
离子半径/pm	31	65	99	113	135
第一电离能/（kJ/mol）	900	738	590	550	503
第二电离能/（kJ/mol）	1 757	1 451	1 145	1 064	965
第三电离能/（kJ/mol）	14 849	7 733	4 912	4 320	
电负性	1.5	1.2	1.0	1.0	0.9
M^+水合能/（kJ/mol）	2 494	1 921	1 577	1 443	1 305
$E^{\ominus}$/V	−1.85	−2.732	−2.868	−2.89	−2.91

7.2.1.3　碱金属和碱土金属的通性

碱金属和碱土金属都是非常活泼的金属元素。若单纯从电离能来考虑金属的活泼性，则这两族元素的活泼性顺序分别是从Li到Cs和从Be到Ba依次增大。但是在水溶液中的反应，则因为涉及水合离子的生成问题，情况就比较复杂，通常用标准电极电势来说明金属的活泼性。用标准电极电势的大小顺序表示的金属活泼性顺序称为电位序。这两族金属在水溶液中的电位序为

Li，Rb，K，Cs，Ba，Sr，Ca，Na，Mg，Be

下面应用玻恩-哈伯循环来对金属的标准电极电势进行解析，以加深对水溶液中金属活泼性顺序的理解。

按照标准电极电势的定义及其测定原理，电对M^{n+}/M的标准电极电势的值实际上是下述电池反应的标准电动势的值。

$$M(s) + nH^+(aq) = M^{n+}(aq) + \frac{n}{2}H_2(g) \qquad (7-1)$$

它们之间的关系为

$$\varphi_{M^{n+}/M}^{\ominus} = -E^{\ominus} = \frac{\Delta_r G_m^{\ominus}}{nF} = \frac{\Delta_r H_m^{\ominus} - T\Delta_r S_m^{\ominus}}{nF}$$

为了简化讨论过程，加之反应的熵变一般不大，对电极电势的影响相对较小，我们将熵变项略去，则

$$\varphi_{M^{n+}/M}^{\ominus} \approx \frac{\Delta_r H_m^{\ominus}}{nF}$$

式中，$\Delta_r G_m^{\ominus}$，$\Delta_r H_m^{\ominus}$，$\Delta_r S_m^{\ominus}$ 分别为反应（7-1）的标准吉布斯自由能变化、标准焓变和标准熵变，F为法拉第常数。

碱金属晶格类型均为体心立方晶格，而碱土金属晶格类型却不同。碱土金属中，Be、Mg为六方晶格，Ca、Sr为面心立方晶格，Ba为体心立方晶格。正是这一缘故，碱土金属的物理性质变化不如碱金属有规律。

Li^+的极化能力是碱金属中最强的，它的溶剂化作用和形成共价键的趋势异常大，所以有人提出了"锂键"的存在，类似于氢键。碱土金属中，铍元素不像同族其他元素那样主要形成离子型化合物，它形成共价键的倾向比较显著。因此，铍元素常表现出不同于同族元素的反常性质。

碱金属和碱土金属两族元素的离子各有不同的味道特征，如Li^+味甜、K^+和Na^+味咸、Ba^{2+}味苦。

碱金属及钙、锶、钡都可溶于液氨中生成蓝色的导电溶液（铍、镁通过电解可以生成稀溶液）。在溶液中含有金属离子和溶剂化的自由电子，这种电子非常活泼，所以金属的氨溶液是一种能够在低温下使用的非常强的还原剂。当长期放置或有催化剂（如过渡金属氧化物）存在时，金属的氨溶液可以发生如下反应：

$$M + NH_3 \longrightarrow MNH_2 + \frac{1}{2}H_2$$

或更确切地写为

$$e(溶剂化) + NH_3 \longrightarrow NH_2^- + \frac{1}{2}H_2$$

由于碱金属和碱土金属单质大都与水激烈反应,所以通常是在干态和一些有机溶剂中用作还原剂。例如,在高温下Na、Mg、Ca能夺取许多氧化物中的氧或氯化物中的氯:

$$NbCl_5 + 5Na \longrightarrow Nb + 5NaCl$$

$$TiCl_4 + 2Mg \longrightarrow Ti + 2MgCl_2$$

$$ZrO_2 + 2Ca \longrightarrow Zr + 2CaO$$

目前,一些稀有金属常常是用金属Na、Mg、Ca作为还原剂,在高温和隔绝空气的条件下通过还原其氧化物或氯化物制备出来的。

碱金属和碱土金属单质都是强还原剂,如钠、钾、钙等常用作化学反应的还原剂。在空气中,碱金属和碱土金属均容易和氧反应,生成氧化物、过氧化物和超氧化物等。

在室温下,碱金属能够迅速地与空气中的氧反应,表面生成一层氧化层;还很容易吸收空气中的二氧化碳形成碳酸盐。锂的表面上除生成氧化物外,还可以生成氮化物。钠和钾在空气中稍微加热就能够燃烧起来;铷和铯在室温下遇空气会燃烧。

$$4Li + O_2 \longrightarrow 2Li_2O$$

$$4Na + O_2 \longrightarrow 2Na_2O$$

$$6Li + N_2 \longrightarrow 2Li_3N$$

因此碱金属应保存在煤油中。而锂的密度较小,浮在煤油上,所以应将其浸在液体石蜡或封存在固体石蜡中。

碱金属活泼性较差,室温下这些金属表面会缓慢地与空气中的氧发生反应生成氧化层。只有在空气中加热时,才会发生显著的反应,除生成氧化物外,还有氮化物生成。

$$3Ca + N_2 \longrightarrow Ca_3N_2$$

在金属熔炼中常利用锂和碱土金属的这一特性，将其作为除气剂，除去溶解在熔融金属中的氮气和氧气。

碱金属及碱土金属的挥发性化合物在高温火焰中，可以使火焰呈现出特征颜色，这种现象称为焰色反应。锶、钡、钾的硝酸盐分别与$KClO_3$、硫磺粉以及镁粉、松香等按一定的比例混合，可以制成能发射出各种颜色光的信号剂和焰火剂。

7.2.2 碱金属和碱土金属的单质

7.2.2.1 碱金属单质

（1）锂。单质锂是银白色金属。质较软，可用刀切割，是最轻的金属。

锂的密度非常小，仅有0.534 g/cm，为非气态单质中最小的一个，比所有的油和液态烃都小，故应存放于液体石蜡、固体石蜡或或白凡士林中（在液体石蜡中锂也会浮起）。

因为锂原子半径小，故其比起其他的碱金属，压缩性最小，硬度最大，熔点最高。温度高于−117℃时，金属锂是典型的体心立方结构，当温度降至−201℃时，开始转变为面心立方结构，温度越低，转变程度越大，但是转变不完全。在20℃时，锂的电导约为银的1/5。锂容易与铁以外的任意一种金属熔合。

（2）钠。钠为银白色立方体结构金属，质软而轻，密度比水小，可以用小刀切割。新切面有银白色光泽，在空气中氧化转变为暗灰色，具有抗腐蚀性。

①与O_2反应。一般情况下，钠在空气中燃烧生成过氧化钠。

$$2Na + O_2 \longrightarrow Na_2O_2$$

要得到Na_2O，需要用过氧化钠再与金属钠反应。

$$Na_2O_2 + 2Na \longrightarrow 2Na_2O$$

②熔融的钠与S反应，生成多硫化钠。

$$2Na+xS \longrightarrow Na_2S_x \qquad x=2 \to 5$$

③钠与熔融中的NaOH反应，生成氧化钠和氢化钠。

$$2Na+NaOH \longrightarrow Na_2O+NaH$$

④金属钠在低温下能溶于液氨，生成蓝色溶液。

$$Na + (x+y)NH_3 \longrightarrow Na(NH_3)_x^+ + e(NH_3)_y^-$$

$$e(NH_3)_y^- \xrightarrow{h\nu} e^*(NH_3)_y^- (蓝色)$$

（3）钾、铷、铯。钾是一种银白色的软质金属，熔点低，性质很活泼。钾在自然界没有单质形态存在，钾元素以盐的形式广泛的分布于陆地和海洋中，钾也是人体肌肉组织和神经组织中的重要成分之一。

铷是一种银白色蜡状金属。质软而轻，其化学性质比钾活泼。在光的作用下易放出电子。遇水起剧烈作用，生成氢气和氢氧化铷。易与氧作用生成氧化物。由于遇水反应放出大量热，所以可使氢气立即燃烧。纯金属铷通常存储于煤油中。

铯是一种金黄色，熔点低的活泼金属，在空气中极易被氧化。是制造真空件器、光电管等的重要材料。放射性核素Cs–137是日本福岛第一核电站泄露出的放射性污染中的一种。

7.2.2.2 碱土金属单质

（1）铍。铍是钢灰色金属轻金属，硬度比同族金属高，不像钙、锶、钡可以用刀子切割。

在自然界中，铍以硅铍石$[Be_4Si_2O_7(OH)_2]$和绿柱矿（$Be_3Al_2Si_6O_{18}$）等矿物

存在。绿柱石由于含有少量杂质而显示出不同的颜色。如含2%的Cr^{3+}离子呈绿色。某些透明的,有颜色的掺和物,称为宝石。亮蓝绿色的绿柱石称为海蓝宝石,深绿色的绿柱石称为祖母绿。铍当然不是用这些宝石来制备,而是使用一些无色晶体或棕色绿柱石来制备。

金属铍是六方金属晶体,表面易形成氧化层,减小了金属本身的活性。根据对角线规则,Be的性质与ⅢA族的铝相似,是典型的两性金属。在通常的情况下,金属铍反应后不形成简单Be^{2+}离子,而是形成正、负配离子。

Be能与O_2、N_2、S反应,也能与碳反应生成Be_2C碳化物(与Al_4C_3同类),而其他碱土金属的碳化物都是MC_2型。

$$2Be+O_2 \longrightarrow 2BeO$$

$$3Be+N_2 \longrightarrow Be_3N_2$$

$$Be + S \longrightarrow BeS$$

Be与金属反应,可以形成铍基合金、金属间化合物和合金添加剂,增加合金的硬度和强度,使合金耐腐蚀。

金属铍与溶于液氨的KNH_2作用,有如下反应:

$$Be + 2KNH_2 \longrightarrow Be(NH_2)_2 + 2K$$

铍与酸、碱都反应,但对冷的浓硝酸和浓硫酸有钝化性。

$$Be + 2H_3O^+ + 2H_2O \longrightarrow \left[Be(H_2O)_4\right]^{2+} + H_2$$

$$Be + 2OH^- + 2H_2O \longrightarrow \left[Be(OH)_4\right]^{2-} + H_2$$

铍是轻而坚硬的金属,虽然它比较脆,延展性不大,但是它能应用于核动力反应堆。铍的原子量低,因此X射线对它有高的穿透性,又由于铍的高熔点和强度,所以铍适合作为X射线管的窗孔。铍也广泛应用于合金材料。

(2)镁。镁是轻金属。镁的电负性为1.31,标准电极电势为–2.36 V,可以看出，镁是一种活泼金属，其化学性质如下：

①不论在固态或水溶液中，镁都表现出强还原性，常用作还原剂。

高温下，金属镁能夺取某些氧化物中的氧，着火的镁条能在CO_2中继续燃烧：

$$2Mg + CO_2 \longrightarrow 2MgO + C$$

镁可以把SiO_2还原成单质硅：

$$2Mg + SiO_2 \longrightarrow 2MgO + Si$$

从$\varphi^{\ominus}_{Mg^{2+}/Mg}$来看，镁应该很容易与水反应，但由于镁表面生成氧化膜，因此镁不与冷水作用。但镁能与热水反应：

$$Mg + 2H_2O \longrightarrow Mg(OH)_2 + H_2$$

②金属镁能与大多数非金属和几乎所有的酸反应。

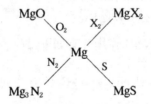

镁只有在加压下与氢直接反应，生成的氢化镁具有金红石结构。

镁与酸反应但不能与氢氟酸和铬酸反应，这是因为生成的MgF_2难溶膜和Mg在铬酸中的钝化性所致。

$$Mg + 2H^+ \longrightarrow Mg^{2+} + H_2$$

③在醚的溶液中，镁能与卤代烃作用，生成在有机化学中应用广泛的格氏试剂。

$$Mg + RX \xrightarrow{ether} RMgX$$

工业上金属镁的生产通常采用电解法和热还原法。

$$MgO + C \xrightarrow{\text{通电}} Mg + CO$$

$$MgO + CaC_2 \longrightarrow Mg + CaO + 2C$$

$$MgCl_2 \xrightarrow{750℃} Mg + Cl_2$$

粗镁利用真空升华可以制得99.999％高纯镁。

（3）钙、锶、钡。钙是银白色的轻金属，质软。化学性质活泼，能与水、酸反应，有氢气产生。在空气在其表面会形成一层氧化物和氮化物薄膜，以防止继续受到腐蚀。加热时，几乎能还原所有的金属氧化物。

锶呈现银白色带黄色光泽，是碱土金属中丰度最小的元素。在自然界以化合态存在。可由电解熔融的氯化锶而制得。锶元素广泛存在在矿泉水中，是一种人体必需的微量元素，具有防止动脉硬化，防止血栓形成的功能。用于制造合金、光电管，以及分析化学试剂、烟火等。质量数90的锶是一种放射性同位素，可作β射线放射源。

钡是碱土金属中最活泼的元素，银白色，燃烧时发黄绿色火焰。钡的盐类用做高级白色颜料。金属钡是铜精炼时的优良去氧剂。

7.3　过渡金属元素

d区元素和ds区元素位于元素周期表的中部，左邻s区元素而右邻p区元素，可以看成是s区和p区间的桥梁。根据所在周期不同，d区过渡元素可分为3个过渡系。

第一过渡系：第四周期元素，从钪（Sc）到镍（Ni）8种元素。

第二过渡系：第五周期元素从钇（Y）到钯（Pd）8种元素。

第三过渡系：第六周期元素从镧（La）到铂（Pt）8种元素，但不包括镧系元素。

副族元素是指电子未完全充满d轨道或f轨道的元素，包括周期表中d区、ds区和f区元素。d区元素是指周期表ⅢB族到Ⅷ族的元素，共有32种；ds区元素是指周期表ⅠB族（铜族）和ⅡB族（锌族）的元素，共8种；f区元素，是指镧系和锕系元素，共30种。通常d区、ds区元素称过渡元素；f区元素，由于价电子依次填充（$n-2$）f轨道，称内过渡元素。

7.3.1 过渡元素的通性

7.3.1.1 元素的原子结构

（1）原子的电子层构型和原子半径。过渡元素的原子随着核电荷增加，电子依次填充在次外层的d轨道上，最外层只有1～2个电子。它们的价电子层结构为（$n-1$）d$^{1\sim10}n$s$^{1\sim2}$（Pd为4d^{10}5s^0）。

图7-2表示过渡元素的原子半径随周期和原子序数变化的情况。同一过渡系的元素，随着原子序数的增加，原子半径减小，但到Cu族前后又逐渐回升。这是因为当d轨道的电子未充满时，电子的屏蔽效应较小，而核电荷却依次增加，对外层电子的吸引力增大，所以原子半径依次减小，直到铜族（第Ⅰ族）d轨道充满，使屏蔽效应增强，才使原子半径又出现增大。

由于镧系收缩的结果，除钪族原子半径的递变规律同主族一样，从上到下逐渐增大以外，其余各族元素中，第二、三过渡系的两种元素的原子半径很接近，甚至Hf的原子半径小于Zr。这就使得第4（ⅣB）族的Zr和Hf、第5（ⅤB）族的Nb和Ta、第6（ⅥB）族的Mo和W在性质上很相似，在自然界中各自共生在一起，较难分离。

（2）元素的氧化态。因为过渡元素除最外层的s电子可以作为价电子外，次外层的d电子也可部分作为价电子参加成键，所以过渡元素常有多种氧化态。一般可由+2依次增加到与族数相同的氧化态（第8族以后除外）。同一族中从上到下，高氧化态趋于稳定，即第一过渡系元素一般容易呈现低氧化态，第二、第三过渡系元素倾向于呈现高氧化态。

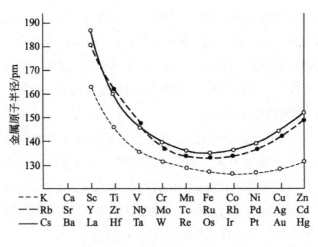

图7-2 过渡元素的原子半径

过渡元素在形成低氧化态（+1、+2、+3）化合物时，一般以离子键相结合。它们在水溶液中，容易形成组成确定的水合离子，如 $\left[Cr(H_2O)_6\right]^{3+}$、$\left[Co(H_2O)_6\right]^{2+}$ 等。当形成高氧化态（+4或+4以上）的化合物时，则以极性共价键相结合。它们在水溶液中表现为含氧的水合离子，如TiO^{2+}、VO^{2+}、CrO_4^{2-} 等，其中心原子的次外层d轨道和d电子参加了价键的形成。

7.3.1.2 过渡元素的性质

（1）过渡金属的物理性质。过渡元素一般具有较小的原子半径，不仅s电子而且d电子也可以参与形成金属键，并且晶格中的金属键大都较强或很强。一般认为，在这些金属原子间，除了主要以金属键结合外，还可以形成部分共价键，随着原子中未成对d电子数增多，原子间以共价键结合的趋势也增大。这些就大大地影响了过渡金属单质的物理性质。过渡金属一般呈银白色或灰色（锇呈灰蓝色），有光泽。除钪和钛属轻金属外，其余都是重金属。

过渡金属的熔点和沸点一般都很高（Zn、Cd、Hg除外）。钨是所有金属中最难熔化的。过渡金属硬度也较大，其中铬是金属中最硬的。

（2）过渡金属的化学性质。一般来说，过渡金属的金属性比同周期的p区相应元素要强，而远弱于同周期的s区元素。第一过渡系比第二、三过渡系的典型过渡元素活泼。除铜外，第一过渡系金属一般都可以从稀酸（盐酸和硫酸）中置换氢，它们与酸反应时容易形成低氧化态。而第二、三过渡系金属则不能被稀酸中的H^+氧化。

①过渡元素氧化物的酸碱性。过渡元素氧化物（氢氧化物或水合氧化物）的碱性，同一周期中从左到右逐步减弱；在高氧化态时表现为从碱到酸。例如，Sc_2O_3为碱性氧化物，TiO_2为具有两性的氧化物，CrO_3是较强的酸酐（铬酸酐），而Mn_2O_7在水溶液中已成强酸了。这种有规律的变化是和过渡元素高氧化态离子半径有规律的变化相一致的。

②离子的颜色。过渡元素离子的配合物一般都是有色的。这是因为具有$d^{1～9}$型的过渡元素离子与配体成键时，原等价的d轨道发生能级分裂，而分裂的能级差正好落在可见光区的波长范围内。当配合物吸收白光中某一种颜色的波长时，电子便从较低能级的d轨道向较高能级的d轨道跃迁（d-d跃迁），而显出白色中这种颜色的互补色。例如，紫色和黄绿色为互补色，配合物显紫色是由于其吸收了白光中的黄绿色。

③过渡元素形成配合物的倾向。过渡元素较容易形成配合物。

④过渡元素的催化性。许多过渡金属及其化合物具有催化性。例如，氧化SO_2为SO_3所用的催化剂是V_2O_5；烯烃的加氢反应，常用钯做催化剂；许多生物上的重要反应，都有酶（生物化学反应的催化剂）参加，而酶中大多含有过渡元素。例如，维生素B_{12}辅酶的中心有钴原子；在固氮酶中同时含有钼和铁。过渡元素的催化作用显然是与过渡元素容易形成配合物和有多种氧化态密切相关的。

7.3.2　铜族元素

7.3.2.1　铜族元素的通性

铜族元素位于周期表的 I B包括铜、银、金3个元素，它们的价电子构型为 $(n-1)d^{10}ns^1$，从最外电子层来看它们和碱金属一样都只有1个s电子，但是次外层的电子数不相同。铜族元素次外层为18个电子，碱金属次外层为8个电子（锂只有2个电子）。本族金属原子最外层的1个s电子受核电荷的吸引比碱金属要强得多，因而相应的电离能高得多，原子半径小得多，密度大得多，等等。

铜族元素的氧化态有 $+I$、$+II$、$+III$ 三种，是由于铜族元素最外层 ns 电子和次外层的 $(n-1)d$ 电子能量相差不大，与其他元素化合时，不仅 ns 电子能参加成键，$(n-1)d$ 电子也能根据反应条件的不同可以部分参加成键，因而表现出几种氧化态，例如 Cu_2O、CuO、$KCuO_2$（铜酸钾）。常见氧化态（特别是在水溶液里），Cu为 $+II$，Ag为 $+I$，Au为 $+III$（不完全是离子型化合物）。Cu^+ 和 Ag^{2+} 不稳定，是因为 Cu^{2+} 离子半径比 Cu^+ 离子的小，电荷多1倍，所以 Cu^{2+} 的溶剂化作用要比 Cu^+ 的强得多；Cu^{2+} 的水化能超过铜的第二电离能，所以 Cu^{2+} 在水溶液中比 Cu^+ 更稳定。对银来说，Ag^{2+} 和 Ag^+ 的离子半径都较大，其水化能相应就小，而且银的第二电离能又比铜的第二电离能大，因此 Ag^+ 比较稳定。由于金的离子半径明显比银的大，金的第3个电子比较容易失去，再加上 d^8 离子的平面正方形结构具有较高的晶体场稳定化能，这就使得金容易形成 $+III$ 氧化态。

7.3.2.2　铜族单质

铜、银、金都有很好的延展性、导电性和传热性。在所有金属中银的导电性、传热性都居于首位，用于高级计算器及精密电子仪表中。金是金属中延展性最强的。铜的导电能力虽然次于银，但比银便宜得多。目前世界上一半以上的铜用在电器、电机和电信工业上。

铜以各种合金的形式，如黄铜（Cu–Zn）、青铜（Cu–Sn）、蒙乃尔合金（Cu–Ni）等，在高强度铸件、高导电性零件等精密仪器中广泛使用，在国防工业、航天工业方面都是不可缺少的材料。

铜只有在加热的条件下，才能和氧生成黑色的CuO：

$$2Cu + O_2 \xrightarrow{\Delta} 2CuO$$

但铜与含有CO_2的潮湿空气接触，表面易生成一层"铜绿"，其主要成分为$Cu(OH)_2 \cdot CuCO_3$。而银、金不和氧反应。银与硫有较强的亲和作用，当和含H_2S的空气接触时即逐渐变暗：

$$4Ag + 2H_2S + O_2 \longrightarrow 2Ag_2S + 2H_2O$$

铜副族元素在高温下也不能与氢气、氮气和碳反应。与卤素作用情况不同：铜在常温下就有反应，而银反应较慢，金只是在加热下才能反应。它们不能从非氧化性稀酸中置换出氢气，铜和银能溶于HNO_3，金只溶于王水。

铜、银、金都易形成配合物，用氰化物从Ag，Au的硫化物矿或砂金中提取银和金，就是利用了这一性质。例如：

$$2Ag_2S + 10NaCN + O_2 + 2H_2O \longrightarrow 4Na[Ag(CN)_2] + 4NaOH + 2NaCNS$$

$$2Au + 4NaCN + \frac{1}{2}O_2 + 2H_2O \longrightarrow 2Na[Au(CN)_2] + 2NaOH$$

然后加入锌粉，金、银即被置换出来：

$$2Na[Ag(CN)_2] + Zn \rightarrow Na_2[Zn(CN)_4] + 2Ag$$

7.3.2.3　铜的化合物

（1）铜（Ⅰ）化合物。氧化亚铜（Cu_2O），为暗红色固体，有毒，不溶于水，对热稳定，但在潮湿空气中缓慢被氧化成CuO。Cu_2O是制造玻璃和搪瓷的红色颜料。此外，还用作船舶底漆及农业上的杀虫剂。

Cu_2O为碱性氧化物，能溶于稀H_2SO_4，但立即歧化分解：

$$Cu_2O + H_2SO_4 \longrightarrow CuSO_4 + Cu + H_2O$$

Cu_2O溶于氨水和氢卤酸时，分别形成稳定的无色配合物，如$[Cu(NH_3)_2]^+$、$[CuX_2]^-$，$[CuX_3]^{2-}$等。

氯化亚铜（$CuCl$），难溶于水，在潮湿空气中迅速被氧化，由白色变成绿色。它能溶于氨水、浓HCl及$NaCl$，KCl溶液，并生成相应的配合物。$CuCl$是共价化合物，其熔体导电性差。通过对其蒸气相对分子量的测定，证实它的分子式应是Cu_2Cl_2，通常将其化学式写为$CuCl$。$CuCl$是最重要的亚铜盐，它是有机合成的催化剂和还原剂；石油工业的脱硫剂和脱色剂；肥皂、脂肪等的凝聚剂；还用作杀虫剂和防腐剂。$CuCl$能吸收CO，故在分析化学上作为CO的吸收剂等。

（2）铜（Ⅱ）化合物。

①氧化铜和氢氧化铜。氧化铜（CuO）为黑色粉末，难溶于水。它是偏碱性氧化物，溶于稀酸：

$$CuO + 2H^+ \longrightarrow Cu^{2+} + H_2O$$

由于配合作用，也溶于NH_4Cl或KCN等溶液。

由$Cu(NO_3)_2$或$Cu_2(OH)_2CO_3$受热分解都能制得CuO：

$$2\,Cu(NO_3)_2 \overset{\Delta}{\longrightarrow} 2CuO + 4\,NO_2\uparrow + O_2\uparrow$$

$$Cu_2(OH)_2CO_3 \overset{\Delta}{\longrightarrow} 2CuO + CO_2\uparrow + H_2O\uparrow$$

后一反应可以避免NO_2对空气的污染，更适合于工业生产。

目前，工业上生产CuO常利用废铜料，先制成$CuSO_4$，再由金属铁还原得到比较纯净的铜粉，铜粉经焙烧得CuO：

$$Cu + 2H_2SO_4 \longrightarrow CuSO_4 + SO_2\uparrow + 2H_2O$$

$$CuSO_4 + Fe \longrightarrow FeSO_4 + Cu\downarrow$$

$$2Cu + O_2 \xrightarrow{450\,°C} 2CuO$$

氢氧化铜Cu(OH)₂为浅蓝色粉末，难溶于水。60～80℃时逐渐脱水而变成CuO，颜色变暗。Cu(OH)₂稍有两性，易溶于酸，只溶于较浓的强碱，生成四羟基合铜（Ⅱ）配离子：

$$Cu(OH)_2 + 2OH^- \longrightarrow [Cu(OH)_4]^{2-}$$

Cu(OH)₂易溶于氨水，生成深蓝色的四氨合铜（Ⅱ）配离子[Cu(NH₃)₄]²⁺。

向CuSO₄或其他可溶性铜盐的冷溶液中加入适量的NaOH或KOH，即析出浅蓝色的Cu(OH)₂沉淀：

$$CuSO_4 + 2NaOH \longrightarrow Cu(OH)_2 \downarrow + Na_2SO_4$$

新沉淀出的Cu(OH)₂极不稳定，稍受热迅速分解变暗：

$$Cu(OH)_2 \xrightarrow{\Delta} CuO + H_2O$$

②铜（Ⅱ）盐。CuCl₂·2H₂O受热时，按下式分解：

$$CuCl_2 \cdot 2H_2O \xrightarrow{\Delta} Cu(OH)_2 \cdot CuCl_2 + 2HCl$$

所以制备无水CuCl₂时，要在HCl气流中，CuCl₂·2H₂O加热到413～423 K的条件下进行。无水CuCl₂进一步受热，则按下式进行分解。

$$2CuCl_2 \xrightarrow{423K} 2CuCl + Cl_2 \uparrow$$

硝酸铜的水合物有Cu(NO₃)₂·3H₂O、Cu(NO₃)₂·6H₂O和Cu(NO₃)₂·9H₂O。将Cu(NO₃)₂·3H₂O加热到443 K时，得到碱式盐Cu(NO₃)₂·Cu(OH)₂，进一步加热到473 K则分解为CuO。企图通过脱水来制备无水硝酸铜一直未获成功。因为水是一种比硝酸根更强的配体，所以水合硝酸盐在加热时失去硝酸根而不是水。

7.3.2.4　银的化合物

银的化合物中，银的氧化态为+1（如$AgNO_3$）、+2（如AgO）和+3（如Ag_2O_3）。其中+1氧化态的最为稳定和常见。

除AgF、$AgNO_3$可溶，Ag_2SO_4微溶外，其他银盐大都难溶于水。$Ag+$是无色的。

（1）氧化银（Ag_2O）。在$AgNO_3$溶液中加入$NaOH$，首先析出极不稳定的白色$AgOH$沉淀，$AgOH$立即脱水转为棕黑色的Ag_2O：

$$AgNO_3 + NaOH \longrightarrow AgOH\downarrow + NaNO_3$$

$$2AgOH \longrightarrow Ag_2O + H_2O$$

Ag_2O具有较强的氧化性，与有机物摩擦可引起燃烧，能氧化CO、H_2O_2，本身被还原为单质银：

$$Ag_2O + CO \longrightarrow 2Ag + CO_2\uparrow$$

$$Ag_2O + H_2O_2 \longrightarrow 2Ag + O_2\uparrow + H_2O$$

Ag_2O与MnO_2，Co_2O_3，CuO的混合物在室温下，能将CO迅速氧化为CO_2，因此被用于防毒面具中。

Ag_2O与NH_3作用，易生成配合物$[Ag(NH_3)_2]OH$，该配合物暴露在空气中易分解为黑色的易爆物AgN_3。凡是接触过$[Ag(NH_3)_2]^+$的器皿、用具，用后必须立即清洗干净。

（2）硝酸银（$AgNO_3$）。$AgNO_3$的制法是将银溶于硝酸，然后蒸发并结晶得到：

$$Ag + 2HNO_3(浓) = AgNO_3 + NO_2\uparrow + H_2O$$

$$3Ag + 4HNO_3(浓) = 3AgNO_3 + NO\uparrow + 2H_2O$$

原料银常从精炼铜的阳极泥得到，其中含有杂质铜，因此产品中将含硝酸铜，根据硝酸盐的热分解条件：

$$2AgNO_3 \xrightarrow{713K} 2Ag + 2NO_2\uparrow + O_2\uparrow$$

$$2Cu(NO_3)_2 \xrightarrow{473K} 2CuO + 4NO_2\uparrow + O_2$$

因此可将粗产品加热至473～573 K，这时硝酸铜分解为黑色不溶于水的CuO，硝酸银没有分解。将混合物中的AgNO₃溶解后滤去CuO，然后将滤液重结晶得到纯的硝酸银。

（3）氯化银（AgCl）。由AgNO₃和盐酸（或其他可溶性氯化物）反应制得。银是贵重金属，合成时通常让Cl⁻过量，使AgCl尽量沉淀完全。但由于发生了下面的配合作用，AgCl会溶解在过量的Cl⁻中：

$$AgCl(s) + Cl^- \longrightarrow [AgCl_2]^-$$

Cl⁻过量越多，AgCl的溶解度越大，故HCl或氯化物的投料量也不宜过多。AgBr和AgI的制备同上，但它们的光感性跟强，需要在暗室操作。

7.3.2.5 金的化合物

Au（Ⅲ）化合物最稳定，Au⁺像Cu⁺离子一样容易发生歧化反应，298 K时歧化反应的平衡常数为10^{13}。

$$3Au^+ = Au^{3+} + 2Au$$

可见Au⁺在水溶液中不能存在。

不溶于水的Au(I)化合物，如Au₂S相当稳定，而其余的，如Au₂O稍微加热就会分解。Au⁺像Ag⁺一样，容易形成二配位的配合物，例如$[Au(CN)_2]^-$。Au⁺与二硫代氨基甲酸根形成的配合物中含有直线形S—Au—S配键，它是二聚体，其中Au—Au键距为276 pm，比金属金中Au—Au键距（288 pm）缩短了12 pm，说明其中有金属–金属键。

在最稳定的+Ⅲ氧化态的化合物中有氧化物、硫化物、卤化物及配合物。

碱与Au^{3+}水溶液作用产生一种沉淀物，这种沉淀脱水后变成棕色的Au_2O_3。Au_2O_3溶于浓碱形成$[Au(OH)_4]^-$离子的盐。

将H_2S通入$AuCl_3$的无水乙醚冷溶液中，可得到Au_2S_3，它遇水后很快被还原成Au（Ⅰ）或Au。

金在473 K时同氯气作用，可得到红褐色晶体$AuCl_3$。在固态和气态时，该化合物为二聚体。

$AuCl_3$易溶于水，并水解合成一羟三氯合金（Ⅲ）酸：

$$AuCl_3 + H_2O = H[AuCl_3OH]$$

7.3.3　铁系元素

7.3.3.1　铁系的性质与用途

铁、钴、镍是有光泽的银白色金属，具有铁磁性，是很好的磁性材料。钴、镍的最大用途是制造合金，例如，钴基合金是钴和铬、钨、铁、镍、钼等金属中的一种或数种所形成的合金，加热时变化小，又能耐腐蚀，是制刀具的好材料，镍基合金的主要特点是耐腐蚀，如含Ni 21.5%，Fe 78.5%的叫作透磁合金，磁性很好，用于电极及电信工程中；含Ni 60%，Cu 36%，Fe 3.5%，Al 0.5%的叫作蒙乃尔合金，可做化工机械；另有含Ni 40%，Fe 60%的合金，热膨胀系数和玻璃相近，所以，可以用来焊接金属和玻璃，因而，在冶金工业中，地位极其重要。

7.3.3.2　氧化物和氢氧化物

铁系元素都能形成氧化态为+2和+3的氧化物：

FeO黑色　　　　CoO灰绿色　　NiO暗绿色

Fe_2O_3红棕棕色　CO_2O_3黑色　　Ni_2O_3黑色

FeO呈碱性，易溶于非氧化性酸形成铁（Ⅱ）盐。在低氧分压下加热铁或在隔绝空气的条件下加热草酸铁可制得FeO。该方法所制得的FeO为黑色细粉，能自燃。Fe_2O_3有α和γ两种不同的构型。$\alpha-Fe_2O_3$为顺磁性氧化物，具有刚玉型结构，广泛用作红色颜料，用以制备稀土——铁石榴石和其他铁氧体磁性材料，用以制作抛光剂——抛光宝石的铁丹等。将用碱处理铁（Ⅲ）水溶液产生的红棕色凝胶状水合氧化物沉淀加热到473 K时生成红棕色$\alpha-Fe_2O_3$。$\gamma-Fe_2O_3$为铁磁性氧化物，是生产录音磁带的磁性材料。在空气中加热$\gamma-Fe_2O_3$到673 K以上转变为$\alpha-Fe_2O_3$。

CoO在常温时呈反铁磁性，可采用钴与氧气在高温时反应，或在隔绝空气和高温的条件下使钴（Ⅱ）的碳酸盐、草酸盐、硝酸盐热分解而制得。CoO难溶于水，溶于酸，一般不溶于碱性溶液。如果在空气中加热钴（Ⅱ）的碳酸盐、草酸盐、硝酸盐，或将CoO在大气的氧中加热到673～773 K均得到黑色的Co_3O_4。而纯氧化钴Co_2O_3到目前还没有制得，只知有一水合物$Co_2O_3\cdot H_2O$。

NiO不溶于水，易溶于酸中，可通过加热镍（Ⅱ）的氢氧化物、碳酸盐、草酸盐或硝酸盐而生成。纯的无水氧化镍（Ⅲ）也未得到证实，如采用NaOCl氧化碱性硫酸镍溶液可得到不稳定的黑色$NiO\cdot H_2O$。

在Fe^{2+}，Co^{2+}，Ni^{2+}溶液中分别加入NaOH可得到相应的$Fe(OH)_2$（白色）、$Co(OH)_2$（粉红色）、$Ni(OH)_2$（绿色）。

这些氢氧化物在空气中的稳定性明显不同，$Fe(OH)_2$很容易被空气中的O_2所氧化，生成绿色到棕色的中间产物，有足够时间时，可全部氧化为$Fe(OH)_3$（棕红色）。

$$4Fe(OH)_2 + O_2 + 2H_2O \longrightarrow 4Fe(OH)_3$$

$Co(OH)_2$也能被空气中的O_2所氧化，但比较缓慢，而$Ni(OH)_2$在空气中非常稳定，必须使用强氧化剂，如Cl_2，NaClO等才能使$Ni(OH)_2$氧化：

$$2Ni(OH)_2 + Cl_2 + 2NaOH \longrightarrow 2Ni(OH)_3（黑色）+ 2NaCl$$

水溶液中只有Fe(Ⅲ)能以$[Fe(H_2O)_6]^{3+}$（淡紫色）形式存在，Co(Ⅲ)，Ni(Ⅲ)在水溶液中不能稳定存在。从元素的电势图可见，Co(Ⅲ)，Ni(Ⅲ)在酸性溶液中具有强氧化性，即使在碱溶液中得到的Co(OH)₃（棕色）和Ni(OH)₃，当它们溶于酸时，发生氧化还原反应，这显然与Fe(OH)₃溶于酸的反应不同。

$$2M(OH)_3 + 6HCl \longrightarrow 2MCl_2 + Cl_2 + 6H_2O \quad (M=Co，Ni)$$

$$2M(OH)_3 + 4H_2SO_4 \longrightarrow 4MSO_4 + O_2 + 10H_2O \quad (M=Co，Ni)$$

7.3.3.3　铁系盐类

（1）Fe（Ⅱ）盐。较常见的Fe（Ⅱ）盐是浅绿色晶体$FeSO_4 \cdot 7H_2O$，俗称绿矾或铁矾，常用来制造墨水、染色、防腐及作还原剂等。Fe（Ⅱ）盐在工业上可用铁屑溶于硫酸而制得，也广泛采用钛铁矿生产钛白粉后的副产废水来制备。Fe（Ⅱ）在水溶液中或空气中均不稳定，易氧化成Fe（Ⅲ），因此，保存Fe（Ⅱ）盐溶液时，应加酸酸化，并加入铁钉以防止氧化。它的复盐，如硫酸亚铁铵（NH_4）$_2SO_4$ $FeSO_4 \cdot 6H_2O$，俗称摩尔盐，却比$FeSO_4 \cdot 7H_2O$稳定得多。

Fe^{2+}、Co^{2+}、Ni^{2+}的硫酸盐都能与碱金属或铵的硫酸盐形成复盐。其从水溶液中结晶析出时，常含有相同数目的结晶水，这是它们硫酸盐的共同特征。

（2）$NiSO_4$。$NiSO_4$是重要的镍化合物，主要用于电镀工业，也用来制镍镉电池、有机合成和生产硬化油作为油漆的催化剂，还可用作还原染料的媒染剂。$NiSO_4$为绿色结晶，易溶于水，水溶液呈酸性。在水溶液结晶时，低于31.5℃时结晶为$NiSO_4 \cdot 7H_2O$，31.5～53.3℃时为六水盐，103.3℃时失去六个结晶水。

（3）Co（Ⅱ）盐。较常见的Co（Ⅱ）盐是$CoCl_2 \cdot 6H_2O$，在不同温度下，所含结晶水的数目常发生变化而呈现不同颜色。

$$CoCl_2 \cdot 6H_2O \text{（粉色）} \xrightarrow{52.3°C} CoCl_2 \cdot 2H_2O \text{（紫红）} \xrightarrow{90°C}$$
$$CoCl_2 \cdot H_2O \text{（蓝紫）} \xrightarrow{120°C} CoCl_2 \text{（蓝）}$$

这个性质可以用来指示硅胶干燥剂的吸水情况。在制备硅胶时加入少量 $CoCl_2$，当硅胶吸水时，$CoCl_2$ 结晶水数目增加，从而颜色发生变化。当硅胶呈粉红色时，再经烘干驱水重复使用工业上称为变色硅胶。也可利用这个性质制造隐显墨水。工业上通常利用 $CoCl_2$ 电解精炼钴，以及用来制备钴的其他化合物。

7.3.3.4 铁系配合物

（1）氨配合物。在无水状态下，Fe^{2+} 可以与氨分子形成配合物，如 $[Fe(NH_3)_6]Cl_2$ 等，但此类配合物稳定性差，遇水即分解：

$$\left[Fe\left(N H_3\right)_6 \right]Cl_2 + 6H_2O == Fe(OH)_2 \downarrow + 4NH_3 \cdot H_2O + 2NH_4Cl$$

而 Fe^{3+} 由于极易发生水解，所以在水溶液中加入氨时，所形成的不是氨合物，而是 $Fe(OH)_3$ 沉淀。

当 Co^{2+} 的水溶液中加入过量的氨水时，生成可溶性的氨合配离子 $\left[Co\left(NH_3\right)_6 \right]^{2+}$，由于配离子的形成导致了如下电极电势的改变，该离子在空气中易被氧化成 $\left[Co\left(NH_3\right)_6 \right]^{3+}$：

$$\left[Co\left(NH_3\right)_6 \right]^{3+} + e^- \Longrightarrow \left[Co\left(NH_3\right)_6 \right]^{2+} \quad \varphi_A^\ominus = 1.84 \text{ V}$$

$$\left[Co\left(NH_3\right)_6 \right]^{3+} + e^- \Longrightarrow \left[Co\left(NH_3\right)_6 \right]^{2+} \quad \varphi_B^\ominus = 0.1 \text{ V}$$

基于形成配合物后电极电势的改变，许多钴（Ⅱ）配合物容易被氧化而生成最终产物为钴（Ⅲ）的配合物。例如，用活性炭作催化剂，向含有 $CoCl_2$、NH_3 和 NH_4Cl 的溶液通入空气加 H_2O_2，可以从溶液中结晶出橙黄色的三氯化六氨合钴（Ⅲ）$\left[Co\left(NH_3\right)_6 \right]Cl_3$ 晶体：

$$4\left[Co(H2O)_6 \right]^{2+} + 20NH_3 + 4NH_4^+ + O_2 \Longrightarrow 4\left[Co\left(NH_3\right)_6 \right]^{3+} + 26H_2O$$

$$2\left[Co(H2O)_6\right]^{2+} + 10NH_3 + 2NH_4^+ + O_2 \Longrightarrow 2\left[Co(NH_3)_6\right]^{3+} + 14H_2O$$

（2）硫氰根配合物。Fe^{3+}离子与SCN^-会生成血红色配合物，其颜色随SCN^-的浓度而改变，这是鉴定Fe^{3+}离子的灵敏反应之一，常用于Fe^{3+}的比色测定：

$$Fe^{3+} + nSCN^- = [Fe(SCN)_n]^{3-n} \quad n = 1 \sim 6$$

该反应过程中，应保证溶液的足够酸度，否则Fe^{3+}会水解；如果Fe^{3+}浓度很低时，为了得到较好的效果，可用乙醚或异戊醇等有机溶剂进行萃取。

向Fe^{3+}的溶液中加入硫氰化钾溶液生成蓝色的$[Co(SCN)_4]^{2-}$配离子，它在水溶液中易解离成简单离子，但该配离子在有机溶剂中比较稳定，可溶解于丙酮或戊醇中，故也可用于比色分析。

（3）氰根配合物。铁、钴、镍均可与强场配体氰根阴离子形成稳定的配合物。

在含Fe^{2+}的溶液中加入KCN，首先生成$Fe(CN)_2$沉淀，KCN过量则沉淀会溶解。该溶液中可析出六氰合铁（Ⅱ）酸钾黄色晶体，$K[Fe(CN)_6]\cdot 3H_2O$，也称为亚铁氰化钾或黄血盐。

$$FeSO_4 + 2KCN = Fe(CN)_2 \downarrow + K_2SO_4$$

$$Fe(CN)_2 + 4KCN = K_4[Fe(CN)_6]$$

在黄血盐溶液中通入氯气（或用其他氧化剂）则生成深红色的六氰合铁（Ⅲ）酸钾，称铁氰化钾或赤血盐。

$$2K_4[Fe(CN)_6] + Cl_2 = 2KCl + 2K_3[Fe(CN)_6]$$

赤血盐在碱性介质中有氧化作用，在中性溶液中发生微弱的水解，所以在使用赤血盐溶液时，最好现用现配。

$$4K_3[Fe(CN)_6] + 4KOH = 4K_4[Fe(CN)_6] + O_2 + 2H_2O$$

$$K_3[Fe(CN)_6] + 3H_2O \Longrightarrow Fe(OH)_3 \downarrow + 3KCN + 3HCN$$

7.3.4 铂系元素

铂系元素包括Ⅷ族中的钌、铑、钯和锇、铱、铂六种元素。铂系元素几乎完全以单质状态存在，高度分散在各种矿石中。铂系元素几乎无例外地共同存在，形成天然合金。

7.3.4.1 铂系元素的性质与用途

铂系金属的颜色除锇（Os）是蓝灰色外，其余都是银白色的。熔沸点很高，密度很大。除钌和锇硬而脆外，其余都有延展性。

铂系金属的化学稳定性很高。在常温下和氧、氟、氮等非金属都不起作用。许多铂系金属都是抗腐蚀的。Ru、Rh、Ir和块状的Os不溶于王水，Pt能溶于王水。Pd能溶于浓硝酸和浓硫酸中。在有氧化剂如KNO_3、$KClO_3$等存在时，铂系金属与碱共熔，可转变成可溶性化合物。如Ru和KNO_3、KOH共熔，可转变为$K_2RuO_4 \cdot H_2O$。

由于铂族金属具有高熔点、高沸点、低蒸气压和高温抗氧化、抗腐蚀等优良性能，故可用作高温容器（坩埚、器皿）、发热体等。其精密合金材料广泛用于各种仪器、仪表。某些铂族金属及其合金具有高温热电性能和稳定的电阻温度系数，使它成为当今最好的高温热电偶和电阻测量材料。铂族金属这种高化学惰性还可用于惰性电极材料。

7.3.4.2 铂系金属氧化物和含氧酸盐

铂系金属生成的主要氧化物有RuO_2、RuO_4、Rh_2O_3、RhO_2、PdO、OsO_2、OsO_4、IrO_2和PtO_2等。钌和锇的黄色四氧化物是熔点低、沸点低、易挥发

的有毒物质，RuO_4（熔点298 K，沸点313 K），OsO_4（熔点313 K，沸点403 K），可利用此类氧化物易挥发的性质将锇和钌进行分离。

通常制备氧化物和含氧酸盐的方法有：

$$Ru + 3KNO_3 + 2KOH = K_2RuO_4 + 3KNO_2 + H_2O$$

$$RuO_2 + KNO_3 + 2KOH = K_2RuO_4 + KNO_2 + H_2O$$

$$K_2RuO_4 + NaClO + H_2SO_4 = RuO_4 + K_2SO_4 + NaCl + H_2O$$

RuO_4 和 OsO_4 微溶于水，极易溶于 CCl_4 中，OsO_4 比 RuO_4 稳定。

$$4RuO_4 + 4OH^- = 4RuO_4^- + 2H_2O + O_2\uparrow$$

$$4RuO_4^- + 4OH^- = RuO_4^{2-} + 2H_2O + O_2\uparrow$$

$$2RuO_4 + 16HCl = 2RuCl3 + 8H_2O + 5Cl_2\uparrow$$

$$OsO_4 + 2OH^- = [OsO_4(OH)_2]^{2-}$$

在空气中加热金属铑可制得Rh_2O_3；在空气中加热钯可制得黑色的PdO，其在1170 K以上分解；在空气中加热金属铱，则生成黑色的IrO_2。IrO_2不溶于水，溶于浓HCl生成六氯合依（Ⅳ）酸，简称六氯铱酸：

$$IrO_2 + 6HCl = H_2[IrCl_6] + 2H_2O$$

六氯铱酸易被还原，不稳定，通常保存在硝酸的氧化气氛中。

7.3.4.3 铂系配合物

铂系元素能形成许多种配合物。如卤配合物、含氮和含氧配体的配合物、含磷配体的配合物、羰基配合物、有机金属化合物等。大多数铂系元素都能生成卤配合物，其中以氯配合物为最常见，最为重要的是H_2PtCl_6及其盐。将金属铂溶于王水中或将四氯化铂溶于盐酸，都可生成氯铂酸，反应式如下：

$$3Pt + 4HNO_3 + 18HCl = 3H_2PtCl_6 + 4NO + 8H_2O$$

$$PtCl_4 + 2HCl = H_2PtCl_6$$

氯铂酸 $H_2PtCl_6 \cdot 6H_2O$ 为橙红色晶体，易溶于水和酒精。氯铂酸的铵盐、钾盐、铷盐、铯盐等则都是难溶于水的黄色八面体晶体。因此在分析化学上，有时可用 H_2PtCl_6 来检验 NH_4^+、K^+、Rb^+、Cs^+ 等离子。工业上常利用氯铂酸铵溶解度小，且易分解，用来分离提纯铂。氯铂酸溶液在镀铂时用作电镀液。

将固体氯铂酸与硝酸钾灼烧，可得 PtO_2：

$$H_2PtCl_6 + 6KNO_3 = PtO_2 + 6KCl + 4NO_2\uparrow + O_2\uparrow + 2HNO_3$$

将氯化铵加到氯铂酸中生成氯铂酸铵。加热分解得海绵状铂：

$$2NH_4Cl + H_2PtCl_6 = (NH_4)_2[PtCl_6] + 2HCl$$

$$(NH_4)_2[PtCl_6] \xrightarrow{\triangle} Pt + 2Cl_2\uparrow + 2NH_4Cl$$

在 Pt(IV) 化合物中加碱可以得到两性的氢氧化铂，它溶于盐酸得氯铂酸，溶于碱得铂酸盐：

$$PtCl_4 + 4NaOH = Pt(OH)_4 + 4NaCl$$

$$Pt(OH)_4 + 6HCl = H_2PtCl_6 + 4H_2O$$

$$Pt(OH)_4 + 2NaOH = Na_2[Pt(OH)_6]$$

将 $PtCl_2$ 溶于 HCl 溶液中得深红色的氯亚铂酸溶液：

$$PtCl_2 + 2HCl = H_2PtCl_4$$

将K_2PtCl_4与醋酸铵作用或用NH_3处理$[PtCl_4]^{2-}$可制得顺式二氯二氨合铂（Ⅱ），常称为"顺铂"，表示为$cis-Pt(NH_3)_2Cl_2$：

$$K_2PtCl_4 + 2NH_4Ac = Pt(NH_3)_2Cl_2 + 2KAc + 2HCl$$

7.3.5 钒族元素

7.3.5.1 钒单质

钒是银灰色金属，在空气中是稳定的，其硬度比钢大。钒的价电子构型为$3d^34s^2$，能形成氧化值为+2，+3，+4、+5的化合物。我国钒资源丰富，钒在其矿物中主要以两种氧化态存在。由于V^{3+}半径（74 pm）与Fe^{3+}（64 pm）半径相近，许多铁矿中含有钒，例如，我国四川的钒钛铁矿。含V(V)的矿物主要有钒酸铀酰钾矿$[K(UO_2)VO_4 \cdot 3/2H_2O]$、钒铅矿$[Pba(VO_4)_3Cl]$。单质钒的化学性质不活波，常温下易形成氧化膜而钝化。单质钒只于浓H_2SO_4、HNO_3、王水等氧化性酸反应，但有氧存在时，它在熔融的强碱中逐渐溶解形成钒酸盐。钒在加热的条件下与氢氟酸反应形成配合物而溶解并放出氢气：

$$2V(s)+12HF(aq) \xrightarrow{\triangle} 2H_3VF_6(aq)+3H_2(g)$$

高温下，钒能与大多数非金属化合。钒与氧气、氟气反应生成V_2O_5、VF_5，与氯气反应仅生成VCl_4，与溴、碘反应则生成VBr_3、VI_3。与碳、氮、硅反应生成间充型化合物VN、VC、VSi。通过Na、H_2还原VCl_3，或Mg还原VCl_4来制备单质钒。

7.3.5.2 钒的主要化合物

在水溶液中，钒的各级氧化态最普遍的离子有：V^{2+}、V^{3+}、VO^{2+}、VO_3^-

（或 VO_4^{3-}）。其中，VO_3^- 稳定，其余低氧化态的化合物容易被氧化。在水溶液中不存在简单的V^{5+}。在钒的化合物中，+5氧化态的化合物比较重要，其中五氧化二钒和钒酸盐尤为重要。它们是制取其他钒的化合物的重要原料，也是从矿石提取钒的主要中间产物。所有钒的化合物都有毒，随着V的氧化态升高，其毒性增大。

（1）五氧化二钒。五氧化二钒（V_2O_5）是两性偏酸的氧化物，易溶于强碱溶液中，在冷的溶液中生成正钒酸盐，在热的溶液中生成偏钒酸盐。在加热的情况下V_2O_5也能与Na_2CO_3作用生成偏钒酸盐。V_2O_5是较强氧化剂。它能与浓盐酸作用产生氯气，V(V)被还原为蓝色的VO^{2+}。

（2）钒酸及其盐。V(V)在不同pH条件下，还可形成多种形式的钒酸及钒酸盐，钒酸因溶解度很小而很少被利用，比较重要的是钒酸盐，主要有偏钒酸盐（MVO_3）、正钒酸盐（M_3WO_4）和多钒酸盐（$M_4V_2O_7$，$M_3V_3O_9$）等（$M=M^+$）。

VO_4^{3-} 呈四面体结构，只存在于强碱性溶液中。若向 VO_4^{3-} 溶液中加入酸会产生缩合现象：

$$VO_3^{2-}(OH) + HO(VO_3^{2-}) \xrightarrow{pH=10.6\sim12} (VO_3^{2-}) - O - (VO_3^{2-}) + H_2O$$

这种钒酸盐的缩合随着pH值的不同，会生成一系列不同缩合度的含氧阴离子：

$$VO_4^{3-}(浅黄色) \xrightarrow{pH=12} HVO_4^{2-} \xrightarrow{pH=10} HV_2O_7^{3-} \xrightarrow{pH=9} V_3O_9^{3-} \xrightarrow{pH=7}$$
$$V_5O_{14}^{3-}(红棕色) \xrightarrow{pH=6.5} V_2O_5 \cdot xH_2O(砖红色) \xrightarrow{pH=3.2} V_{10}O_{28}^{6-}(黄色) \xrightarrow{pH<1}$$
$$VO_2^+(浅黄色)$$

钒酸盐的缩合情况除了与pH值有密切关系以外，溶液中钒酸根离子浓度与温度也是一个主要因素。

7.3.6 锰族元素

7.3.6.1 锰单质

金属锰为银白色金属，质坚而脆。炼制锰钢时，是把含锰达60%～70%的软锰矿和铁矿一起混合冶炼。锰是几种酶系统包括锰特异性的糖基转移酶和磷酸烯醇丙酮酸羧基酶的一个成分，并为正常骨结构所必需。

锰在自然界中主要以软锰矿 $MnO_2 \cdot xH_2O$ 的形式存在，纯锰可以采用铝热反应由金属铝还原 Mn_3O_4 制备。

$$3Mn_3O_4 + 8Al = 9Mn + 4Al_2O_3$$

金属锰非常活泼，是第4周期元素中电正性最高的元素。不纯的锰很容易溶于稀酸水溶液生成锰（Ⅱ）盐：

$$Mn + 2H^+ = Mn^{2+} + H_2 \uparrow$$

锰也可以和热水发生反应释放出氢。但Mn和冷水不发生反应，因生成的 $Mn(OH)_2$ 膜阻碍了反应的进行。加入 NH_4Cl 即可发生反应，放出 H_2，这一点与Mg相似。

加热时锰能在氧、氮、氯、氟气中燃烧生成 Mn_3O_4、Mn_3N_2、$MnCl_2$ 和 $MnF_2 + MnF_3$，直接与B、C、Si、P、As和S化合。

有氧化剂存在时，锰和熔碱反应生成锰酸钾：

$$2Mn + 4KOH + 3O_2 = 2K_2MnO_4(铬酸钾，绿色) + 2H_2O$$

锰的7个价电子都可以参与成键，所以锰是第一过渡系元素范围中氧化态范围最宽的元素，可呈现从+7到+2的氧化态。

7.3.6.2　锰的化合物

锰原子的价层电子构型为 $3d^5 4s^2$。锰的最高氧化态为+7，此外还有+6、+4、+3、+2氧化态。在酸性条件下，Mn(Ⅱ)处于热力学稳定态；碱性条件下，MnO_2较为稳定，而$Mn(OH)_2$、$Mn(OH)_3$都易被氧化。

（1）Mn(Ⅱ)化合物。常见Mn(Ⅱ)化合物有氧化物MnO_2、氢氧化物$Mn(OH)_2$、Mn(Ⅱ)盐和其他含氧酸盐。

Mn(Ⅱ)强酸盐都易溶于水，如$MnSO_4$、$MnCl_2$、$Mn(NO_3)_2$等。氢氧化物$Mn(OH)_2$（白色）和多数弱酸盐难溶，如$MnCO_3$（白色）、MnS（绿色）、$MnCO_3$（白色）、MnC_2O_4（白色）、$Mn_3(PO_4)_2$（白色）等，它们均溶于强酸中。

在酸性条件下，Mn（Ⅱ）的还原性较弱$[E_A^\ominus(MnO_4^- / Mn^{2+}) = 1.51V]$，只有强的氧化剂，如$(NH_4)S_2O_8$、$NaBiO_3$、$PbO_2$、$H_5IO_6$等才能氧化$Mn^{2+}$：

$$Mn^{2+}(aq) + \begin{cases} S_2O_8^{2-}(aq) \\ NaBiO_3(s) \\ PbO_2(s) \\ H_5IO_6(aq) \end{cases} \xrightarrow{H^+(aq)} MnO_4^-(aq) + \begin{cases} SO_4^{2-}(aq) \\ Bi^{3+}(aq) \\ Pb^{2+}(aq) \\ I_2(s) \end{cases}$$

这些反应是Mn^{2+}的特征反应。由于生成的MnO_4^-呈紫红色，因此常用前两个反应来检验溶液中是否存在微量Mn^{2+}。

碱性条件下，Mn(Ⅱ)具有较强的还原性。$Mn(OH)_2$极易被氧气氧化，甚至溶于水的少量氧气也能将其氧化成棕色的亚锰酸

$$MnO(OH)_2 \{E_B^\ominus[MnO_2 / Mn(OH)_2] = -0.05V, \quad E_B^\ominus(O_2 / OH^-) = 0.4V\}$$

$$2Mn(OH)_2(s) + O_2(g) = 2MnO(OH)_2(s)$$

此反应在水质分析中用于测定水中的溶解氧。

Mn^{2+}的价层电子构型为$3d^5$，其配合物呈八面体构型。与H_2O、Cl^-等弱场配体形成高自旋配合物，如$\left[Mn(H_2O)_6\right]^{2+}$、$[MnCl_6]^{4-}$，d电子在八面体

场中排布 $\left(t_{2g}\right)^3\left(e_g\right)^2$，其晶体场稳定化能0Dq。$Mn^{2+}$与$CN^-$等强场配体形成低自旋配合物，如$\left[Mn(CN)_6\right]^{4-}$，d电子在八面体场中排布$\left(t_{2g}\right)^5\left(e_g\right)^0$，其晶体场稳定化能 $CFSE = (-4Dq)\times 5+2P= -20Dq + 2P$。

（2）Mn(Ⅳ)化合物。在Mn(Ⅳ)化合物中，最重要的是二氧化锰MnO_2。它是黑色粉末状固体，不溶于水。MnO_2是两性氧化物，由于其酸碱性都很弱，因此难溶于稀酸和稀碱。

由$[E_A^\ominus(MnO_4^-/Mn^{2+})=1.23V]$可知，$MnO_2$在酸性条件下是强氧化剂：

$$2MnO_2(s)+2H_2SO_4(浓)=2MnSO_4(aq)+2H_2O(l)+O_2(g)$$

$$MnO_2(s)+4HCl(浓)=MnCl_2(aq)+2H_2O(l)+Cl_2(g)$$

在碱性条件下，MnO_2可被氧化至Mn(Ⅵ) $E_B^\ominus[MnO_2/MnO_2]=0.6\,V$，如与氯酸钾等氧化剂加热熔融，或与KOH在空气中共融，均可以得到深绿色的锰酸钾：

$$3MnO_2+6KOH+KClO_3\xrightarrow{\text{熔融}}3K_2MnO_4+KCl+3H_2O$$

$$2MnO_2+4KOH+O_2\xrightarrow{\text{熔融}}2K_2MnO_4+2H_2O$$

（3）Mn(Ⅵ)化合物。Mn(Ⅵ)的化合物以锰酸盐比较稳定，如深绿色的锰酸钾（K_2MnO_4）。

由标准电极电势可见，在酸性、中性及碱性条件下，MnO_4^{2-}都会自发歧化成MnO_4^-和MnO_2：

$$3MnO_4^{2-}(aq)+4H^+(aq)=2MnO_4^-(aq)+MnO_2(s)+2H_2O(l)$$

$$3MnO_4^{2-}(aq)+4H^+(aq)=2MnO_4^-(aq)+MnO_2(s)+2H_2O(l)$$

（4）Mn(Ⅶ)化合物。Mn(Ⅶ)化合物最重要的是高锰酸钾$KMnO_4$，深紫色晶体，水溶液呈紫红色。

$KMnO_4$晶体在200℃下分解：

$$2KMnO_4(s) = K_2MnO_4 + MnO_2 + O_2(g)$$

在水的 E°–pH图中，$E^{\circ}(MnO_4^- / MnO_2)$处于氧区，因此KMnO$_4$在酸性水溶液中缓慢而明显地分解：

$$4MnO_4^{2-}(aq) + 4H^+(aq) = 4MnO_2(s) + 2H_2O(l) + 3O_2(g)$$

在中性、弱碱性溶液中，这种分解的速度更慢。但光和产物MnO$_2$对此分解反应有催化作用，因此KMnO$_4$溶液必须保存在棕色瓶中。

另外，在强碱性溶液中，MnO_4^-会分解成MnO_4^{2-}和O_2：

$$4MnO_4^{2-}(aq) + 4OH^-(aq) = 4MnO_4^{2-}(s) + 2H_2O(l) + O_2(g)$$

KMnO$_4$是最重要和最常用的强氧化剂。它的还原产物随介质的酸碱不同而不同，在酸性溶液中，MnO_4^{2-}被还原为Mn^{2+}；在中性溶液中，MnO_4^{2-}被还原为MnO$_2$；在碱性溶液中，MnO_4^{2-}被还原为绿色的MnO_4^-：

$$2MnO_4^-(aq) + 5SO_3^{2-}(aq) + 6H^+(aq) = 2Mn^{2+}(aq) + 5SO_4^{2-}(aq) + 3H_2O(l)$$

$$2MnO_4^-(aq) + 3SO_3^{2-}(aq) + H_2O(l) = 3MnO_2(s) + 3SO_4^{2-}(aq) + 2OH^-(aq)$$

$$2MnO_4^-(aq) + SO_3^{2-}(aq) + 2OH^-(aq) = 2MnO_4^{2-}(aq) + SO_4^{2-}(aq) + H_2O(l)$$

7.3.6.3　锝和铼

锝是用人工方法制备的第一个元素，锝的希腊文的原意是"人工制造"的意思，在自然界中并不存在。铼是稀有金属，直到1925年才发现。铼在地壳中的丰度0.000 7 ppm，主要从焙烧辉钼矿（MoS$_2$）的烟道灰中提取。锝、铼都是银白色金属，粉末是灰色的，铼的熔点很高，仅次于钨、锝。铼在空气中失去金属光泽，缓慢氧化。当温度高于673 K时，铼在氧气中燃烧生成能升华的Re$_2$O$_7$。溶于浓硝酸和浓硫酸中，但不溶于氢氟酸和盐酸中。铼和锝不同的是，它可溶于过氧化氢的氨溶液中生成含氧酸盐，而锝不溶解。

$$2Re + 7H_2O_2 + 2 NH_3 \rightleftharpoons 2NH_4ReO_4 + 6 H_2O$$

金属锝有较好的抗腐蚀性能，并不易吸收中子，因而是建造核反应堆防腐层的理想材料，锝及其合金是超导体。铼是一种高活性催化剂，选择性好，抗毒能力强，广泛用于石化工业。铂铼合金催化剂的性能优于纯铂。铼及铼合金（特别是铼钨合金）在电子管中用作加热灯丝、阳极、阴极及结构材料。

锝、铼的氧化物有M_2O_7、MO_3和MO_2。其中M_2O_7为易挥发的黄色固体。M_2O_7由2个TcO_4四面体共用一个氧原子，Tc–O–Tc是线形的，而Re_2O_7却与它不同。在Re_2O_7中，Re（Ⅶ）具有不同的配位数，它是由配位数为6的变形八面体与配位数为4的四面体，彼此共角无限交替地排列而成。

7.3.7 钛族元素

7.3.7.1 钛单质

钛在地壳中的丰度为0.56%（质量分数），在所有元素中居第10位。在过渡金属元素中，占第二位，仅次于铁，高于常见的锌、铅、锡、铜等。自然界中，含钛矿物有140多种，其中主要矿物有钛铁矿（$FeTiO_3$）、金红石（TiO_2）、钙钛矿（$CaTiO_3$）、钛磁铁矿和钒钛铁矿等。我国的钒钛铁矿储量居世界首位。

（1）物理性质。钛的外观与钢极为相似，密度为4.4 g/cm^3不足钢的60%，是难熔金属中密度最低的金属元素。钛金属熔点高（1940 K），机械强度高，且容易加工成形，并具有优异的耐腐蚀性能。在低温和超低温下，钛和钛合金仍能保持它们的良好的机械性能。

（2）化学性质。钛单质热力学上很活泼，但因表面钝化，在常温下极稳定，不与O_2、X_2、H_2O及强酸（包括王水）和强碱等反应。但高温时钛相当活泼，可与许多元素和化合物发生反应。

$$Ti + O_2 \xrightarrow{\triangle} TiO_2$$

$$Ti + 2Cl_2 \xrightarrow{\triangle} TiCl_4$$

$$Ti + 2N_2 \xrightarrow{\triangle} Ti_3N_4$$

钛与氟化氢或氯化氢气体在加热时发生反应生成TiF_4和$TiCl_4$。浓、热的盐酸和硫酸也能溶解钛金属。

$$Ti + 4HF \xrightarrow{\triangle} TiF_4 + 2H_2 \uparrow$$

$$Ti + 4HCl \xrightarrow{\triangle} TiCl_4 + 2H_2 \uparrow$$

$$Ti + 6HCl(浓) \xrightarrow{\triangle} 2TiCl_3 + 3H_2 \uparrow$$

$$Ti + 6H_2SO_4(浓) \xrightarrow{\triangle} Ti_2(SO_4)_3 + 3H_2 \uparrow$$

钛的最好溶剂是氢氟酸或含有氟离子的酸（将氟化物加入酸中），即使是浓度为1%的氢氟酸，也能与钛发生反应。这是因为TiF_6^{2-}配离子的形成破坏了钛金属表面的氧化物薄膜，改变了Ti（Ⅳ）/Ti电对的电极电势，促进了钛的溶解。

$$Ti + 6HF \xrightarrow{\triangle} TiF_6^{2-} + 2H^+ + 2H_2 \uparrow$$

即使在加热的条件下，Ti也不溶于热碱，但可以和熔融碱作用。

$$Ti + 6KOH \xrightarrow{\triangle} 2K_3TiO_3 + 3H_2 \uparrow$$

（3）制备。由于在高温条件下，Ti和O、N形成氧化物和氮化物，而熔融状态时和碳酸盐、硅酸盐等形成碳化物和硅化物，所以冶炼比较困难。工业上以钛铁矿为原料制取钛单质，简单流程如下：

$$FeTiO_3 \longrightarrow TiO_2 \longrightarrow Ti$$

①浓硫酸处理经过富集的磨碎的钛铁矿粉：

$$FeTiO_3 + 3H_2SO_4 \stackrel{}{=\!\!=} Ti(SO_4)_2 + FeSO_4 + 3H_2O$$

矿石中的FeO和Fe_2O_3同时转变成了硫酸盐，加入Fe粉，还原$Fe_2(SO_4)_3$至$FeSO_4$，冷却使$FeSO_4 \cdot 7H_2O$（绿矾）结晶后分离。

②水解$Ti(SO_4)_2$。加热使$Ti(SO_4)_2$水解得到H_2TiO_3沉淀，然后煅烧沉淀可得到纯度大于97%的TiO_2原料。

$$Ti(SO_4)_2 + H_2O \stackrel{\triangle}{=\!\!=} TiOSO_4(硫酸氧钛) + H_2SO_4$$

$$TiOSO_4 + 2H_2O \stackrel{\triangle}{=\!\!=} H_2TiO_3 \downarrow (白色沉淀，片太酸) + 2H_2SO_4$$

$$H_2TiO_3 \stackrel{\triangle}{=\!\!=} TiO_2 + H_2O$$

③氯化法制备$TiCl_4$。将TiO_2与焦炭混合，通入氯气并加热制得$TiCl_4$。

$$TiO_2(s) + 2Cl_2(g) + 2C(s) \stackrel{\triangle}{=\!\!=} TiCl_4(l) + 2CO$$

④还原$TiCl_4$。将$TiCl_4$蒸馏提纯后，在氩气保护下与镁共热可制得钛金属。剩余的Mg和生成的$MgCl_2$可采用蒸发方法除掉，或用盐酸溶掉，得海绵钛后再次熔炼。

$$TiCl_4(g) + 2Mg(l) \underset{}{\overset{1220\sim1420K}{=\!\!=\!\!=\!\!=\!\!=}} Ti + 2MgCl_2(熔融，Ar气保护)$$

工业中也可以直接采用氯化物处理钛铁矿或金红石矿粉制备$TiCl_4$。

7.3.7.2　钛的主要化合物

（1）二氧化钛。天然的二氧化钛称为金红石，是桃红色的晶体，有时因含有微量元素Fe、Nb、Sn、V、Cr等杂质而显黑色。经化学处理制备出来的纯净的二氧化钛是雪白色的粉末，俗称钛白，是一种宝贵的白色颜料。TiO_2由于具有折射率高、性能稳定、着色力强、无毒等特点，广泛用作白色涂料和增白剂。此外，TiO_2还可作为许多化学反应的催化剂，如乙醇脱水和脱氢反应。

TiO_2不溶于水，也不溶于稀酸，但能溶于氢氟酸和热的浓硫酸中：

$$TiO_2 + 6HF == H_2[TiF_6] + 2H_2O$$

$$TiO_2 + 2H_2SO_4 \xrightarrow{\triangle} Ti(SO_4)_2 + 2H_2O$$

由于Ti^{4+}的电荷高，半径小，容易与水反应，水解得到TiO^{2+}，所以实质上从溶液中析出的是$TiOSO_4 \cdot H_2O$白色粉末，而不是$Ti(SO_4)_2$。TiO^{2+}被称为钛氧基或钛酰基，因此上述反应通常可写成：

$$TiO_2 + H_2SO_4 \xrightarrow{\triangle} TiOSO_4 + H_2O$$

二氧化钛不溶于碱性溶液，但能与熔融的碱作用生成偏太酸盐：

$$TiO_2 + 2KOH \xrightarrow{\triangle} K_2TiO_3 + H_2O$$

$$TiO_2 + 2MgO \xrightarrow{\triangle} MgTiO_3$$

以上结果表明，TiO_2是两性氧化物。

TiO_2和$BaCO_3$一起熔融可制得具有高介电常数的无水偏钛酸钡，用于制造非线性元件、介质放大器、电子计算机的记忆元件等。因其介电常数大，可用于制造体积很小、电容很大的微型电容器。偏钛酸钡同时有显著的压电性能，可用作制造超声波发生器等的部件材料。

$$TiO_2 + BaCO_3 \xrightarrow{\triangle} BaTiO_3 + CO_2$$

（2）四氯化钛。$TiCl_4$是钛（Ⅳ）的最重要的卤化物，常温下为具有刺激性臭味的无色液体（沸点136℃）。$TiCl_4$分子为四面体结构，具有高度的对称性。以$TiCl_4$为原料可制备一系列钛化合物和金属钛。

$TiCl_4$极易水解，暴露在潮湿空气中会冒白烟，即产生白色的二氧化钛的水合物H_2TiO_3或TiO_2与HCl，因此，$TiCl_4$可以用来制作烟幕弹。

$$TiCl_4 + 3H_2O = H_2TiO_3 \downarrow + 4HCl$$

但当溶液中有一定量的盐酸时，$TiCl_4$仅发生部分水解，生成氯化酰钛$TiOCl_2$。如果在浓盐酸中，$TiCl_4$会与氯离子配位生成$[TiCl_6]^{2-}$。

$$TiCl_4 + H_2O = H_2TiCl_2 \downarrow + 2HCl$$

$$TiCl_4 + 2HCl(浓) = H_2[TiCl_6]$$

在中等酸度的溶液中，钛（Ⅳ）盐可与H_2O_2反应生成较稳定的橘黄色的$[TiO(H_2O_2)]^{2+}$配离子，利用此反应可进行钛的定性检验和比色分析。

$$TiO_2^+ + H_2O_2 = [TiO(H_2O_2)]^{2+}$$

$TiCl_4$在醇中发生溶剂分解作用生成二醇盐：

$$TiCl_4 + 2ROH = TiCl_2(OR)_2 + 2HCl$$

（3）钛酸。当把碱加入到新制备的酸性钛盐溶液中时，所得到的水合二氧化钛（$TiO_2 \cdot xH_2O$），称为α–型钛酸。α–型钛酸活性大，可溶于酸或碱，呈现两性，可以写成$Ti(OH)_4$、H_4TiO_4或H_2TiO_3等形式。

$$TiBr_4 + 4NaOH \xrightarrow{\Delta} Ti(OH)_4 + 4NaBr$$

当加热煮沸二氧化钛溶于浓硫酸所得的溶液，得到不溶于酸，也不溶于碱的水合二氧化钛为β–型钛酸。

7.3.7.3　锆与铪

Zr和Hf在地壳中的丰度分别为0.017％和0.00033％。Zr在自然界中主要以锆英石$ZrSO_4$和斜锆石ZrO_2的形式存在。由于镧系收缩的影响，Zr与Hf的性质极为相似，均为浅灰色和灰色金属，二者总是共生在一起。

Zr和Hf的耐酸性比Ti还强，尤其是Hf，100℃以下对酸稳定（HF除外）。

与碱可反应：

$$Zr + 4KOH = K_2ZrO_4 + 2H_2\uparrow$$

ZrO_2 是白色粉末，硬度高，高温处理的 ZrO_2，除 HF 外，不溶于其他酸。常用的可溶性锆化合物是易水解的 $ZrOCl_2$。

$$ZrOCl_2 + (x+1)H_2O = ZrO_2\bullet xH_2O + 2HCl$$

锆酸的酸性比钛酸弱，且也是两性氢氧化物。

7.3.8　铬族元素

7.3.8.1　铬单质

铬为银白色金属，高纯度的铬金属有延展性，含有杂质时硬而脆。密度 7.20 g/cm^3，熔点 1857±2℃，沸点 2672℃，是过渡金属中硬度最大的。自然界中含铬的矿物主要为铬铁矿（$FeCr_2O_4$ 或 $FeO\cdot Cr_2O_3$），铬铁矿呈铁黑色或棕黑色，与磁铁矿相似，但磁性很弱，常产在绿色火成岩（橄榄石、蛇纹石）中。其次是铬铅矿 $PbCrO_4$ 和铬赭石矿 Cr_2O_3，而绿宝石和红宝石等宝石的颜色也归因于所含的微量铬元素。

金属铬可以通过用焦炭还原铬铁矿制取，该方法所生成的铬铁合金可用作不锈钢的原料。

$$FeCr_2O_4 + 4C = Fe+2Cr+4CO$$

此外，用铝热法还原 Cr_2O_3 或者电解铬盐溶液（$CrCl_3$）也可得金属铬。

$$Cr_2O_3+2Al = 2Cr+Al_2O_3$$

铬与浓硫酸反应，生成 SO_2 和 $Cr_2(SO_4)_3$

$$2Cr + 6H_2SO_4 = Cr_3(SO_4)_3 + 3SO_2 + 6H_2O$$

铬在高于600℃时开始和氧发生反应，但当表面生成氧化膜以后，反应便减慢，当加热到1200℃时，氧化膜被破坏，反应重新变快。铬在常温下就能和氟作用。高温时铬和X_2、O_2、N_2、S、C直接化合，一般生成Cr（Ⅲ）化合物。熔融时铬也可以和碱反应。

7.3.8.2 铬的主要化合物

（1）Cr（Ⅲ）盐。常见的Cr（Ⅲ）盐有$CrCl_3 \cdot 6H_2O$、$Cr_2(SO_4)_3 \cdot 18H_2O$ $\left[Cr(H_2O)_6\right]^{3+}$不仅存在于水溶液中，也存在于以上化合物的晶体中。$\left[Cr(H_2O)_6\right]^{3+}$为八面体结构，$\left[Cr(H_2O)_6\right]^{3+}$中的配位水可以缓慢地被$Cl^-$或$NH_3$配体取代，由于取代的形式不同，可以产生各种异构体。例如，组成为$CrCl_3 \cdot 6H_2O$的配合物就有三种水合异构体：$[Cr(H_2O)_6]Cl_3$（紫色）；$[Cr(H_2O)_5Cl_2]\cdot 2H_2O$（蓝绿色）；$[Cr(H_2O)_4Cl_2]Cl \cdot 2H_2O$（绿色）。

$Cr_2(SO_4) \cdot 18H_2O$是紫色晶体，溶于水后产生$\left[Cr(H_2O)_6\right]^{3+}$而呈紫色，加热时由于$\left[Cr(H_2O)_6\right]^{3+}$和$SO_4^{2-}$结合成复杂的离子，溶液的颜色由蓝紫色变为绿色。

（2）Cr（Ⅵ）盐。$Na_2Cr_2O_7$和$K_2Cr_2O_7$是Cr(Ⅵ)盐的重要代表化合物。工业上一般是先从天然的铬$[Fe(CrO_2)_2]$制成Na_2CrO_4，然后，再以Na_2CrO_4为原料进一步制成其他铬的产品，如$K_2Cr_2O_7$、Cr_2O_3、CrO_3、金属铬等。

从铬铁矿生产Na_2CrO_4必须采用氧化法。通常将铬铁矿、纯碱、白云石、碳酸钙等混合均匀，在空气中进行氧化煅烧，其主要反应如下：

$$4Fe(CrO_2)_2 + 8Na_2CO_3 + 7O_2 \longrightarrow 8Na_2CrO_4 + 2Fe_2O_3 + 8CO_2$$

加入的白云石（$MgCO_3$）、$CaCO_3$在高温下分解放出CO_2，使炉料疏松，增加O_2与铬铁矿的接触面积，从而加速氧化过程。同时，又与铝、硅杂质结合，生成难溶的硅酸盐，提高纯碱利用率。在所得熔体中，用水浸出可溶性物质Na_2CrO_4和Na_2AlO_2等。加酸调节pH=7～8后，分离出$Al(OH)_3$沉淀，滤液酸化后，Na_2CrO_4 转化为 $Na_2Cr_2O_7$，加热蒸发，即可得到 $Na_2Cr_2O_7$ 晶体，或利用复分解反应，在沸腾条件下，将 $Na_2Cr_2O_7$ 溶液和固体KCl反应，冷却结晶后，便可得到 $K_2Cr_2O_7$，俗称红矾钾。

由 $Na_2Cr_2O_7$ 也可利用复分解反应制得 $(NH_4)_2 Cr_2O_7$，再加热（至 200℃）分解可得 Cr_2O_3，这是一个分子内的氧化还原反应：

$$(NH_4)_2 Cr_2O_7 \longrightarrow Cr_2O_3 + N_2 + 4H_2O$$

在 $Na_2Cr_2O_7$ 溶液中加入过量的浓硫酸即有橙红色的 Cr_2O_3 晶体析出：

$$Na_2CrO_7 + H_2SO_4(浓) \longrightarrow 2CrO_3 + Na_2SO_4 + H_2O$$

7.3.8.3 钼和钨

Mo和W为银白色金属，硬度大，熔点高。钨是所有金属中熔点最高的，故被用作灯丝。受镧系收缩的影响，钼和钨的化学性质也很相似，是不活泼的金属元素。钼和钨在化合物中可以表现+2 ~ +6的氧化态，其中最稳定的氧化态为+6，如三氧化物、钼酸和钨酸及其盐都是重要的化合物。三氧化钼是白色粉末，加热时变黄，熔点为1 068 K，沸点为1 428 K，即使在低于熔点的情况下，它也有显著的升华现象。

与 CrO_3 不同，MoO_3 和 WO_3 都是酸性氧化物，但它们都不溶于水，仅能溶于氨水和强碱溶液生成相应的含氧酸盐。

$$MoO_3 + 2NH_3 \cdot H_2O = (NH_4)_2 MoO_4 + H_2O$$

$$WO_3 + 2NaOH = Na_2WO_4 + H_2O$$

MoO_3 虽然可由钼或 MoS_2 在空气中灼烧得到，但通常是由往钼酸铵溶液中加盐酸，析出 H_2MoO_4 再加热焙烧而得到。

$$(NH_4)_2 MoO_4 + 2HCl = H_2MoO_4 \downarrow + 2NH_4Cl$$

$$H_2MoO_4 \stackrel{\triangle}{=\!=\!=} MoO_3 + H_2O$$

将MoO_3与WO_3溶于碱溶液中生成钼酸盐和钨酸盐，其中只有ⅠA族、ⅡA族的Be、Mg和ⅢA族的Tl（Ⅰ）的钼（钨）酸盐可溶于水，其余皆难溶。在可溶性盐中，最重要的是它们的钠盐和铵盐。

钼酸盐和钨酸盐在酸性溶液中亦有很强的缩合倾向，缩合反应的结果为生成多钼酸和多钨酸。由两个或多个同种简单含氧酸分子缩合而成的酸称为同多酸。如二钒酸$H_4V_2O_7$、三钒酸$H_3V_3O_9$，多硅酸如焦硅酸$H_6Si_2O_7$等，这些酸相应的盐称同多酸盐。钼酸、钨酸的盐溶液在加入强酸后，形成各种形式的同多酸盐，如$Mo_2O_7^{2-}$、$Mo_3O_{10}^{2-}$、$Mo_7O_{24}^{6-}$、$Mo_8O_{26}^{4-}$。仲钼酸铵（NH_4）$_6Mo_7O_{24} \cdot 4H_2O$是实验室里常用的试剂，也是一种微量元素肥料。钨则可形成六钨酸盐$Na_5[HW_6O_{21}]$、$W_7O_{24}^{6-}$、$W_{10}O_{32}^{4-}$和十二钨酸盐$Na_6[H_2W_{12}O_{40}]$。

7.3.9　锌族元素

7.3.9.1　锌族元素的通性

ⅡB族包括锌、镉、汞三种元素，称为锌副族。锌族元素在自然界主要以硫化物形式存在（即亲硫元素），如闪锌矿（ZnS）、辰砂（HgS）等，镉通常与锌共生。

Zn、Cd、Hg都是银白色金属，Zn略带蓝色。它们的熔、沸点都比较低，Hg是常温下唯一的液态金属，它们与周期表p区元素中的Sn、Pb、Sb、Bi等合称低熔点金属。

锌副族元素的价电子构型为$(n-1)d^{10}ns^2$，其外层也只有2个电子，与ⅡA族碱土金属相似，但因其次外层的电子排布不同，表现出的金属活泼性相差甚远。不过Zn，Cd，Hg的活泼性要比ⅠB族Cu，Ag，Au强得多。

铜副族与锌副族元素的金属活泼次序是：

$$Zn > Cd > H > Cu > Hg > Ag > Au$$

7.3.9.2　锌族单质

（1）锌。锌是活泼金属，能与许多非金属直接化合。它易溶于酸，也能溶于碱，是一种典型的两性金属。新制得的锌粉能与水作用，反应相当激烈，甚至能自燃。锌在潮湿空气中会被氧化并在表面形成一层致密的碱式碳酸锌薄膜，能保护内层不再被氧化。常说的"铅丝"实际上是镀锌的铁丝。锌还是人体必需的微量元素。

（2）汞。汞是唯一在室温下为液态的金属。汞还有一个反常特征，即除稀有气体外，汞的蒸气是几乎全部为单原子的唯一单质。汞的蒸气压相当低（298 K时为0.25 Pa），而液态金属汞的电阻率又特别高，因而常用它作电学测量标准[①]。汞在273～473 K体积膨胀系数很均匀，又不湿润玻璃。因而广泛用在温度计、气压计和不同类型的压强计中。汞的蒸气在电弧中能导电，并辐射高强度的可见光和紫外光，可作太阳灯用于医疗方面或马路照明，汞还大量用于电力和电子工业方面。

（3）镉。镉的活泼性比锌差，镀镉材料比镀锌材料更耐腐蚀和耐高温，故镉也是常用的电镀材料。镉的金属粉末常被用来制作镉镍蓄电池，它具有体积小、质量轻、寿命长等优点。镉对人体有害无益，镉积累在肾、肝中，会使其功能衰退；取代骨髓中的钙，会引起骨质疏松、软化和疼痛。

7.3.9.3　锌族元素化合物

（1）氧化物和氢氧化物。锌、镉、汞都能形成正常的氧化物MO，Zn和Cd还能形成过氧化物MO_2。ZnO是白色粉末，CdO为棕灰色粉末，HgO为红色或黄色晶体。它们都难溶于水。

[①] 国际上欧姆的定义为：273 K和100 kPa时，横截面积为1 mm，长度为106.300cm，质量为14.4521 g的水银柱的电阻是1 。

ZnO俗名锌白，用作白色颜料。与传统的"铅白"（碱式碳酸铅）相比，它的优点是无毒，遇到H_2S气体不变黑，因为ZnS也是白色。ZnO能改进玻璃的化学稳定性，可用于生产特种玻璃、搪瓷和釉料。用于橡胶的生产能缩短硫化时间。还可用作油漆的催干剂、塑料的稳定剂以及杀菌剂。

用H_2O_2溶液处$Zn(OH)_2$，便生成其组分可稍微变化的水合过氧化物。它具有杀菌能力，因而广泛用于化妆品中。

ZnO是两性化合物，溶于酸形成锌（Ⅱ）盐，溶于碱形成锌酸盐如$[Zn(OH)_4]^{2-}$（简写成ZnO_2^{2-}）。

当汞盐溶液与碱作用时，得到的不是$Hg(OH)_2$，而是其脱水产物为黄色的HgO：

$$Hg^{2+} + 2OH^- = HgO\downarrow + H_2O$$

HgO的红色变体是通过$Hg(NO_3)_2$的热分解或在约620 K时于氧气中加热汞制成的，或由Na_2CO_3与$Hg(NO_3)_2$反应制得：

$$Hg(NO_3)_2 \xrightarrow{\Delta} HgO + 2NO_2\uparrow + \frac{1}{2}O_2\uparrow$$

$$Hg(NO_3)_2 + Na_2CO_3 = HgO + CO_2\uparrow + 2NaNO_3$$

黄色HgO在低于570 K加热时，可以转变成红色的HgO，这两种变体的结构相同，颜色差别完全是由于其颗粒的大小不同所致。黄色HgO晶粒较细小，红色HgO颗粒较大。

氢氧化锌是两性氢氧化物，既可以与酸反应，也可以与碱反应。

$$Zn(OH)_2 + 2H^+ = Zn^{2+} + 2H_2O$$

$$Zn(OH)_2 + 2OH^- = Zn(OH)_4^{2-}$$

与$Zn(OH)_2$不同，$Cd(OH)_2$的酸性特别弱，不易溶于强碱中。氢氧化锌和氢氧化镉还可溶于氨水：

$$Zn(OH)_2 + 4NH_3 = [Zn(NH_3)_4]^{2+} + 2OH^-$$

$$Cd(OH)_2 + 4NH_3 = [Cd(NH_3)_4]^{2+} + 2OH^-$$

$Zn(OH)_2$和$Cd(OH)_2$加热时都容易脱水变为ZnO和CdO。

（2）氯化物。无水氯化锌是白色固体，熔点比较低，易溶于酒精、丙酮及其他有机溶剂；易吸潮，极易溶于水，是固体盐中溶解度最大的（283 K，333 g/100 gH_2O），原因是在溶液中形成了配酸–羟基二氯合锌（Ⅱ）酸：

$$ZnCl_2 + H_2O = H[ZnCl_2(OH)]$$

浓的$ZnCl_2$水溶液具有显著的酸性，能溶解金属氧化物如FeO，但不损害金属表面，而且水分蒸发后，熔化的盐覆盖在金属表面，使之不再氧化，能保证焊接金属的直接接触：

$$FeO + 2H[ZnCl_2(OH)] = Fe[ZnCl_2(OH)]_2 + H_2O$$

浓的$ZnCl_2$水溶液还能溶解淀粉、纤维素和丝绸，因此用于纺织工业。$ZnCl_2$的吸水性很强，故在有机合成上用作去水剂。用$ZnCl_2$溶液浸过的木材不易被腐蚀。

无水氯化锌不能用湿法制得，因为反应物在水溶液中反应后，经过浓缩、结晶得到的是水合物如$ZnCl_2 \cdot H_2O$，将$ZnCl_2$溶液蒸干，得到的是碱式氯化锌，因为氯化锌发生了水解反应：

$$ZnCl_2 + H_2O = Zn(OH)Cl + HCl$$

因此，制备无水$ZnCl_2$最好是在干燥HCl气氛中加热脱水或热处理金属锌。

氯化汞$HgCl_2$是低熔点（549 K）、易升华的固体，俗称升汞。可由$HgSO_4$与$NaCl$作用经升华制得：

$$HgSO_4 + 2NaCl \xrightarrow{\triangle} HgCl_2 + Na_2SO_4$$

$HgCl_2$有剧毒，易溶于许多有机溶剂，稍溶于水，但电离度很小，在水中几乎以$HgCl_2$分子存在，这是无机盐少有的性质。在气态以直线形分子$HgCl_2$存在。

氯化汞在水中稍有水解，在氨中发生氨解，二者很相似：

$$HgCl_2 + H_2O = Hg(OH)Cl + HCl$$

$$HgCl_2 + 2NH_3 = Hg(NH_2)Cl\downarrow + NH_4Cl$$

在酸性溶液中$HgCl_2$是一个较强的氧化剂，同一些还原剂如$SnCl_2$反应可被还原成Hg_2Cl_2（白色沉淀）；如果$SnCl_2$过量，生成的Hg_2Cl_2可进一步被还原为黑色的金属汞，使沉淀变黑。分析化学上常用$HgCl_2$和$SnCl_2$的反应检验Hg^{2+}离子或Sn^{2+}离子。

（3）硫化物。在Zn^{2+}、Cd^{2+}、Hg^{2+}溶液中分别通入H_2S，便立即产生白色的ZnS沉淀、黄色的CdS沉淀和黑色的HgS沉淀。

难溶硫化物的共价性比相应氧化物的共价性强；锌族硫化物在水中的溶解度按ZnS、CdS、HgS顺序减小，以HgS为最小：而且是金属硫化物中溶解度最小的。硫化物溶于酸生成M^{2+}和H_2S：

$$MS + 2H^+ = M^{2+} + H_2S$$

ZnS能溶于0.1 mol/L的盐酸；CdS不溶于稀酸，可溶于浓酸，所以控制溶液的酸度可以使锌、镉分离；HgS则既不溶于浓盐酸，也不溶于浓HNO_3，只能溶于王水或HCl和KI的混合物：

$$3HgS + 12HCl + 2HNO_3 = 3H_2[HgCl_4] + 3S\downarrow + 2NO\downarrow + 4H_2O$$

$$HgS + 2H^+ + 4I^- = HgI_4^{2-} + H_2S$$

HgS还可溶于过量的浓Na_2S溶液中，生成二硫合汞酸钠：

$$HgS + Na_2S(浓) = Na_2[HgS_2]$$

　　这是HgS与铜、锌族中其他五种元素硫化物的又一区别。所以可以用加Na$_2$S的方法把HgS从铜、锌族元素硫化物中分离出来。

　　硫化锌以及ZnS·BaSO$_4$（锌钡白、立德粉）、硫化镉用作颜料、荧光材料。

参考文献

[1] 黄晓英，郭幼红.无机化学[M].北京：化学工业出版社，2020.

[2] 衷友泉，孙立平.无机化学[M].武汉：华中科学技术大学出版社，2020.

[3] 李瑞祥，曾红梅，周向葛.无机化学[M].北京：化学工业出版社，2019.

[4] 周鸿燕，付万发.无机化学[M].西安：西安交通大学出版社，2018.

[5] 展树中.现代无机化学[M].北京：化学工业出版社，2020.

[6] 朱万森.生命中的化学元素[M].上海：复旦大学出版社，2014.

[7] 雷依波，刘斌，王文渊，等.无机化学第6版[M].北京：高等教育出版社，2018.

[8] 吴坚扎西.无机化学[M].延吉：延边大学出版社，2017.

[9] 吴文伟.简明无机化学[M].北京：化学工业出版社，2019.

[10] 岳红.无机化学[M].西安：西北工业大学出版社，2015.

[11] 程清蓉.无机化学[M].北京：化学工业出版社，2020.

[12] 张明霞.无机化学[M].徐州：中国矿业大学出版社，2019.

[13] 张霞，孙挺.无机化学[M].北京：冶金工业出版社，2015.

[14] 徐周庆，桑雅丽，所艳华，等.无机化学与元素理论及发展[M].成都：电子科技大学出版社，2018.

[15] 叶晓萍，童义平.无机化学[M].广州：中山大学出版社，2016.

[16] 官福荣.无机元素化学[M].青岛：中国海洋大学出版社，2018.

[17] 韩晓霞，杨文远，倪刚.无机化学实验[M].天津：天津大学出版社，2017.

[18] 吴瑶庆.无机元素原子光谱分析样品预处理技术[M].北京：中国纺织

出版社，2019.

[19] 铁步荣，杨怀霞.无机化学[M].北京：中国中医药出版社，2016.

[20] 朱立峰.元素化学[M].深圳：海天出版社，2013.

[21] 李磊姣，孙秀云.加强无机化学理论教学，培养学生的创造性思维[J].中国校外教育，2014（30）：66.

[22] 董国力.微量元素铁、锌、碘、硒、氟与人体健康的相关性探究[J].中国当代医药，2013，20（06）：183-184.

[23] 夏敏.必需微量元素与人体健康[J].广东微量元素科学，2003（01）：11-16.

[24] 王书民，张国春，周春生.无机化学中状态函数概念的讲解[J].商洛学院学报，2012，26（04）：15-17.

[25] 尉言勖，杜松庭.近年化学反应机理图示题例析[J].广东教育（高中版），2019（10）：67-70.

[26] 刘美玲.影响化学反应速率因素之探究[J].科技创新导报，2013（32）：90.

[27] 东启云.基于化学观念的"难溶电解质的溶解平衡"的教学研究[J].中学化学教学参考，2017（06）：17-19+75.

[28] 李静，巢志聪，蔡定建.简述酸碱理论及其应用[J].山东化工，2015，44（05）：61-63+67.

[29] 陈重镇，巢志聪，蔡定建.酸碱理论在现代有机反应的应用[J].广州化工，2015，43（07）：11-13.

[30] 许城玉.在有限课堂中实现自主探究最大化——"元素的性质与原子结构"教学实践及思考[J].化学教与学，2013（06）：58-60+57.

[31] 王惠华.化学实验对学生创新能力培养的重要作用[J].科学大众（科学教育），2011（01）：37.